神 級 領 隊 管 理 哲 學

費格遜

Fergie Time

時間

看着 7 歲兒子每周的比賽，盡情享受着他的足球，總讓我想起把足球這個「好朋友」介紹給我的摯友——YC。

YC 對曼聯的一切瞭如指掌，認識之深，如一本曼聯的百科全書。

還沒有互聯網的年代，英甲／英超的直播比賽，是從收音機聽回來的；有關曼聯的資訊、球員的訪問，是每月節省零用錢買下曼聯雜誌，邊查着英漢字典，一字一句細味回來的。偶爾看到電視轉播每周精華，總會碰碰運氣，撥一通電話給 YC（當時手機還未面世），問一下畫面中的究竟是維拉還是韋斯咸？堅尼與雲尼鍾斯若打起來，誰的勝算較大？當然少不了的是大大小小、各式各樣有關曼聯的問題，上至慕尼黑空難的歷史意義、一隻聖伯納犬怎樣拯救了紐頓希夫（曼聯前身），以至細微如曼聯的球衣管理員諾曼戴維斯（Norman Davies）及阿爾伯特摩根（Albert Morgan）的故事等等。

説足球影響，甚至改變我一生，實不為過；而將足球帶進我生命中的，則必定是 YC。

還在求學時，下課後到維多利亞公園踢足球是指定動作，遺留在課室的書包集體被班主任沒收、兩手空空地回家，卻挺不常見；為了踢足球，時間地點通通當然不是問題，但最瘋狂的，要算暴雨警告，8 號颱風下照踢；球場積水，説是踢球，其實更像在游泳，但當日邊跑邊叫，笑個不停的一幕，歷歷在目。年輕時，足球的推動力驅使嗜吃如命的我減掉 40 磅的體重；為了踢球組成的球隊及球會，給予過百人的友誼

額外的凝聚力；今天，雖然滿身傷患，不再有以往比賽時既緊張又興奮的感覺，至今不變的是，只要在球場上看到 YC 熟悉的身影，哪怕我倆已不怎能跑，動作亦見遲緩，但當初踢足球的那一份喜悅，半分不減。

跟 YC 一般，足球在我的工作中，管理的哲學與理念上，影響至深。正因足球應該是世上最多人懂得的國際語言，團隊中不同國家，不論性別，大概都對工作上，似無止境的足球比喻習以為常。閱畢 YC 這本著作，相信同事們會了解到費格遜及 YC 對我，以至他們的影響有多深！

寫作並不容易，相信很多人也有寫書的念頭，但能化想法為現實，尤其在今天，工作壓力以至「娛樂泛濫」的環境中能夠堅持寫下洋洋 16 萬字，實屬難能可貴；書中每一篇文章，並不是單單蒐集有關費格遜的故事而已，用心細看，不難發現，這本書是一位管理人，向一位他不經不覺從小就受影響和啟發的偉大管理人致敬所寫的。

讀者若是一位球迷，哪怕你是反曼聯的，透過 YC 精挑細選的故事及多角度、客觀的描述，你會對於費格遜這位毋庸置疑是歷史上最成功的領隊，有更深入的了解；如果你像我一樣，是一位管理人，我可以肯定的告訴你，若費格遜的管理哲學是一個博士學位課程（費格遜曾於退休後在哈佛大學商學院任教，學生為全球頂尖企業高管），這本書，就好比一位既輕鬆又風趣的講師，為我們開展那充滿趣味的第一堂課。

黃曦嵐
怡和飲食集團行政總裁

YC 是我中一（1991 年）認識的同學。大家雖不同班，但因為都跨區到港島升學，放學搭地鐵時不時遇上，混個臉熟。那個年代手機電腦並不發達，他卻蒐集到數不完的有味笑話，令短短二十分鐘車程總有驚喜，亦不得不讚他記憶力特強，包保每日笑話絕不重複。就這樣，大家三五成群説着説着就此搭上，成為「笑聲笑聲滿載溫馨，快樂發心內」的朋友。

那些年，男校生活不外乎「打波讀書彈結他，野外定向或童軍」。中三某一天，YC 跟另外兩位兄弟肥仔、紀國對攝影產生興趣（實情是一批宅男 FF 認為可以結交異性），我亦順其自然地加入攝影學會。男人認真的時候特別 man，YC 擔任副主席，談起攝影技巧如構圖、光圈、景深及光影主體頭頭是道。他心思細膩、洞察力十足，反襯下，我自慚形穢。參加攝影學會另一好處是男人想擁有的六樓後座——「黑房」，順理成章地成為我們私人 studio，食飯唱歌吹水，創造出不少快樂回憶。

中四、中五（1995/96 年）要準備會考，但所謂勤有功戲亦有益，我們組成了班代足球隊，逢周六早上準時 7 點維園足球場跑圈。YC 擔任副隊長，左腳，偶像是傑斯，他的波衫一直是 11 號，這並不是副隊長特權，而是隊規規定最多出席次數者先揀波衫號碼。我們雖是名副其實的雜牌軍，技術體力不如人，但每次訓練或比賽後都認真檢討，加上兄弟彰仔、文亮的「每人走多半步」及高軒「輸人唔輸陣」的精神口號，隊波都算係有形有神——兄弟班就這樣建立了。

1996 年英格蘭歐洲國家盃 12 碼出局，一班兄弟睇完波再去踢波；

1998 年世界盃一齊在長洲睇住碧咸紅牌被趕出場；1999 年紅魔三冠王。從讀書時一齊睇波到大學畢業出來工作仍保持每月食飯聚會，再到後來各自組織家庭，至今天每年暑假成班兄弟拖家帶口一同 family trip。人生高高低低，我好慶幸認識到 YC 及一班好兄弟，並在彼此生活中繼續有交集。

我認真覺得寫一本書是一件了不起的事。找題材，並要在素材中提煉精華及加入個人想法就不簡單了。這本書是關於費爵爺，但並不單純是「費格遜爵士自傳」的中文版，它糅合了 YC 對足球的熱誠，對曼聯的熱血。不論大勝大敗還是反勝或被逼和，從費 Sir 個人故事的 VAR 中帶出不少做人做事的道理，生命即跑道，每個決定，與出現的不同人物如何交往，都可能改變跑道方向，導致不同結局。

我有幸參與我這個好兄弟生命中的重要章節，包括今次被委以重任寫這個序，亦慶幸能成為我們這班有如「曼聯 92 班」兄弟中一員。最後，引用費 Sir 名言結尾：「Form is temporary, Class is permanent」。生命跑道總不平坦，高高低低，十常八九，願你讀過這本書後能像我們一樣找到自己的兄弟班／姐妹班。堅持信念（Stone）、永不放棄（Scissor）、勇敢創造（Paper）自己生命中的王朝！

侯嘉祺
中學同學

推薦序三　　**艾雲豪**

剛過去的聖誕節前夕，電腦忽然彈出一個訊息，一看原來是來自筆友 YC。YC 原來已經炮製好《費格遜時間—神級領隊管理哲學》的初稿，洋洋灑灑十餘萬字，令人興奮莫名。尤其讓我感動的，是此君對自己喜愛的話題、主角，有種不辭勞苦、執迷不悔的熱誠。當 YC 請我為之寫序言時，我便義不容辭地答應了。

YC 相告是在下的前作《誰偷走了紅魔》啓發他奮筆疾書，説來此乃我在 2014/15 年間，於「灼見名家」和《球迷世界》發表「球財之道」等專欄文章的初衷之一。與 YC 一樣，在下也是在英超世界裏學會不少英語的詞彙，有口語的，也有書面語的，後來在大學甚至是之後的放洋生涯中，更發現足球是打開話匣子、放諸四海皆通的話題。記得有一回在倫敦一間酒吧中，有英國女同學和德國男同學為 1996 年加斯居尼的哭笑幾乎大打出手；另一次，一位平素不怎説話的意大利男生（用今日的話語説，他很可能是「毒男」），説起巴治奧、迪比亞路等意國金童時，卻忽然變成另一個人，把南歐人的熱情奔放，一下子釋放出來，還丢下這樣氣吞河山的一句話：「我們意大利（男）人每個人都會踢波，不似英國佬、德國人……（下省 100 字）！」

YC 另一點令我尤其欣賞的地方，是他書寫時有根有據，參考海量的資料，他對費格遜的自傳和傳記的閱讀量，委實令人佩服。而他行文以較正規的書面語書寫，也有助他的文章和眼下這本書，日後或能廣為華語世界的讀者接受和欣賞。

尚記得我多年前開專欄時，反應參差：有讀者投訴説太長太複雜，也

有讀者感嘆居然有人肯「正正經經」地寫足球文。我的初衷之一，就是希望香港有更多同儕的「波經」，能在本地的媒體、財經和文化界，激起一點點的漣漪，引起重視。

YC 的來信，對在下而言，可能是在剛剛過去的聖誕節裏，收到的最有意義的聖誕禮物。加油！

是為推薦序。

艾雲豪
新書《超級巨星經濟學》作者

推薦序四　**Bob Yeung**

大約一年前有個叫 fergiestime 的賬號在 IG follow 了我，本以為只是一個普通球迷，後來看見這個賬號經常都會寫一些關於費格遜爵士的文章，而有很多事跡都不是一般能在維基百科看到的，之後才知道原來 fergiestime 的作者就是我們的會員 YC。

當 YC 找我為本書寫序的時候，我只想了 5 秒便答應了。多年前我曾經與友人合資出版世界盃特刊，無論排版、內容、設計全部都只由幾個人完成，所以知道要出版一本書不是一件簡單的事。不過我欣賞的並不只是出書一腳踢的精神，而是 YC 的內容非常細緻地讓大家了解費 Sir 是個怎樣的人，即使不少球迷都已經讀過費 Sir 的自傳，對他由球員年代至退休的事跡都略知一二。YC 參考了接近四十本書去豐富撰寫的內容，例如不少由其他人眼中怎樣去看費 Sir，比如球員、曾交手的領隊、記者甚至英國首相。整本書將圍繞費格遜爵士的事跡由 A-Z 分為 40 個類別，使讀者能夠多角度並立體地去加深了解這個球壇史上最成功的領隊是怎樣煉成。

曾經與費 Sir 近距離接觸過 3 次。球迷會幹事只是小薯仔一個，別幻想我會與費 Sir 一同暢飲紅酒，所以幾次都只是以普通球迷身份用碰運氣的方式與他見面。就是因為性質夠普通，因此很清楚費 Sir 本身很重視球迷。

第一次是 2005 年曼聯訪港，賽前一晚只有費 Sir 和幾位教練可以自由外出，他在球隊入住的酒店門外為等候的球迷簽名。第二次是 2009 年初於卡靈頓練習場外，還記得當時我把手上一本書不慎掉在地上，

使泥濘反彈並弄髒了他那部白色的 Bentley 車門。費 Sir 在練習場上下班出入總是有求必應的，但要等費 Sir 出現是一項挑戰，他的工作時間超長，所以要見到他便要很早到達，當天他未夠 8 時就出現。聽聞在臨退休前，他的上班時間已經進化到早過 6 點，如果自己沒有開車，乾脆在附近紮營露宿好了。想等他下班都可以，但你永遠不會知道他何時願意放工。2013 年他還未宣布退休的時候我再次到曼徹斯特，當年發現原來我還沒有一張與他的合照（別問我為什麼 2009 年沒拍照，人生很多事情都不能解釋的），於是一落機便到了卡靈頓碰運氣。幸好那天費 Sir 於 4 時多便放工，完成了小弟多年來一個心願。當我看過 YC 寫的內容，便明白到費 Sir 其實只是 4 點離開而已，在他的字典裏，或者根本沒有收工兩個字。

很多領隊都曾經於幾年間橫掃很多錦標，但如果二十多年來只執教一間球會又能保持成功的，近一個世紀可能只有費格遜一人。費 Sir 領軍一向都不是以戰術聞名，而是他的管理手法：他知人善任，能夠找來最適當和有能力的人與他合作；他有時很獨裁，但平日對同僚、球員以至球會的職員都關懷備至，難怪不少球員都視他如父親一樣，即使是被他掃地出門的碧咸；他很會堅持己見，但也會聽取意見，更會承認錯誤；他重視年輕人，因為年輕球員就是球會的未來。以上這些都令他成為一位出色的領袖，YC 在內容中，例如 L for Leading 和 M for Management 兩個章節，就提到不少集團主席以至英國首相都要向他取經，研究如何打理好一間公司甚至管治國家。

每個地方的曼聯球迷會在獲批官方資格的時候，都會獲得時任領隊一封親筆簽名的認證信件。香港曼聯官方球迷會也很榮幸，能夠成為最後一批由費格遜爵士親手簽署落實身份的球迷會。由於球迷會的關係，

認識的曼聯球迷都有幾百人（雖然敝會有過千會員，但抱歉我沒可能全部認識），我們的球迷主要有兩個共通點。首先，大部分都是費格遜爵士執教期間開始支持曼聯，當然有小部分是朗艾堅遜年代已經開始追捧，甚至經歷過降班年代，但只是很少數目。始終費 Sir 執教了曼聯超過 26 年，就算你當了 30 年球迷，也都是由費 Sir 年代開始。第二，在費 Sir 退休後曼聯領隊也換了好幾個，球隊陣容都經過不只一次煎皮拆骨。但由於費 Sir 的執教生涯太過成功，無論誰人上任，球迷們都總是不很滿意。

有時我會想，究竟怎樣才有資格成為一個出色的曼聯領隊？是否費 Sir 做過的事情現在的領隊跟着模仿，甚至連香口膠都買同一個牌子？是否要等待另一個費 Sir 出現球隊才能再次取得成功？在執筆的時候剛看完了一齣以球類運動為題材的劇集，或者當中一句近似的對白會令大家找到答案：我們需要的不是一個新的費 Sir，而是一個與球隊一同進步的曼聯領隊。

最後，感謝 YC 的精采內容。無論你是什麼年紀，在社會上的角色是什麼、擁有什麼地位，說不定都能透過本書深入了解費格遜爵士，在人生方面有所得着。

Bob Yeung
香港曼聯官方球迷會會長

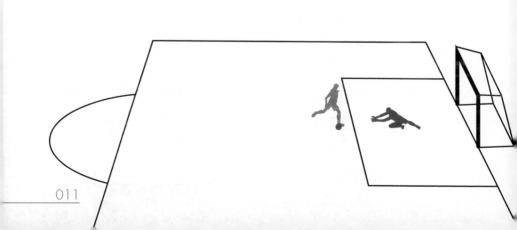

自序

為什麼想寫費格遜？這有我自身和外在的因素。

自身因素，源於 1985 年我 6 歲的時候，跟着爸爸收看亞視直播的英國足總盃決賽（當時確實是叫英國足總盃而不是英格蘭足總盃），一面聽着陳耀武的評述，一面見證着神奇隊長笠臣帶領 10 人應戰的曼聯打到加時，最後憑韋西迪一腳收死修禾路而奪冠，自此我就成為了紅魔迷到現在，人生也有了追捧的對象。

1991 年我由中文小學升上英文中學，遇到人生一大文化衝突，因為學校裏除了中文和中國歷史外，其他學科一概以英文授課。上堂聽不明白，回家溫書又讀不懂，最後的結果當然是成績表「滿江紅」，老師都差不多對我放棄了，點算？我決定投歸曼聯的懷抱，當時學校附近有間叫 Jumbo 的英文書店，而我就不斷買英文足球雜誌 *Shoot*、*Match* 和 *90 Minutes* 等來惡補英文。一邊讀雜誌一邊查字典，3 年下來，自己的英文程度就慢慢進步起來，中四開始英文科考試更可以名列前茅！

回想起來，如果不是費格遜九十年代建立了曼聯王朝，當時的英文雜誌就不會有那麼多關於曼聯的文章；而我當時也沒有這個興趣去閱讀曼聯的報道去惡補英文；想起來我真是欠了費格遜一句多謝。

到我出來工作，開始要面對管理人的問題，很多時候我都會想起費格遜，想想費格遜怎樣去處理難搞的球員。慢慢，費格遜也成為我管理上的一個導師。

外在的因素，是費格遜在足球壇上所做出的成就。

作為曼聯球迷，我很清楚費格遜為曼聯贏過什麼殊榮，但即使已經退休 7 年，費格遜仍然在不久前被英國足球雜誌《442》選為百大足球領隊的第一名！費格遜的江湖地位，連英格蘭足球領隊協會（League Managers Association, 簡稱 LMA）年度最佳領隊的獎盃 LMA Sir Alex Ferguson Trophy 都以他命名。

利物浦在七八十年代也打造了一個王朝，但這個王朝是由幾個領隊組成。如果從建立到維持一個王朝二十多年，費格遜可謂只此一家。

講到費格遜的領隊生涯，大家都可能認識他執教曼聯的時間，建立起曼聯王朝，但其實由 32 歲開始執教到 71 歲在曼聯退休，費格遜整整 39 年的執教生涯，有 26 年都有奪得冠軍。為什麼他可以長期成功呢？透過深入了解費格遜，我發覺他的成功有全方位的因素。

費格遜不是聖人，他也有犯錯和作出爭議性決定的時候，例如他會影響英格蘭國家隊的行程，要求國家隊作客回國時降落在曼徹斯特而不是倫敦，以方便曼聯球員早點得到休息。這本書不是為他歌功頌德，只是從他身上學習成功的地方。當然費格遜的成功有很多天時地利的因素，不過當時勢準備做一個英雄的時候，你又是否準備好做那個英雄呢？

我沒有機會和費格遜和他的身邊人接觸和溝通，因此要認識費格遜，首先從他的 7 本著作入手：*A Light In the North, Seven Years with Aberdeen*、*A Will To Win*、*A Year In The Life*、*Alex Ferguson: 6*

Years At United、*Managing My Life*、*My Autobiography* 及 *Leading*。不過，因為不同原因，有些話題例如他對政治的立場、因賽馬和大股東打官司和兒子從事經理人事務等等，都鮮有在他的著作中提及或避而不談，這些話題可以從兩本由其他人執筆的傳記 *Football, Bloody Hell!* 和 *The Boss: The Many Sides of Alex Ferguson* 作個補充。

所以要全方位並客觀地了解費格遜，其他人包括老闆、下屬（球員）、球證、家人、記者和球迷的觀點等，也可以提供不同的素材和資料。因此我也參考了其他人的自傳。當然少不了從互聯網上搜尋資料，而我所用到的，都是兩個或以上的媒體都有報道過的資料才會寫出來，以求真確。

本書以 A 至 Z 代表 40 個不同的章節，包括費格遜的家庭、嗜好、球員生涯等等去介紹他的不同面貌。每個章節之間並沒有關連，讀者可以在不同的章節開始閱讀。由於希望可以獨立成章，有些內容難免重複，這方面請讀者多多包涵。

最後，在此感謝為本著作寫序的幾位朋友：感謝黃曦嵐和侯嘉祺自 1992 年開始分享一切有關曼聯的喜怒哀樂；感謝艾雲豪兄的大作《誰偷走了紅魔？》的啟發，讓我體會到以中文出版一本有關曼聯著作的可能性；感謝會長 Bob Yeung 的加持。最後特別鳴謝筆友 Nigel 一直的鼓勵和為此書作校對。缺乏了他們的支持，就沒有付梓成書的可能。

于嘉嵐

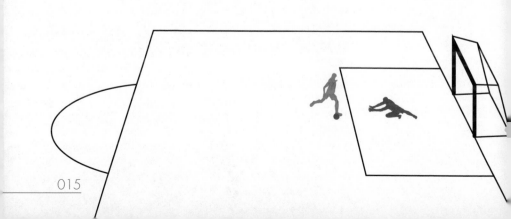

⊠ 目錄

MANCHESTER

費格遜
大事記

1941	出生在格拉斯哥的加文區（Govan）
1958	加盟昆士柏，展開球員生涯（Playing Career）
1960	和初戀情人卡玲談戀愛（Love）
1963	代表聖莊士東作客格拉斯哥流浪大演帽子戲法，以3：2
	擊敗對手（Failure）
1966	和太太嘉芙結婚（Family）
1967	以破蘇格蘭球會之間轉會費紀錄加盟格拉斯哥流浪
	（Playing Career）
1968	長子馬克出生（Family）
1972	次子積遜和三子達倫出生（Family）
1974	在艾爾聯結束球員生涯；隨即執教東史特靈郡，展開領隊
	生涯（Assistants, East Stirlingshire, Mind Games, Youth）
1974	執教聖美倫（Assistants, St. Mirren, Youth）
1978	被聖美倫董事會辭退（Boss），隨即執教鴨巴甸（Assistants,
	Aberdeen, Mind Games）
1979	因為衝入球證休息室投訴而被長期禁賽（Referees）
1980	為鴨巴甸奪得聯賽冠軍，贏得領隊生涯首個錦標
	（Aberdeen, Fans）
1983	破天荒為鴨巴甸贏得首次歐洲盃賽冠軍盃（Aberdeen,
	Youth）
1985	執教蘇格蘭國家隊，成功打入墨西哥世界盃決賽周（World
	Cup）

1986	執教曼聯（Alcohol, Assistants, Dressing Room, Hair Dryer, Management, Mind Games, Proteges, Youth）
1987	為曼聯簽下第一名球員安德遜（Transfer）
1990	為曼聯贏得首個冠軍足總盃（Gamble）
1991	簽下首名外援球員簡察斯基（Agents, Values）；因為到法國蒙彼利埃刺探軍情而認識紅酒商，開始了蒐集紅酒的嗜好（Wine）
1993	為曼聯首次奪得英超聯賽冠軍（Golf）
1995	出售恩斯，並因此首次和獨立曼聯支持者協會交手（Iron Fist, Fans）
1999	首次贏得歐聯冠軍，為曼聯達成三冠王霸業；同年封爵（Fergie Time, Knighthood, Quotes, UEFA Champions League）
2000	卡靈頓訓練中心正式啟用（Values）
2003	為馬匹「直布羅山」的擁有權向曼聯股東提出訴訟（Horse Racing）
2004	參與電視節目《百萬富翁》(Memory)；但又因為電視節目 Fergie & Son 而拒絕 BBC 訪問達 7 年之久（Journalists）
2007	曼聯球員在聖誕派對出事而被費格遜懲罰（Xmas Party）
2008	為曼聯贏得第二個歐聯冠軍（UEFA Champions League）
2011	執教曼聯 25 周年，曼聯將奧脫福北看台改名為「費格遜爵士看台」（Old Trafford）
2013	為曼聯贏得第 13 個英超冠軍後退休（Numbers）；最後一場食過的香口膠在拍賣會中賣出 39 萬英鎊（Chewing Gum）
2015	最後一本著作 Leading 出版（Leading）

A for
Aberdeen
鴨巴甸

鴨巴甸是位於蘇格蘭東北部的城市，也是蘇格蘭第三大城市，僅次於愛丁堡和格拉斯哥。1903 年成立的鴨巴甸足球隊在上世紀六七十年代只是一支中游球隊，偶爾奪得盃賽冠軍，七十年代之前，只曾在 1955 年奪得過聯賽冠軍，其餘時間長期活在些路迪和格拉斯哥流浪兩大班霸之下。球隊主場是皮度迪利球場（Pittodrie Stadium），現時可容納 20866 名球迷。

鴨巴甸史上最偉大領隊

鴨巴甸是費格遜執教的第三支球隊。在執教東史特靈郡和聖美倫的 4 年裏，費格遜建立了自己的執教信念，包括進攻足球、重視青訓和嚴守紀律。來到資源更豐富的鴨巴甸後，費格遜就全方位貫徹自己的足球哲學。費格遜承認，正是執教鴨巴甸 8 年得到很好的經驗和實踐的機會，為日後執教曼聯奠定成功的基礎。

費格遜在 1978 年以 36 歲之齡來到鴨巴甸，執教了 8 年多後離開，在這 8 年為鴨巴甸贏得 10 個冠軍，讓自己在足球界打響名堂。費格遜擔任鴨巴甸領隊的 8 年可以分為兩個 4 年來分析：第一個 4 年（1978-1982 年）是建設期，費格遜在這 4 年間將自己的理念

實踐，贏得兩個錦標；到第二個 4 年（1982-1986 年）就是收成期，這 4 年間鴨巴甸共奪得 8 個冠軍，包括球會第一個歐洲賽事冠軍——1983 年的歐洲盃賽冠軍盃，這也是當時蘇格蘭球隊第三個歐洲盃賽冠軍（第一個是 1967 年些路迪的歐冠盃冠軍，第二個是 1972 年格拉斯哥流浪的歐洲盃賽冠軍盃冠軍）；球會又打破了些路迪和格拉斯哥流浪的壟斷局面而三奪蘇格蘭頂級聯賽冠軍，其中在 1984 和 85 年更以破聯賽積分紀錄奪冠。

費格遜在 1978 年上任前的一個球季，鴨巴甸是聯賽盃賽「雙亞王」，在聯賽和足總盃都屈居於格拉斯哥流浪之下。當時鴨巴甸在球會 75 年歷史裏只得過 5 項頂級賽事冠軍，包括 1955 年贏過唯一一次聯賽錦標。鴨巴甸歷史上贏得過 4 次聯賽冠軍，其中 3 次就是由費格遜贏得的；而鴨巴甸在費格遜上任前的最後一個冠軍是 1977 年的聯賽盃。

因此，執教鴨巴甸的第一天，費格遜就誓要打破這個局面；他的第一件工作就是要改變球員認命的思維，要球員覺得自己有贏得聯賽的條件。後衛麥利殊（Alex McLeish）記得，當時費格遜第一次到更衣室就對球員說要為鴨巴甸贏得冠軍，球員都覺得有點癡人說夢，因為以他們的標準，能夠打入盃賽準決賽已經是了不起的成就。但這不是費格遜的標準，他要做到的是蘇格蘭第一。

第一季執教鴨巴甸，費格遜就差點贏得冠軍，他帶領球隊打入聯賽盃決賽，對手是格拉斯哥流浪。在 1979 年 3 月 31 日舉行的決賽，鴨巴甸在 65 分鐘先入一球，當時第一次晉身決賽的費格遜也在想：「難道這是我第一個冠軍？」結果他做出很不尋常的舉動：向上天祈禱。

可惜，流浪之後追回一球後，再於補時 6 分鐘射入奠定勝利的一球，費格遜首次的盃賽決賽功敗垂成，奪冠的美夢要多等一年。

費格遜在鴨巴甸的第一季，也嘗試到自己作為領隊的第一次，說的是帶領球隊參加歐洲賽事。這季鴨巴甸在歐洲盃賽冠軍盃首回合對保加利亞的馬力迪米托夫（Marek Dimitrov），兩回合 5：3 擊敗對手晉級。可惜第二圈以 2：3 不敵西德杜斯多夫幸運隊（Fortuna Dusseldorf）。不過這總算為費格遜帶來第一次歐洲賽的經驗，為 1983 年奪得這項歐洲賽事冠軍鋪下重要基礎。

總結費格遜在鴨巴甸第一季的成績，球隊除了打入聯賽盃決賽，蘇格蘭足總盃則 4 強出局，而聯賽就排名第四，令自己無法在第一季就贏得錦標。費格遜承認，該季在球場外的事，例如和前球會聖美倫的官司和父親的病重，讓自己每周都要開車來回 300 哩回家探望父親，這些事都影響了自己的專注。

成績之外，當時只有 36 歲的費格遜也要建立自己在球隊裏的地位，這方面就有不少挑戰，例如費格遜的訓練方式一直強調球員的基本功，因此在訓練中經常重複基礎技術的動作，但這種方式並未得到隊長米拿（Willie Miller）等球員的認同，他們覺得自己已經不是年輕球員，而重複的訓練亦提不起球員的興趣。另外，費格遜不時在鴨巴甸球員面前提起聖美倫的情況，又將麾下球員類比聖美倫的舊將，亦令到鴨巴甸球員感覺不是味兒：為什麼領隊會將自己同中下游球隊的球員比較呢？結果費格遜第一個危機在季中爆發，球員開始對費格遜表達怨氣，因此費格遜需要和球員舉行緊急會議，在訓練場上讓球員們開誠布公講出自己的不滿，而費格遜亦順應部分要求，藉此化解自己在鴨

巴甸的第一個危機。

汲取了上季的經驗，加上費格遜能夠更專心在球隊事務上，鴨巴甸在
1979/80 球季的成績大有改善。原本在聖誕節時以 9 分落後大熱門些
路迪，到後來雙方以相同分數進入聯賽最後直路。最後鴨巴甸作客以
5：0 大勝降班的喜伯年，而些路迪只能 0：0 悶和對手，鴨巴甸因此
篤定奪得聯賽冠軍。

費格遜終於在帶領鴨巴甸第二季以一分壓倒些路迪，以 38 歲之齡贏得
聯賽錦標，這也是他在球員和領隊生涯第一個頂級聯賽冠軍。更難能
可貴的是，鴨巴甸打破了些路迪和格拉斯哥流浪 15 年的壟斷。上一
次由兩大班霸以外的球隊奪得聯賽冠軍已經是 1965 年的基爾馬諾克
（Kilmarnock）。

本來鴨巴甸在這一季有機會歷史性奪得球會第一次的雙料冠軍，他們
連續第二年打入了聯賽盃決賽，這次對手是登地聯。鴨巴甸在決賽佔
盡優勢下未能取得入球，加時後也只能以 0：0 悶和對手，兩隊需要重
賽。原本費格遜已經盤算如何調動去迎戰登地聯，但一件突然發生的
意外卻打亂了他的部署。

當球隊在星期一回到訓練場時，有職員通知費格遜，有一名年輕球員
史葛特（Brian Scott）身體出現問題。原來史葛特早前有向球隊的前任
軍醫提及過自己的問題，但當軍醫離開鴨巴甸時並沒有將情況向接替
的軍醫交代，因此球員得不到適當的治療，結果當日被送去醫院接受
手術。最後手術安排在周三上午進行，也就是聯賽盃決賽重賽的同一
日。期間費格遜一直關注事件，並負責將情況通知該球員的父母，讓

他們可以到醫院陪伴兒子。

這件突發事情的發生讓費格遜一直惦念着這位年輕球員的情況，這幾天的重心都沒有放在比賽上。因此星期三的重賽，費格遜決定沿用上仗的陣容，並指示球員根據相同的打法去迎戰。結果登地聯適應了鴨巴甸的戰術，以 3：0 取勝。賽後費格遜承認，是自己犯錯讓球隊賠上了冠軍。

不過，費格遜不用等太久就再嘗到冠軍的滋味。兩年後鴨巴甸打入 1982 年蘇格蘭足總盃決賽，在加時以 4：1 擊敗格拉斯哥流浪，讓費格遜第一次奪得足總盃冠軍，而令他更高興的是，決賽入球的 4 名球員當中有 3 名是球隊的青訓產品。憑着這次足總盃的勝利，讓鴨巴甸得到參加來季歐洲盃賽冠軍盃的入場券，為創造球會歷史踏上第一步。

到 1982/83 球季，費格遜的球隊開始步入成熟期，年輕球員逐漸站穩陣腳，並開始交出表現，其中在歐洲盃賽冠軍盃中表現尤其出色，一路闖進決賽。

為準備球會歷史上第一次歐洲賽決賽，費格遜特意邀請球員的妻子面談，向她們解釋她們的丈夫正面對球員生涯中最重要的場合，希望她們能盡量在這幾天好好照顧丈夫，如果有問題可以隨時聯絡自己。費格遜希望結合家人的力量，讓球員可以專心備戰。

另外，費格遜亦有徵詢蘇格蘭前輩史甸（Jock Stein）的意見，史甸是第一位帶領英國球隊奪得歐冠殊榮的領隊，1967 年他帶領些路迪在葡萄牙里斯本擊敗國際米蘭，比曼聯早一年奪得這個歐洲球會的最高榮

譽。因此史甸在蘇格蘭球壇是非常有份量的領隊。史甸建議費格遜，賽前可以送一瓶蘇格蘭威士忌給皇家馬德里的領隊迪史提芬奴（Alfredo Di Stéfano），以放低自己的身段來抬高對方，這樣壓力就會轉移到皇馬身上。的確，迪史提芬奴對費格遜的禮物非常受落，不知道這瓶威士忌對鴨巴甸發揮了什麼作用，讓鴨巴甸爆冷奪冠而回。之後執教曼聯，費格遜也用了相同的方法，在 1991 年歐洲盃賽冠軍盃決賽對巴塞羅那，賽前費格遜也將一瓶蘇格蘭單一麥芽威士忌送給對方主帥告魯夫（Johan Cruyff）。巧合的是，費格遜帶領的球隊同樣以 2：1 勇挫對手；擊敗的同樣是西班牙球隊；同樣是球會首次贏得這項錦標。

在瑞典哥登堡對皇家馬德里的決賽中，鴨巴甸 11 名上陣的球員全為蘇格蘭人，當中有 8 位是自家的青訓產品。而正是這些自己培養的球員，為球隊贏得史上第一次歐洲賽事冠軍。另外，一路以正選身份上陣的右後衛堅尼地（Stuart Kennedy）在賽前受傷，雖然軍醫已經加速為他治療但仍然趕不上決賽，肯定不能上場，但費格遜仍然把他列入 5 名後備之一，以肯定他對球隊晉級的貢獻，之後費格遜就認為這是他做過最好的決定之一。

決賽中，鴨巴甸是先開紀錄的一方，但皇家馬德里很快就憑 12 碼追和，雙方需要打到加時決勝負。加時下半場曉韋特（John Hewitt）以一記頭槌攻入奠定勝局一球，協助鴨巴甸爆冷以 2：1 擊敗皇家馬德里，為鴨巴甸和費格遜自己贏得第一個歐洲冠軍。兩位入球功臣曉韋特和布力克（Eric Black）都是鴨巴甸的青訓產品，這是費格遜重視自家培訓的回報。

當時對蘇格蘭而言，鴨巴甸奪得歐洲賽事冠軍是一件大事。奪冠之後

的第二日，有 50 萬人走上街上歡迎鴨巴甸的職球員凱旋，學校更可以放假一天，一起慶祝這件盛事。

不過愉快的氣氛只維持了一段短時間。10 天後鴨巴甸以相同陣容在足總盃決賽與格拉斯哥流浪爭奪冠軍，雖然打到加時以 1：0 擊敗對手，但賽後費格遜仍然非常不滿意球隊的表現，例如在接受電視訪問時揶揄門將禮頓（Jim Leighton）是「流浪最好的球員」，「鴨巴甸是最幸運的球隊，因為我們的表現並不光彩」。雖然費格遜的出發點是要球隊保持高水準和不能自滿，但對於剛剛奪得兩個盃賽冠軍的球員，在電視上看到自己如何被費格遜批評得一文不值，心裏總覺得不舒服。冷靜後的費格遜也意識到自己不應該在傳媒面前大肆抨擊麾下戰將，第二日早上就向所有球員道歉；惟彼此的關係自此就出現裂痕。

藉着歐洲盃賽冠軍盃冠軍的身份，鴨巴甸得以參加 1983 年歐洲超級盃。結果他們兩回合以 2：0 擊敗歐冠得主西德的漢堡，首次捧走歐洲超級盃。

在費格遜帶領下，鴨巴甸獲得這兩個歐洲賽殊榮，也是到目前為止球隊歷史上絕無僅有的；費格遜在鴨巴甸的成就可説是前無古人，後無來者。

乘着奪得歐洲盃賽冠軍盃的餘勇，鴨巴甸在 1983/84 球季繼續有好表現，聯賽以 7 分拋離些路迪，提早 5 輪比賽就確定繼 1980 年後再度奪得冠軍，加上足總盃決賽在加時擊敗老對手些路迪 2：1，連續 3 年奪得足總盃冠軍，令鴨巴甸成為聯賽及足總盃雙冠王。原本費格遜希望在歐洲盃賽冠軍盃創造歷史，成為第一支成功衛冕這項比賽的球隊，可惜

在準決賽兩回合以 0：2 不敵葡萄牙波圖蟬聯失敗。雖然如此，但費格遜已經帶領鴨巴甸連續兩季奪得雙冠王的成績，繼續創造球會輝煌歷史。

然而，鴨巴甸未能把雙冠王的氣勢帶到新球季。球隊先在聯賽盃第二圈被甲組的艾迪爾人淘汰，然後在歐冠第一圈被東德戴拿模柏林以 12 碼擊敗。幸好少了盃賽的賽事，令鴨巴甸可以更專注聯賽，結果球隊再次以破聯賽積分紀錄的 59 分（註：當時聯賽為兩分制），以 7 分拋離些路迪成功衛冕聯賽冠軍；而 36 場聯賽射入 89 球也是聯賽的新紀錄。這一刻，費格遜帶領下的鴨巴甸已經搖身一變為真真正正的蘇格蘭班霸。

在鴨巴甸最後的一個球季，即使費格遜要兼任蘇格蘭國家隊領隊，但仍然協助球隊奪得足總盃和聯賽盃雙料冠軍，而整個聯賽盃晉級過程中的 6 場比賽，鴨巴甸更不失一球。

費格遜在執教鴨巴甸 8 年間奪得 10 個冠軍的成就，令他在英倫三島的足球界打出名堂，更得到錫菲聯、格拉斯哥流浪、阿仙奴、熱刺和狼隊的垂青；其中跟格拉斯哥流浪、熱刺和狼隊走得最近，差點達成合作協議。以下回顧一下費格遜和其他球隊擦身而過的經歷。

1981 年夏天，英格蘭丙組球隊錫菲聯向費格遜提出邀請，提供一份年薪 4 萬英鎊合約招徠。不過當時費格遜已經是蘇格蘭聯賽冠軍的領隊，他的野心當然不在低組別球隊，所以很快就拒絕聘約。

翌年 1 月，就在帶領鴨巴甸出戰足總盃對馬瑟韋爾的前夕，費格遜收到狼隊的邀請。當時的狼隊也算是英格蘭的知名球隊。五十年代末曾稱霸英格蘭球壇，也是最早參加歐洲賽的英格蘭球隊之一，而狼隊對

上一次的冠軍是 1980 年的聯賽盃。

當時狼隊的領隊班維爾（John Barnwell）辭職，主席馬素（Harry Marshall）就看中了費格遜，願意提供 5 萬英鎊的年薪，並邀請他到狼隊主場莫連納斯球場（Molineux Stadium）參觀和詳談。滿以為一切準備成事，費格遜甚至告訴了鴨巴甸的主席當奴（Dick Donald），自己準備接受狼隊的聘書。

狼隊的秘書通知費格遜會安排他坐飛機從鴨巴甸飛到伯明翰，然後接載他到莫連納斯球場。當秘書在機場見到費格遜告訴他：「現在帶你到球場和董事會面試。」什麼，要面試？費格遜覺得奇怪，不是來簽約嗎？工資都談好了。

去到狼隊主場費格遜就被嚇一跳，很難想像一支英格蘭甲組隊主場是那麼破爛失修，當時球場就只有一個職員在工作，整個球場就像鬼城一樣，除了一名秘書之外，沒有其他人。費格遜心想，一支堂堂英格蘭頂級組別球隊的主場竟然沒有人在下午工作，這球隊好極有限，當時費格遜恨不得馬上返回鴨巴甸。

後來馬素和球會董事對費格遜進行面試，他們第一個問題是：你是如何帶隊的？費格遜感到很失望，他以為自己是來談合作，而不是被一些不懂足球的人問東問西，所以他就直接回答：「我可以回答你的問題，但我以為你們已經對我有充分了解，這次我來是談合作條件的。」

然後董事會又問費格遜：「這是真人真事，有名年輕球員利用狼隊的名義到銀行借了幾千英鎊，然後因為賭錢全輸掉。如果你是領隊，你

會怎樣處理？」費格遜沒好氣的回答：「你應該先問為什麼球隊會容許這事情發生，而不是問我怎麼處理！」

最後馬素留下來，正式給予費格遜一份聘書。費格遜當時並沒有立刻拒絕，只回答說回去考慮。但他心中清楚，自己很滿足於鴨巴甸的領隊工作，對他而言，只有更好的機會他才會離開。經過視察狼隊一日，他覺得狼隊並未達到鴨巴甸的水平，那為什麼要離開呢？之後就婉拒了狼隊的邀請。

費格遜證明他的決定是正確的，因為之後他就為鴨巴甸贏得 1982 年足總盃冠軍，繼而有資格參加 1983 年的歐洲盃賽冠軍盃，並一舉奪冠而回。為鴨巴甸和自己贏得第一個歐洲賽事錦標。

曾獲熱刺阿仙奴垂青

1984 年夏天，熱刺接觸費格遜，希望他可以取代舒利夫斯（Peter Shreeves）成為領隊。熱刺是傳統勁旅，一直打着娛樂性豐富的足球，當時也是一間上市公司。費格遜和熱刺主席史高拿（Irving Scholar）進行過數次電話溝通，最後為避開耳目，選擇在巴黎見面，雙方情投意合，很快就談到合約的階段，並討論到那些球員要留下。費格遜堅持昔日弟子阿治波（Steve Archibald）要留隊，而熱刺也同意。但有一點雙方遲遲未能達到共識，就是合約的年期。起初熱刺提供一份為期 2 年的合約但費格遜不同意，雖然熱刺後來改為 3 年，但費格遜仍覺得不能接受，因為要在 3 年內有所成就是不容易的；最終熱刺聘請柏列（David Pleat）成為領隊。

1983 年當費格遜帶領鴨巴甸奪得盃賽雙冠王後，格拉斯哥流浪就邀請

費格遜執教，但由於當時流浪的領隊格烈（John Greig）是費格遜的好友而拒絕。1984 年，格烈辭職離開流浪，費格遜再次得到格拉斯哥流浪的邀請，這時候費格遜沒有了取代友人的顧慮，加上從來沒有來自加文（Govan）的人擔任流浪領隊，所以流浪領隊一職對費格遜特別有吸引力。最後費格遜徵詢自己球員時代在流浪擔任領隊的西門（Scot Symon）的意見。

西門認為，流浪董事局由兩批人士爭權，假如費格遜去執教流浪的話，根本不知道誰人會當上主席。加上費格遜不想重複球員時代因為太太嘉芙的宗教背景而得到的待遇，因此只好再次婉拒流浪的邀請。

1986 年球季完結後，輪到阿仙奴和費格遜接洽。當時費格遜已經考慮帶上禾達史密夫（Walter Smith）做助教，可見他對這個邀請的重視。但當時費格遜正準備帶領蘇格蘭國家隊到墨西哥參加世界盃決賽周，希望可以先專心領軍，所以決定在世界盃後才答覆。但阿仙奴希望盡快落實領隊人選為下個球季有更好準備，因此費格遜只好婉拒兵工廠，而阿仙奴就聘用他的同鄉佐治格拉咸（George Graham）為領隊。如果阿仙奴願意等多一個月的話，之後 20 年的英格蘭聯賽的局面可能大不相同。

其實，鴨巴甸主席當奴也知道費格遜有離隊他投的想法，所以當副主席安德遜（Chris Anderson）在 1986 年夏天與世長辭後，當奴就委任費格遜為副主席，與自己和兒子伊恩當奴（Ian Donald）一起管理球會；當奴並將 200 股鴨巴甸的股份送給費格遜。

鴨巴甸除了為費格遜帶來奪冠的滋味外，也為費格遜提供執教曼聯的

機緣，這是建基於一次球員買賣當中。1984 年費格遜要清理中場史特根（Gordon Strachan），結果將他賣給曼聯，當時費格遜陪伴史特根到奧脫福簽約。這是他第一次跟馬田愛華士（Martin Edwards）打交道，過程中讓對方留下深刻印象，埋下日後加盟曼聯的種子；結果在 1986 年 11 月 5 日收到曼聯的電話。

離開鴨巴甸的時候，費格遜為鴨巴甸留下 1 個歐洲盃賽冠軍盃、1 個歐洲超級盃、3 個聯賽、4 個足總盃及 1 個聯賽盃共 10 個冠軍，還在 1984 年為球會贏得歷史上第一個聯賽和盃賽「雙冠王」。鴨巴甸歷史上的冠軍，有一半都是在費格遜帶領下贏得的。不誇張的說，費格遜在鴨巴甸的 8 年確實為球隊寫下最光輝的一頁。

更難能可貴的是，在這 8 年間，費格遜只收購了 14 名球員（不包括免費加盟的球員）去達到這些成就，大部分球員都是從青訓提拔上一隊的，這是費格遜對青訓堅持的成果。經過費格遜提拔而成為大國腳的有門將禮頓、後衛麥利殊和米拿。這 3 人後來擔任蘇格蘭國家隊後防線上的中堅分子，其中麥利殊和米拿後來更獲委任為國家隊隊長。費格遜在鴨巴甸的工作，也為蘇格蘭足球帶來貢獻。

管理心法

要改變員工認命的思維，讓員工有信念向更遠大的目標邁進。

A for Agents
經理人

費格遜一向鼓勵球員不要聘用經理人，由球員自己與球會處理薪酬待遇等問題，以避免其他人影響了球員對足球的專注和發展方向，也削弱了自己對球員的控制。對他來説，經理人就像寄生蟲一樣，從球員身上汲取金錢而沒有提供任何正面影響。

最初認為經理人像寄生蟲

例如加利尼維利（Gary Neville）和史高斯（Paul Scholes）就沒有聘用經理人，所有事情都是自己親自和球會商討的；而史高斯更是一個極端的例子，就是球會開什麼合約他都會簽。當年輕球員如果第一次簽署職業合約，費格遜就鼓勵他們找一隊球員協助，加利仔就曾經幫過很多年輕球員跟球隊討價還價，並因此試過衝到費格遜的辦公室，大罵球隊給予一名年輕新晉的合約條款是「垃圾」！

當年輕球員準備簽署第一份職業球員合約時，費格遜都會親自處理。有一次，曼聯前青訓門將莊士東（Sam Johnstone）剛滿 18 歲，準備與球會簽一份職業球員合同，所以他請經理人代為處理，經理人為此就打電話給費格遜。

費格遜聽完這個電話，就馬上到訓練場找莊士東，當着眾多球員面前，抽着他的衣領對他説：「你已經 18 歲了，已經可以投票了。你已經可以自己處理合同了！」莊士東記得，幸好當日自己訓練的表現不錯，否則會受到費格遜更多的責備。自此之後，他在曼聯的合同都由自己與球會洽談。

不過，隨着時代的轉變，球員除了訓練和比賽之外，也有愈來愈多的事務，例如接拍廣告、經營社交平台直接和球迷互動等。因此球員的報酬已經不只是薪金和獎金那麼簡單，還牽涉到廣告費、出席活動的費用和肖像權的報酬等等。如果是外援球員，就更需要處理當地的稅務和生活安排等。所以當今的球員不但需要經理人，更需要一個團隊去經營自己的事業。經理人變得愈來愈重要，對領隊的工作也加添難度。

雖然費格遜並不喜歡經理人的存在，但作為一個與時並進的領隊，特別是外援球員開始在英超盛行的世代，費格遜也得在九十年代開始跟經理人打交道。費格遜第一次接觸經理人，就是開始在海外招兵買馬的時候，那時候接觸得最多的經理人是挪威人侯治（Rune Hauge），一個獲費格遜評為最能夠準確判斷一個球員能力的經理人；他參與了舒米高（Peter Schmeichel）、簡察斯基（Andrei Kanchelskis）和蘇斯克查（Ole Gunnar Solskjaer）的轉會。

早在 1984 年兩人就已經認識，當時費格遜委託侯治去安排鴨巴甸在西德進行的季前熱身賽。而侯治最驚動球壇之舉，是在 1992 年安排丹麥中場贊臣（John Jensen）由邦比轉會到阿仙奴中向領隊格拉咸提供回佣，導致格拉咸在 1995 年被辭去阿仙奴領隊一職，自己也被國

際足協處罰暫停經理人事務一年。所以費格遜在自傳 *Managing My Life* 中特別強調自己與侯治的關係並不密切,不過這說明卻有點欲蓋彌彰的意味,因為兩人除了早就認識外,當費格遜來到曼聯後,侯治經常在克里夫訓練場(The Cliff)出現,並有份處理曼聯在 1991 年夏天在歐洲的季前集訓,到挪威、蘇格蘭和瑞典進行 5 場熱身賽,侯治因此收到 2.1 萬英鎊的酬勞。而曼聯青訓球員比斯摩亞(Russell Beardsmore)記得,當時侯治管接管送,由機場到球場,侯治都陪同球員一起。

1991 年,費格遜向侯治提起,自己正為曼聯尋找一名右翼球員,侯治向費格遜推薦一名當時稱為獨聯體(俄羅斯前身)的翼鋒簡察斯基,費格遜在看過侯治送給他一盒獨聯體對意大利的比賽錄影後,就認為年輕的簡察斯基非池中物,結果他成功說服主席馬田愛華士,在 1991 年 3 月簽下自己在曼聯的第一名外援。不過當時交手的並不是侯治,因為簡察斯基的經理人是艾斯奧蘭高(Grigory Essaoulenko)。

可能是因為費格遜第一次收購外援,也是球會第一次和俄羅斯經理人交手,簽下簡察斯基之後,費格遜和愛華士因此惹上不少麻煩。

球場上,簡察斯基加盟曼聯後不久就兌現了自己的潛力,除了站穩正選陣腳之外,1994 年更以主力身份為曼聯奪得聯賽和足總盃雙冠王,曼聯因此在 1994 年與他續約,大幅提高他的薪酬,讓他成為當時球隊最高薪的球員之一。不過續約之後,簡察斯基在曼聯的發展就從此不一樣。

1994 年 8 月曼聯第二場英超賽事,是周中晚上作客諾定咸森林。雙

方 1:1 賽和，簡察斯基為曼聯首開紀錄。賽後球隊乘隊巴回到奧脱福，然後費格遜開車送球隊律師兼董事屈健斯（Maurice Watkins）回酒店後收到艾斯奧蘭高的電話説：「我有份禮物給你。」結果費格遜開車到艾斯奧蘭高的酒店，然後對方把一個禮盒送給他。費格遜不以為意，隨手把禮物放在座駕後座然後回家。

當晚費格遜回到家已經是凌晨一時半，當他把禮物帶回家裏就跟太太嘉芙説，那份應該是俄羅斯茶具。但當兩人打開禮物之後就嚇一跳，因為裏面是一堆銀紙，點算後總共有 4 萬英鎊。當時嘉芙建議，立刻把錢退還給艾斯奧蘭高，但費格遜怕有記者拍攝到交收過程會大造文章而作罷。最後費格遜決定，第二天的第一件事就是跟球會律師商量再決定如何處理。

第二天一早，費格遜就回到奧脱福跟球會秘書梅列特（Ken Merrett）開會，然後聽過律師屈健士的意見後，決定把這 4 萬英鎊的鈔票放進球會的夾萬，再由代表費格遜的兩位律師作紀錄，這筆錢就如此存放在曼聯的夾萬一年。當 1995 年艾斯奧蘭高再到奧脱福處理簡察斯基轉會的時候，球會終於有機會把這 4 萬英鎊退還給他。即使事情已經過去，費格遜仍然搞不清楚為什麼艾斯奧蘭高要給他這筆錢。

不過一波未停一波又起，這位艾斯奧蘭高雖然收回這 4 萬英鎊，但同時間也帶着另外的要求而來：他要為簡察斯基安排轉會，否則主席愛華士將命不久矣。原來簡察斯基在不久前和曼聯簽署的新合同中包含了一條新條款，就是簡察斯基可以收到下一次轉會費的三分之一作為回報，而這是費格遜不知情的。費格遜就笑言，當愛華士聽到這番話的時候臉色馬上變白，他的臉色從來未試過變得那麼快！

正正是在簽下這份新合約不久，簡察斯基就向球會表示自己胃部不適，缺席了多場比賽，但同時間又向傳媒表示，自己對缺乏上陣機會感到失望。由於事前未有和球會溝通就批評球會，費格遜因此罰減簡察斯基一周的薪金。後來簡察斯基遞交轉會申請，雖然被曼聯拒絕，但他所做的一切都明顯地是為轉會而來的。最後簡察斯基還是在季尾轉會愛華頓。

費格遜正式跟侯治在轉會上交手，是於 1991 年夏天簽入丹麥門將舒米高。當曼聯的門將教練鶴建臣（Alan Hodgkinson）在看過舒米高的比賽後，就認定他是曼聯把關的理想人選。當球會知道舒米高的經理人是侯治，又知道他和丹麥球會邦比的合同快要結束，轉會的事情就變得簡單。最終曼聯以 50.5 萬英鎊完成這次交易，並成為愛華士自認為任內最佳收購。

當 1996 年國際足協對侯治的禁令結束後，他隨即和曼聯就處理另一宗經典收購，就是將自己的挪威同胞蘇斯克查從莫迪（Molde）帶到曼聯。

除了通過經理人為曼聯物色傑出良將，費格遜也要提防經理人打自己球員的主意。在九十年代初，有意大利經理人慫惠費格遜出售傑斯（Ryan Giggs），希望把他帶到意大利的頂級球會，並承諾為曼聯帶來一筆可觀的轉會費。這名經理人還擔保，只要費格遜願意，他和 3 名兒子都不用再打工了。但費格遜當場就一口拒絕，因為他深知傑斯是曼聯的明日之星。

不過，在自己退休之前，費格遜卻未能阻止經理人拉奧拿（Mina

Raiola）把曼聯另一顆明日之星帶走。當普巴（Paul Pogba）在 2011 年為曼聯青年隊奪得青年足總盃冠軍後，曼聯隊內就認定他是未來棟樑，球會也開始準備和普巴續約。惟同時間普巴找來拉奧拿代表自己，令到續約談判變得複雜。

通常曼聯為青訓球員開出第一份職業合同的時候，他們都會簽署，藉此博取有機會在一隊上陣，或外借到其他球會。當曼聯為普巴開出新合約時，有一日拉奧拿來到曼聯的卡靈頓訓練中心，要求與費格遜談判。但費格遜拒絕和他單獨會面，一定要有球員在場，所以他把普巴請到辦公室。本來費格遜期待普巴會在新合約上簽署，但普巴卻對費格遜説：「我不會簽這份合約的。」拉奧拿補充，普巴要求一隊球員的薪酬待遇，只有滿足到這條件他才會續約。費格遜打從第一日和拉奧拿打交道開始，就認定他是一個不能信任的經理人。

最後拉奧拿安排普巴以自由身轉會祖雲達斯，並為他爭取到一隊球員的薪酬。不過這次轉會卻令曼聯得不到任何轉會費，只收回象徵式的栽培費。因此拉奧拿也成為費格遜最討厭的經理人，費格遜聲稱從此不再與他做任何交易，並在公開場合稱他為「垃圾」（SHIT BAG）！

雖然費格遜不鼓勵球員聘用經理人，但在交手過的經理人當中也有得到他讚賞的，他就是葡萄牙人文迪斯（Jorge Mendes），也是 C 朗拿度（Cristiano Ronaldo）的經理人，一個獲費格遜譽為最專業的經理人。

當 C 朗拿度在 2006 年世界盃煽動球證把朗尼驅逐離場之後，他就成為英格蘭球迷的眼中釘，當時 C 朗拿度想過不再回到英格蘭踢球，皇家馬德里見到機會來了，就向他拋出橄欖枝。不過費格遜向 C 朗拿度

保證曼聯上下都一定支持他，又表明不會讓他轉會。同時間文迪斯也支持費格遜的建議，認為當時並不是 C 朗拿度轉會的好時機，21 歲的他應該留在曼聯發展多一兩年才考慮轉會。結果證明費格遜和文迪斯是對的，狀態冒升中的 C 朗拿度在其後 3 季的表現愈來愈成熟，除了協助曼聯奪得英超三連冠和歐聯冠軍，自己更贏得首個世界足球先生的榮譽。所以費格遜認為，文迪斯是一個為了球員更好發展而願意犧牲自己利益的經理人。

次子任經理人　加強對球員影響力

隨着足球界的演變，經理人的角色變得愈來愈重要，費格遜在九十年代之後也不再抗拒經理人。相反，還為次子積遜（Jason Ferguson）穿針引線安排到兩間經理人公司任職，為部分曼聯球員提供服務。費格遜這樣做，一方面是希望增加自己對球員的影響力，以免球員被經理人控制；另一個推論出來的原因，是費格遜覺得自己在曼聯建功立業，冀從中為自己家族提供多一點好處。

最初費格遜介紹積遜加入由兩位前曼聯球員合資組成「L'Attitude」經理人公司，開始時他們只是接觸一些不獲曼聯續約的青訓球員，為他們安排在低組別球會落班。而該公司處理過最有名氣的球員，也只是安排意大利門將泰比（Massimo Taibi）以 250 萬英鎊加盟家鄉球會里賈納，L'Attitude 從中收取 2.5 萬英鎊的佣金。

除了通過 L'Attitude 去為曼聯球員穿針引線轉會，費格遜還鼓勵沒有經理人的年輕球員聘用 L'Attitude。不過，積遜除了跟隨父親進入球壇之外，也秉承了父親暴怒的性格，所以在 2000 年就和 L'Attitude 的合夥人意見不合而分道揚鑣。沒有了和曼聯的關係，L'Attitude 也在 2001 年結業。

後來在 2001 年積遜加入了另一間經紀公司 Elite Sports，這間經理人公司的野心就比 L'Attitude 大得多。他們參與過的有史譚（Jaap Stam）轉會拉素的交易，和門將卡路爾（Roy Carroll）由韋根加盟曼聯的轉會。他們也從事其他球會的轉會事務，包括法國國腳佐卡夫（Youri Djorkaeff）轉會保頓的交易。

同樣，費格遜也有運用自己在曼聯的影響力去為積遜拉生意。在 2001 年，兩位年輕球員格寧（Jonathan Greening）和威爾遜（Mark Wilson）由於得不到一隊的上陣機會因此要求轉會，當時他們的經理人是史甸（Mel Stein），而費格遜就要求他們轉聘 Elite Sports 為經理人，否則他就不會批准兩人的轉會。結果在史甸威脅要將事情鬧上法庭的情況下，兩人才能在 2001 年 8 月以總轉會費 350 萬英鎊轉投米杜士堡。之後當格寧再見到費格遜的時候，費格遜就完全漠視他，沒有和他說過一句話。

球員聘用 Elite Sports 為經理人也有可能得到費格遜的關照。前青訓產品丹麥前鋒添姆（Mads Timm）在自傳中透露，自己原本在 2002 年有機會被提拔上一隊，在一場歐聯小組賽對瑞士巴塞爾的比賽中擔任後備。但出發前添姆才發現自己的位置被另一名年輕前鋒韋伯（Danny Webber）取代，而韋伯就正是剛剛和 Elite Sports 簽訂經理人合約。因此添姆就懷疑，正是 Elite Sports 的關係，讓韋伯得以取代自己進入大軍名單。

如果球員聘用自己討厭的經理人，費格遜也會勸他們轉到 Elite Sports 旗下。布朗（Wes Brown）的經理人班納（Jonathan Barnett）是費格遜不喜歡的經理人之一，費格遜就不停游說布朗離開班納聘用 Elite

Sports。最終布朗轉聘隊長堅尼的律師和經理人堅尼地（Michael Kennedy）。

從費格遜看待經理人這角色的改變中體現了一句西方諺語的道理：如果你不能打敗他們，就加入他們吧！（If you can't beat them, join them！）費格遜從一開始討厭經理人參與球員和球會之間的事務，到後來接受經理人的存在，最後更讓兒子參與其中，在這個圈子所擁有的利益上分一杯羹。説得好聽的這是與時並進的表現，但你也可以説費格遜利欲熏心，在權力和金錢面前失去了自己最初的原則。

管理心法 ❝

在權力和金錢面前，戒慎恐懼，不能失去自己最初的原則。

❞

A for Alcohol 酒精

足球作為團隊體育運動，體能和紀律是成功的一大要素。因此費格遜深明飲酒文化只會影響球員的日常操練和體能。作為球員時，費格遜就盡量煙酒不沾，因為他知道，酗酒和愛夜睡的球員，他的職業生涯一定有麻煩。這份堅持對費格遜來説特別難能可貴，因為他小時候居住在加文道 667 號的一個單位下面就有兩間酒吧，即使近水樓台，但費格遜從未染上酗酒這個惡習，這方面要歸功於他父親。老費格遜是個滴酒不沾，只是勤勤懇懇工作的老派工人。當費格遜開始球員生涯時，因為開始賺到錢而喜歡在周末出去飲兩杯。這個習慣令老費格遜很不高興，兩父子更因此不瞅不睬半年之久。後來費格遜明白爸爸的苦心，也慢慢改掉這習慣。即使到費格遜 28 歲已經結婚生孩子，但當他新年帶太太嘉芙回老家吃飯時想喝杯酒，老費格遜就馬上喝罵：「你這個年紀喝什麼酒？」可見老費格遜對飲酒是多麼討厭。

決心杜絕球隊飲酒文化

費格遜在著作 *Leading* 中説過，當曼聯有愈來愈多的外援球員時，他就觀察到外援球員比英格蘭球員更懂得照顧自己的身體，也發現他們都很自覺地遠離酒精，很少在周末買醉。即使慶祝冠軍，他們飲酒也只是點到即止。所以英國的飲食文化，特別是飲酒的習慣，是英格蘭球

員成功的一大障礙，這令費格遜意識到球隊要成功，就要決心在球隊內杜絕飲酒文化。

擔任領隊早期，費格遜就已經跟球員強調不能酗酒。在 1977 年 2 月帶領聖美倫時在足總盃作客對馬瑟韋爾的比賽以 1：2 敗陣。比賽後費格遜的朋友打電話給他，說自己前晚親眼見到聖美倫球員麥加菲（Frank McGarvey）在格拉斯哥市中心的一間 Waterloo 酒吧買醉。麥加菲是球隊的神射手，對馬瑟韋爾的比賽也射入唯一一球。但費格遜仍然怒不可遏，馬上向麥加菲質問，麥加菲在費格遜的威嚴下承認自己的行為。結果費格遜馬上為他向蘇格蘭 21 歲以下國家隊申請退隊作為懲罰，警告他的球員生涯已經完結，自己以後都不想再見到他。

後來，隊友們不斷為麥加菲求情，但費格遜都沒有收回成命。在一個星期六晚，費格遜和太太嘉芙參加一個由球會支持者舉辦的晚會，一眾球員除了麥加菲之外都有出席。突然間麥加菲從大堂跑進來，向費格遜表示懷悔，承諾會痛改前非。嘉芙不忍心年輕人就此失去足球生命也幫忙勸說，最後費格遜願意多給他一次機會。

這不是唯一一次費格遜下重手處理聖美倫的飲酒問題。有次聖美倫在聯賽主場以 1：0 擊敗帕迪克（Partick Thistle），賽前弟弟馬田費格遜（Martin Ferguson）向他告密，說他見到幾名聖美倫球員又在那間 Waterloo 酒吧買醉。雖然比賽以 1：0 取勝，但賽後在更衣室費格遜就立刻處理飲酒的問題。首先，他叫當晚有份飲酒的球員坐在更衣室的一邊，然後大開「風筒」。費格遜太過激動，隨手拿起一瓶可樂擲向更衣室的牆，即使玻璃破碎可樂不停在牆上流下來，球員仍然不敢動彈。他命令球員們要簽下一份承諾書不再到 Waterloo 酒吧，如果他

們不簽，當晚就不可以離開球場。然後費格遜逕自回到自己的辦公室。

半小時後，確蘭（Jackie Copland）代表球員到費格遜的辦公室，問他究竟這個是什麼意思，因為剛才大家都被嚇到聽不清楚他的說話。費格遜藉此機會再向他解釋，酗酒的問題會怎樣影響球隊，他自己有多大的決心去糾正這個問題，如果大家不簽這份承諾書，以後每個星期六晚大家都需要加操。不到 10 分鐘，確蘭就拿着所有球員都簽了名的承諾書給費格遜。從這些事中可見，即使帶領的是蘇格蘭第二組別球隊，當時自己亦只是個 35 歲的年輕領隊，但費格遜定下了的鐵律，他就會下定決心執行到底。

費格遜在 1986 年 11 月執教曼聯之前，就已經從前鴨巴甸球員史特根打聽到曼聯的飲酒文化，所以他一來到曼聯就決心要根除這個惡習，重新把紀律注入球隊。而史特根亦警告過曼聯隊友，費格遜一定會整治球隊的酗酒風氣。史特根在這方面就有豐富的經驗，因為在効力鴨巴甸期間，費格遜都會在星期五晚開車到球員的家居附近，看看他們的私家車是否還停在家中。如果沒有發現，他就有理由相信球員在外面的酒吧尋開心。

當他來到曼聯的時候，發現球隊酗酒問題果然名不虛傳，第一天的訓練就見到球員醉醺醺，因為他們在前一晚參加了前領隊艾堅遜（Ron Atkinson）的歡送派對並且飲多了。

有一次，麥格夫（Paul McGrath）帶着宿醉的狀態來到訓練場，連跑步也跑不起來，結果費格遜將他趕離訓練場。如果麥格夫在曼徹斯特都會飲酒飲到這個程度，當球隊出外集訓就只會變本加厲。當費格遜

在 1987 年 11 月率領曼聯到中北美洲百慕達集訓時，有一晚他容許球員外出，但到第二日訓練時他就後悔了，因為他見到部分球員爛醉如泥，連站也站不穩，當開始跑步訓練的時候有球員更撞到棕櫚樹而跌倒，要費格遜用熱水淋向球員才能讓他們清醒。

曼聯有酒癮的球員，很多都是大牌球星和主力，例如隊長笠臣（Bryan Robson）、麥格夫、韋西迪（Norman Whiteside）及摩倫（Kevin Moran）等等。所以費格遜在曼聯第一批請走的球員，就是摩倫、麥格夫和韋西迪。其實費格遜最初也有苦口婆心勸麥格夫和韋西迪遠離酒精，因為他知道兩位都是有天份有能力的球員，但每次請他們到辦公室去勸說時，他們都會點頭表示明白和同意，但晚上就繼續飲酒。酒精除了影響兩人場上的表現外，亦加大了他們受傷的機會和加長了康復時間，費格遜執教曼聯後，兩人就一直受膝傷困擾。這也形成了一個惡性循環，因為他們在休養和康復時無所事事，所以兩人又走去飲酒，這就更加影響了他們的康復進程。有一次，麥格夫更因為醉酒駕駛而發生交通意外，經測試後發現酒精含量超過法定要求的 3 倍，最後被法庭判罰停牌 2 年。

由於兩人聲名狼藉的酗酒惡習，所以即使曼聯希望在 1988 年出售兩人但都乏人問津。最後曼聯只能在 1989 年夏季將兩人割價出售：麥格夫以 45 萬英鎊轉會到阿士東維拉，韋西迪就以 75 萬英鎊轉投愛華頓。離開曼聯之後，前者和費格遜的關係也各走極端。麥格夫後來接受《世界新聞報》（News of the World）訪問，形容費格遜並沒有能力執教曼聯這間大球會，他只懂得用鐵腕手段去管理球員。報道一出街，曼聯就向足總投訴並威脅要控告麥格夫誹謗，最後足總以「令比賽變得不名譽」的罪名罰麥格夫 8500 英鎊。

相反，韋西迪和費格遜的關係就保持得不錯，雖然有報章提供 5 萬英鎊的報酬請他爆出費格遜在曼聯的種種不是，但他斷言拒絕。退役之後，他也回到奧脫福擔任比賽日的大使去招待貴賓，見到費格遜時仍可以有説有笑。

其實在艾堅遜時期的曼聯，人腳一點也不差，起碼試過 3 年內兩奪足總盃冠軍，1983 年也打入聯賽盃決賽，又試過在 1984 年的歐洲盃賽冠軍盃 8 強擊敗當時有馬勒當拿在陣的巴塞羅那；而在艾堅遜執教的 5 年，曼聯未嘗跌出聯賽前四名之外。只是艾堅遜未有好好管理球員的紀律，往往在講求耐力和穩定性的聯賽中失之交臂。因此前曼聯前鋒史塔保頓（Frank Stapleton）就認為，如果費格遜早 5 年來到曼聯的話，自己可以為曼聯贏多 3 次聯賽冠軍。

後來費格遜就定下規矩，球員不得在比賽前 48 小時飲酒。即使曼聯開始稱霸英格蘭球壇，但費格遜對酗酒的問題也絕不手軟。特別是對剛剛升上一隊的年輕球員，其中基利士比（Keith Gillespie）和加利尼維利就領略過箇中滋味。

1994 年，費格遜提拔年輕右中場基利士比到一隊，不過有一場周末的比賽費格遜並沒有把基利士比納入大軍名單，所以他就在周五晚買了幾罐啤酒和來自北愛爾蘭的朋友在一間酒店的大堂把酒言歡，不過被剛剛路過的費格遜見到。費格遜不作一聲，但基利士比已經嚇得落荒而逃。然後周一早上，費格遜把基利士比召到辦公室：「講真話的話罰一周工資，講大話就罰兩周工資。」基利士比回答：「那些啤酒不是我的。」結果基利士比被罰兩周工資。

1995 年的球季，20 歲的加利尼維利剛剛在球隊站穩正選。那一年

的聖誕，加利仔和年輕隊友科尼（Ben Thornley）和加斯柏（Chris Casper）等人參加球會的聖誕聚會。酒量差的加利仔飲了 6 杯蘋果酒之後就不勝酒力，連酒杯也拿不穩跌落地上。之後幾個年輕球員轉場到一間中餐廳食飯，但加利仔在餐廳門口的行人路上睡着了。醒來後嘔吐不止，結果要科尼和加斯柏送他去醫院。

到醫院後，酒醉三分醒的加利仔為怕被人認出通報費格遜，就隨口説出一個假名西門布朗（Simon Brown）來登記。最後安排到病床之後就昏迷到深夜，醒來之後就發現自己有 50 個未接電話。從此加利仔就多了個花名「Simon」！

事情後來還是被費格遜發現，他就對加利仔説：「你真是頭昏腦脹，接下來這段時間你不會再參加一隊比賽！」結果費格遜將加利仔排除出一隊之外有 6 個星期之久。這個教訓也讓加利仔知道了把注意力從足球上轉移到酒精的結果，之後加利仔就不敢再喝那種蘋果酒了。

除了聖誕節，球員在慶祝冠軍時少不免要飲兩杯酒助興。1997 年曼聯奪得聯賽冠軍，球員慶祝的一晚，加利仔一口氣飲了一瓶伏特加，結果他有意識的下一個畫面就是在醫院的登記處嘔吐。送他去醫院的堅尼也忍不住要取笑説：「你這個笨蛋，我明天就打給荷度（Glenn Hoddle），等他知道你有多笨。」當時荷度是英格蘭領隊，而加利仔是新晉國腳。最後是爸爸和弟弟菲臘仔合力把加利仔送回家。結果在被費格遜照肺之前，三位尼維利先生先被母親罵了一頓。

經過這兩次醉酒的經歷，加利仔變得自律起來，連飲食都有規有矩，每天準時 9 點睡覺；最後在 2005 年成為曼聯的隊長。

費格遜雖然對酗酒問題恨不得除之而後快，但他也不是鐵板一塊，對一些主力球員，如果他們能夠證明飲酒並沒有影響場上的表現，費格遜也會網開一面。「神奇隊長」笠臣的酒癮也很大，據說可以一口氣喝完一瓶威士忌。但意志力堅強的笠臣，每次到訓練場上都極力表現出自己並未受到酒精的影響而更加努力訓練，因此費格遜也給予笠臣機會，沒有堅持將他出售。

另一位隊長堅尼也獲得費格遜的格外開恩，沒有因為飲酒而被懲罰。他其實一直都有酗酒的習慣。1994 年聖誕節，堅尼和基利士比在外面飲了幾杯之後，就到曼徹斯特市的著名夜店 Hacienda 跟隊友恩斯（Paul Ince）和曉士（Mark Hughes）會合，但眾球員言語間和夜店的保安發生衝突，事件中基利士比面部受傷，需要縫針處理。而 1997 年夏天來香港和南華進行表演賽，堅尼比賽後和畢特（Nicky Butt）出外飲兩杯之後，回到酒店就和舒米高打交，驚動了同層的卜比查爾頓（Sir Bobby Charlton）。

最嚴重的一次，就是堅尼剛剛成為隊長的那一季，當曼聯在周三的夜戰在主場以 2：2 賽和車路士後，堅尼和一些來自愛爾蘭曲克城（Cork）的朋友在曼市的 Chester Court Hotel 聚會，當然少不了在酒吧飲兩杯。當時有一些來自愛爾蘭都柏林（Dublin）的曼聯球迷在場，因為此兩個愛爾蘭不同城市的背景，加上受酒精影響，那些球迷侮辱了堅尼和他的朋友，已經飲醉的堅尼當然忍不住，結果兩幫人發生衝突，那時已經是凌晨 4 時半。

事件在第二日成為報章頭條，〈曼聯隊長醉酒鬧事〉就成為頭條新聞。加上周末曼聯有作客對列斯聯的聯賽，堅尼已經犯了比賽前兩天不能

買醉的規條。費格遜雖然公開維護自己的隊長，但私下也要對堅尼作出嚴厲的處分。

不過對堅尼來説，最大的懲罰可能是醉酒影響了自己周末對列斯聯的表現。堅尼也承認自己該場踢得一無是處，曼聯在上半場以 0：1 落後，雖然下半場奮起力追但也無能為力。比賽到最後 5 分鐘，堅尼帶球殺入禁區，但由於狀態不佳，自己的鞋釘釘死在草地上而令到自己失平衡倒在地上，而全場一直和堅尼短兵相接的夏蘭特（Alf-Inge Haaland）就指摘堅尼「插水」。但其實堅尼傷及膝部韌帶而要宣布賽季報銷，而他亦因此和夏蘭特結下怨恨。

曾經營酒吧　賣酒維生

雖然費格遜對球員酗酒問題恨之入骨，但有段時間，費格遜是要靠賣酒維生的，説的是他曾經同時間經營兩間酒吧。

上世紀七十年代初，費格遜正步入球員生涯的尾聲，為了增加收入，他開始在朋友的酒吧任兼職，因此認識了酒吧行業的朋友。就在費格遜差不多要從球員生涯退下來的時候，他開始要為退休生活作打算，因此在朋友介紹下買下一間在家鄉加文名叫「Burns Cottage」的酒吧，然後改名為「Fergie's」。就像一般酒吧，除了酒精飲品之外，Fergie's 亦提供飛鏢、骨牌和紙牌等遊戲，而地牢就設有一間獨立房，費格遜將之命名為「Elbow Room」，以紀念自己喜歡起睜的踢球風格。

「Fergie's」除了吸引當地人和費格遜的朋友之外，也吸引了一些意想不到的人物。當費格遜還是艾爾聯（Ayr United）球員的時候，有一天在操練中教練就告訴他，他酒吧的員工賀普（George Hope）打電話

找他，原來有個槍手到了他的酒吧。知道這個消息之後，費格遜的回答也夠搞笑：「對住槍手我可以做什麼呢？」

後來警察到場，根據賀普的口供，鎖定了槍手就是格拉斯哥市一個聲名狼藉的罪犯，而賀普的證供就是拘捕他最有力證據。後來賀普為怕要作供指證這名罪犯，結果就逃到威爾斯，而費格遜再也無見過賀普了。

由於得到附近船廠工人的光顧，「Fergie's」開業之後收入不錯，因此不久費格遜就與友人法根拿（Sam Falconer）合資收購鄰市布烈治頓（Bridgeton）的一間酒吧「Shaw」，當時的收購價要 2.2 萬英鎊，費格遜和友人各自出資 2000 英鎊，餘下的就以借貸的形式去支付。

後來到 1978 年初，由於費格遜執教的聖美倫已經升上蘇超，因此他希望全心全意做好領隊的工作，不想再花精力去經營兩間酒吧，所以他決定先賣出「Fergie's」。到後來執教鴨巴甸時，費格遜亦將「Shaw」的股份售予拍檔。太太嘉芙就最歡迎這個決定，因為經營酒吧難免要處理酒鬼的行為，例如鬧交打交等，費格遜作為酒吧老闆都需要居中調停，因此難免受損傷，被人鎅損頭或打腫下巴都是等閒事。

雖然費格遜經營酒吧的時間不是很長，但從中他也領悟到一些經驗幫助自己帶領球隊，例如對付醉酒鬼，以及醉酒鬼的太太，因為很多太太會請求他不要招待自己的老公。後來費格遜當上領隊之後，就會跟所屬城市裏的酒吧老闆稔熟，如果自己的球員在他們的酒吧買醉的話記得要通知他。

李奧費迪南（Rio Ferdinand）就記得，自己初加盟曼聯的時候，在季

前熱身賽對小保加時扭傷足踝，需要休養 6 個星期，因此多了時間去認識曼徹斯特這個城市。當李奧康復後歸隊操練時，費格遜就特意找他傾兩句。

費格遜問：「年輕人，在曼徹斯特的生活還好嗎？適應新生活嗎？」

李奧不以為意回答：「OK 啦老闆，我去了一些餐廳，正在慢慢適應新生活。」

不料費格遜馬上補充：「不過新生活裏也包括 Sugar Lounge 和 Brasingamens 嗎？」Sugar Lounge 和 Brasingamens 是曼徹斯特市兩間有名的夜店。

李奧當時害怕得不敢說話，因為他確實到過這兩間夜店。他在思考為什麼費格遜會知道自己的行蹤呢？

費格遜說：「有人告訴我幾天前你有去過酒吧和夜店，如果你想在曼聯有長遠發展，就不要再去那些夜店，我是一定會知道的。現在好好去訓練吧！」

李奧驚訝新老闆消息之靈通，其實費格遜沒有什麼秘密，他就是認識曼徹斯特市所有酒吧和夜店的老闆而已，所以球員晚上的行蹤他都可以掌握得一清二楚。

即使李奧已經効力曼聯幾季的時間，費格遜也沒有對他的生活習慣鬆手。李奧曾經想開一間叫「Rosso」的意大利餐廳，然後把想法告訴費

格遜。費格遜一聽到這個計劃就對李奧大開「風筒」。因為費格遜從自己經營酒吧的經驗得知，如果李奧自己有間餐廳的話，晚上他就會花時間在餐廳喝酒和應酬朋友，影響自己的休息。不過後來李奧解釋，開餐廳只是為自己退休生活做準備，而他亦保證在訓練場和球場上交足功課，所以費格遜亦沒有再反對，反而日後多次和球員一起光顧「Rosso」。

管理心法

確保團隊上下嚴守紀律，就算犯錯的是重要員工，也須依法懲處。

A for
Assistants
副手

費格遜 39 年的領隊生涯，正式的副手共有 10 位。作為費格遜最親密的戰友，究竟費格遜是如何選擇和對待副手呢？費格遜的副手要做什麼呢？就讓我們細數一下這 10 位副手的背景和經歷。

麥法蘭（Ricky McFarlane）

費格遜第一位副手，就是在東史特靈郡的物理治療師麥法蘭，由於球隊的規模小，所以並沒有副領隊的位置，因此麥法蘭就成為費格遜第一位左右手。球員出身的麥法蘭除了治療球員的傷患之外，亦懂得安排球隊訓練和熱身等工作。雖然費格遜在東史特靈郡和麥法蘭合作只有 117 天，但當費格遜轉會到聖美倫時，也有邀請麥法蘭一起過檔，結果兩人合作了共 4 年的時間。後來費格遜在 1978 年被聖美倫主席辭退轉會鴨巴甸時，費格遜也有邀請麥法蘭一同前往，但這次麥法蘭就婉拒了他的好意，繼續留在聖美倫當新領隊肯尼（Jim Clunie）的副手，當肯尼在 1980 年 11 月離隊後，麥法蘭就正成為聖美倫領隊，但為時只有一年，離開聖美倫後就重操故業從事物理治療的工作。

除了婉拒費格遜的邀請過檔之外，當費格遜控告聖美倫無理解僱時，麥法蘭也拒絕為費格遜作證，應該觸怒了費格遜，因為之後費格遜

在數本自傳裏，都沒有提到麥法蘭這位自己第一位的副手。麥法蘭後來解釋，當時自己有 5 名子女，加上剛剛買了屋，所以不想舉家搬到東北部的鴨巴甸要令一家人重新適應。不過他有提到，兩人雖然沒有主動聯絡對方，但在一些場合例如朋友的婚禮上遇到時，兩人仍然有說有笑，即使同枱食飯也沒有尷尬，也沒有如外界形容般反目成仇。

史丹頓（Pat Stanton）

由於麥法蘭拒絕跟隨費格遜到鴨巴甸，費格遜之後就打史密夫（Walter Smith）的主意，不過當時史密夫仍然是登地聯的球員，領隊麥格連（Jim McLean）拒絕放人。費格遜只好邀請剛剛在些路迪退役的史丹頓任自己的副手。

由於剛到鴨巴甸的時候，費格遜的太太和孩子未有跟他一同來到這個東北部城市，所以開始的時候，史丹頓除了是費格遜的副手也是同室密友，兩人同住在一個單位有半年的時間，直到費格遜太太和孩子搬過來為止。

穩重而細心的史丹頓正好補足了費格遜剛烈的性格。球場上，史丹頓幫助費格遜在初到鴨巴甸時修補和球員之間的關係。如果費格遜在訓練場或更衣室大罵球員，史丹頓就會走出來安慰球員繼續訓練。他和費格遜形成一對很好的「好警察壞警察」，協助費格遜過渡在鴨巴甸的第一年。

擔任了費格遜的副手一季後，由於家庭原因史丹頓需要離開鴨巴甸回到家鄉愛丁堡。之後在 3 間球會從事領隊工作。可惜他的領隊生涯並不成功，4 年後從領隊崗位上退休。

雖然費格遜和史丹頓只是合作短短一年的時間，也沒有贏得任何錦標，但對於當時只有 36 歲的費格遜來說，隻身來到一間規模更大的球會執教，又要面對和前球會的官司和身患重病的父親，有史丹頓在身邊分擔球會事務確實是及時雨。所以費格遜對他的評價甚高，認為他是一個誠實可靠的將領之才。

諾斯（Archie Knox）

當史丹頓離開鴨巴甸後，費格遜要花了一段時間才找到下一任副手。1980 年夏天，原本是科法體育會（Forfar Athletic）領隊的諾斯得到費格遜的邀請，跟隨他到鴨巴甸擔任副領隊。諾斯和費格遜在鴨巴甸開始合作，當費格遜轉會曼聯後，他亦跟着一同加盟。兩人前後合作共 9 年的時間，是和費格遜合作最長時間的副手。

兩人第一次合作的 4 年時間，一同為鴨巴甸贏得歐洲盃賽冠軍盃和歐洲超級盃，為球會創造歷史，並贏過兩次足總盃。1984 年，諾斯得到登地的邀請擔任領隊，由於諾斯也有做領隊的打算，因此他選擇離開鴨巴甸轉任登地領隊。

不過兩人很快又有合作機會，這次是在蘇格蘭國家隊。1986 年墨西哥世界盃決賽周前，諾斯離開登地，費格遜決定帶上諾斯作為教練團成員之一。

世界盃後，費格遜再次邀請諾斯回到鴨巴甸協助自己，由於他是以登地領隊的身份回歸，因此費格遜就安排「雙領隊之一」的頭銜給諾斯，表面上和自己平起平坐。不過諾斯回來鴨巴甸不久，費格遜就有機會加盟曼聯，當時費格遜問諾斯，他想成為鴨巴甸的正印領隊，還是跟

自己一同前往曼徹斯特。結果諾斯選擇繼續和費格遜一同打江山。

就像史丹頓一樣，在曼聯初期諾斯還成為費格遜的同室密友。由於 3 名孩子讀書的原因，太太嘉芙不想在學期中段為孩子們轉校，所以並沒有跟費格遜搬到曼徹斯特。而費格遜在曼聯初期只是一個人住在曼徹斯特南部的一個地方，所以請諾斯和自己住在一起。星期日的早上，費格遜還負責為諾斯煮早餐。

諾斯陪伴着費格遜度過在曼聯最難過的 3 年半時間，直到 1990 年才一起贏得足總盃。不過這也是諾斯唯一和費格遜在曼聯贏得的冠軍。1991 年 4 月，當史密夫被委任為格拉斯哥流浪領隊，他邀請諾斯成為自己的副手。費格遜雖然極力挽留，包括向愛華士要求大幅增加他的工資，並以歐洲盃賽冠軍盃決賽吸引諾斯：「你去到流浪還會有機會參加歐洲賽決賽嗎？」但諾斯並沒有回心轉意，最後只能以旁觀者的身份見證曼聯奪冠。

雖然費格遜對諾斯最終決定離開曼聯感到失望，但兩人仍然保持良好關係，在他離開曼聯幾周之後，他仍然和費格遜打高爾夫球。諾斯對費格遜最大的影響，是讓他放心交出訓練上的話語權，讓諾斯和教練團負責一切訓練事務，費格遜得以更宏觀的處理球會事務和觀察球員的表現。後來費格遜也承認，這個是他在管理上做過最好的決定之一。

加納（Willie Garner）

諾斯離開鴨巴甸轉投登地擔任領隊後，費格遜委任了加納作為自己的副手，加納本是鴨巴甸出身的中堅，也在費格遜執教期間為其効力。當時球員身份的加納已經在空閒的時間指導預備組球員一起訓練，令

費格遜留下深刻印象。後來在 1981 年費格遜收到些路迪向加納提出收購，所以讓他離隊。當諾斯在 1984 年 2 月離開鴨巴甸，費格遜就邀請當時只有 28 歲的加納回來擔任助教一職，同時參加預備組比賽。

雖然加納和費格遜一起合作的兩年多為鴨巴甸贏得 5 項錦標，包括 1984 和 1985 年兩屆聯賽冠軍，但費格遜對他的評價非常一般。他認為加納太過容易接納自己的意見，缺乏自己的主張，所以兩人產生不出火花。加上加納是鴨巴甸球員出身，和部分球員做過隊友，這影響了他在助教這個崗位上的權威，很多時候他和球員走得太近而不能執行費格遜的指令，所以費格遜最後懷疑自己邀請加納為副手的決定是否正確。

到 1986 年夏天諾斯回來，費格遜就把加納辭退。加納對這個消息感到相當突然，因為他剛剛才舉家搬到鴨巴甸，還舉債買下居所，一下子失去工作令他大失預算，之後只能以球員身份參加業餘聯賽。

傑特（Brian Kidd）

傑特是曼聯的名宿，在 1968 年自己 19 歲生日那一天，在歐冠決賽加時階段射入一球為曼聯以 4：1 擊敗賓菲加，帶領曼聯首次贏得歐冠錦標。費格遜來到曼聯之後，為加強青訓發展，在 1988 年委任傑特為青訓主管，代表作是在曼城手上把傑斯搶過來。

當諾斯在 1991 年離開曼聯返回蘇格蘭後，費格遜正在尋找副手之際，曼聯名宿史泰奧斯（Nobby Stiles）就向他推薦傑特，結果費格遜接納了建議。本來傑特想專心在青訓工作上，但經過費格遜多番游說最終接受任命，成為奧脫福的 2 號人物，讓自己和費格遜攜手打造曼聯第一代

王朝。最後兩人以正副領隊的關係合作有 7 年多之久。

傑特成為副手之後，主動地到不同球會交流訓練心得，然後將一些新的訓練內容帶到克里夫訓練場。亦因如此，費格遜就放心將訓練完全交給傑特，讓傑特有更多時間和球員相處和溝通，所以他在曼聯球員心目中有很高的地位。前鋒高爾（Andy Cole）記得，當他在 1997 年因斷腳而在休養時，沒有人比傑特向他提供更多的幫助和照顧，渡過養傷康復的這段時間，而且傑特是一個很好的聆聽者，每當高爾有什麼不順心的事情都會先找他溝通。

另外，當費格遜扮演壞人的時候，傑特就會配合扮作好人，當球員被費格遜罵個狗血淋頭後，傑特就負責安撫球員，提出可以肯定的地方。傑特和費格遜的互補正是穩定曼聯更衣室的一股重要力量。

雖然費格遜和傑特一起工作超過 10 年的時間，而球員對傑特也有很高的評價，但感覺上費格遜和傑特的關係一般，因為費格遜在自傳中對傑特的評價是最苛刻的，其中特別提到幾個傑特和自己南轅北轍的決定。

首先，1995 年夏天費格遜決定力排眾議要出售中場主將恩斯，當他和太太嘉芙在美國度假時收到主席愛華士的電話，說傑特並不同意出售恩斯。費格遜很驚訝，因為傑特從來沒有向自己透露這個想法。

到 1998 年曼聯需要收購一名前鋒，費格遜心儀的目標是約基（Dwight Yorke），並叫愛華士去斟介，但傑特另有想法，反而建議收購韋斯咸的赫臣（John Hartson）。同樣，傑特並沒有直接向費格遜提出自己的

想法，同樣費格遜是自己在法國度假時和愛華士的電話會談中才得知這事。不過更令費格遜驚訝的，是之後愛華士向他說：「我覺得你應該好好和傑特溝通，你們兩者之間好像出了問題，傑特想加盟愛華頓，你知道嗎？」費格遜當然毫不知情。

兩人後來作了一次坦誠的溝通，傑特提出自己的觀點，認為約基並不是一個好的盤球手，他亦坦誠道出自己確實收到愛華頓的邀請。原來愛華頓提出 3 倍人工邀請傑特。最後愛華頓邀請了曾擔任費格遜的副手史密夫為領隊。

1998 年 11 月，布力般流浪辭退了領隊鶴臣（Roy Hodgson），並向傑特拋出橄欖枝。他決定接受這個挑戰，向費格遜提出請辭。費格遜當時很驚訝，因為傑特從來沒有向他提及有出任領隊的想法，而自己亦剛剛在球季開始時為他爭取改善待遇，因此他從沒有想過傑特會在這個時候離開球會。

不過費格遜並不看好傑特這個抉擇，因為他覺得傑特並不是一個能夠作出困難決定的人，因此他只適合做副手，並不是領隊之才。原本傑特在布力般流浪有個好開始，贏得 1998 年 12 月的當月最佳領隊，可惜好景不常，在英超護級失敗，當屆就要降班英甲（註：英甲聯賽在 2004 年才改名為英冠聯賽）。更差的是，降落英甲之後，布力般流浪一直排在榜下游的位置，結果傑特在 1999 年 11 月就被炒掉，結束自己不夠一年的領隊生涯。自此傑特就沒有再擔任過領隊，重回老本行從事青訓和助教的工作直到現在。而最可惜的，是他和諾斯一樣，未能見證曼聯更輝煌的一頁，享受自己助教工作上帶來的成果，因為在他離開半年之後，曼聯史無前例地奪得三冠王，而自己就只能看着布

力般流浪降班。而傑特和費格遜的關係也不能回到以前,甚至到了互不瞅睬的地步。

1999 年夏天,費格遜自傳 *Managing My Life* 出版,令人驚訝的是,自傳裏費格遜對傑特有極苛刻的批評。究竟費格遜對傑特的批評出自真心,還是希望藉着傑特來製造話題從而提高自傳的銷量,這個外人不得而知。(註:費格遜從這本自傳得到 100 萬英鎊的報酬,最終賣出超過 22 萬本)不過對一個和自己共事有 10 年時間的舊部作出這麼尖酸的評價,只顯得費格遜的無情,特別是在曼聯球員心目中,對傑特還是有深厚的感情。

據後來一起和傑特轉會布力般流浪的物理治療師費夫爾(Dave Fevre)私下說,傑特對於費格遜的批評感到很詫異和傷心,好像抹煞自己一切在曼聯的功勞。他甚至認為,正是費格遜對自己的評價,影響了布力般流浪班主獲加(Jack Walker)對自己的觀感,導致自己在不久之後被辭退,結束不夠一年的領隊生涯。

後來傑特得到列斯聯領隊奧拉利(David O'Leary)的邀請負責青訓部分。當有次曼聯作客列斯聯主場艾蘭路(Elland Road)的時候,賽後奧拉利邀請費格遜飲杯紅酒,剛好傑特也在,但他和費格遜互不對望也不說話,奧拉利就形容當時的氣氛是極度尷尬的;這也概括了費格遜和傑特在後曼聯時期的關係。

賴恩(Jimmy Ryan)

賴恩本是曼聯的青訓產品,在上世紀六十年代效力曼聯,司職翼鋒,但他在曼聯上陣的機會不多,之後轉會到盧頓和北美洲發展。退役後,他

獲費格遜邀請回到曼聯擔任預備組教練，並曾經兩次擔任費格遜的副手。

當傑特在 1998 年 11 月離開曼聯，費格遜暫時提拔了賴恩作為臨時副領隊，直到麥卡倫來到他才回到本來的崗位。在賴恩擔任副手這段期間，剛好有聖誕快車賽期，由於費格遜要出席弟婦的喪禮不能親自督師曼聯在主場出戰米杜士堡的聯賽，所以要由賴恩帶隊，可惜輸了 2：3。不過，這次敗陣也是曼聯在該季最後一次輸球，球隊之後一鼓作氣贏得三冠而回。

當麥卡倫在 2001 年離開曼聯加盟米杜士堡之後，費格遜再次提拔賴恩，和費倫一起分擔助教的工作，這次的任期有一整季。當基洛斯在 2002 年夏天加盟之後，賴恩就轉為曼聯的青訓主管直到 2012 年退休。

麥卡倫（Steve McClaren）

傑特離開後，費格遜考慮兩人接替他的位置，一個是打吡郡的助教麥卡倫，另一個是普雷斯頓的教練莫耶斯（David Moyes）。最後由於麥卡倫在面試的表現比較輕鬆自在，而莫耶斯則相對緊張，所以費格遜決定由麥卡倫成為自己的副手。巧合的是，麥卡倫最後一次以助教身份代表打吡郡，就是聯賽作客曼聯的賽事，最後麥卡倫未能協助領隊占史密夫（Jim Smith）得分而回，以 0：1 的敗仗結束自己在打吡郡的生涯。

麥卡倫第一場以助教身份協助費格遜的賽事，就是聯賽作客城市公園球場（City Ground）對諾定咸森林的賽事，結果曼聯以 8：1 取勝，創下英超作客最大比數的勝利。賽後費格遜在接受訪問時就說笑：「這場勝仗是要給麥卡倫看到，曼聯每場比賽應該要有的標準。」麥卡倫也私下跟曼聯職員說，平時比賽最後的 15 分鐘他都是受壓力的一方，想不到

曼聯的比賽是這樣輕鬆；這令他不斷思考自己可以如何改善這支勁旅。

麥卡倫對費格遜最深刻的印象，是他對自己的信任。兩人本來並不相識，費格遜和麥卡倫在酒店進行兩小時的面試就決定聘用他。雖然麥卡倫只是一支中游球隊的助教，但當第一天上班他就問費格遜：「你想我怎麼去安排訓練？」「你是助教，你認為怎樣安排就怎樣安排吧！」這是麥卡倫從費格遜得到的答案。不過麥卡倫也適應得很快，因為他的一大特點在於不停學習。他不但到其他足球隊去交流和見識不同的訓練方法，更會跑到美國學習其他運動的隊伍是如何訓練的，從而為曼聯的訓練注入新元素。正當一眾曼聯職球員都覺得要取代傑特是一件難事的時候，麥卡倫只用了數個星期就無縫地承繼了傑特的工作。

麥卡倫最幸運的地方，是加盟曼聯 3 個月後就嘗到三冠王的滋味，而他在曼聯的每一季都贏得英超冠軍。

跟賴恩一樣，麥卡倫也有親自帶隊曼聯的機會。當時是 2000 年 11 月 18 日，原本當日是國際賽期曼聯應該沒有比賽，所以費格遜的兒子就安排那一天在南非開普敦結婚，讓費格遜可以出席。後來賽期調動，賽會把曼徹斯特打吡安排在那一天舉行。結果要由麥卡倫帶隊作客緬恩路球場，曼聯憑着碧咸的罰球一箭定江山擊敗曼城，並未有令在南非收看電視直播的費格遜失望。

眾多費格遜的副手中，以麥卡倫離開曼聯後的發展最好，除了成為一位奪得過球會錦標的領隊，還在國家隊層面展現身手。2001 年的夏天，麥卡倫決定向領隊的職位進發，在接觸過韋斯咸、修咸頓和米杜士堡後，最後決定到米杜士堡一展身手，接替前曼聯隊長笠臣。在米

杜士堡的第一季，麥卡倫就在足總盃第四圈倒戈淘汰曼聯。

麥卡倫在米杜士堡的 5 年間贏得過一次聯賽盃冠軍，是球隊歷史上唯一的冠軍，並兩次出戰歐洲足協盃，更於 2006 年那一屆打入決賽。當 2006 年在艾歷臣（Sven Goran Eriksson）在世界盃落台後，麥卡倫更成為英格蘭國家隊領隊。

相比起其他副手，麥卡倫在離開曼聯仍然和費格遜保持良好的關係，每當曼聯對米杜士堡，即使是曼聯敗陣，麥卡倫還可以和費格遜在賽後飲杯紅酒。當 2002 年列斯聯辭退領隊奧拉利之後有意向麥卡倫招手。為此麥卡倫就請教費格遜，因為自己只執教米杜士堡一季的時間。費格遜非常鼓勵麥卡倫轉投更大規模更有野心的列斯聯，因為這可以幫助麥卡倫有更進一步的發展，只是列斯聯最終選擇了雲拿保斯（Terry Venables）接掌帥印。

基洛斯（Carlos Queiroz）

基洛斯是費格遜唯一一位英倫三島以外的副手。費格遜對基洛斯的評價最高，認為他是自己最佳的副手，他對足球的理解和對細節的追求讓他成為世界上最好的教練之一。除了訓練和戰術上的工作，基洛斯還分擔了費格遜其他工作，所以費格遜認為在自己退休後，基洛斯是最有能力接替自己成為曼聯領隊。

2002 年夏天，費格遜收回退休的決定重新在曼聯出發。由於當時有愈來愈多的外援，費格遜覺得找來一個來自外地而又懂得其他語言的助教可以幫到自己。所以前蘇格蘭國家隊領隊洛斯保（Andy Roxburgh）就向他極力推薦基洛斯。由於基洛斯有執教南非國家隊的經歷，所以

費格遜就去問南非國腳科東尼（Quinton Fortune）的意見，科東尼只是簡單回覆一句：「好到極！」

費格遜和基洛斯見過一次面後，就決定聘請他為自己的副手。基洛斯第一季為曼聯帶來的改變，就是將陣式從 4-5-1 變為 4-2-3-1，讓曼聯後來居上，壓過阿仙奴重奪聯賽冠軍。

正當費格遜在法國度假的時候就收到基洛斯的電話，堅持要飛到法國和他見面。原來基洛斯收到皇家馬德里的邀請，所以想徵詢費格遜的建議。費格遜給他兩個意見：「第一，這個絕對是不能拒絕的機會，但你可能捱不過一季。第二，你可以一生一世在曼聯工作。」由於皇家馬德里的吸引力實在太大，費格遜也不敢勸基洛斯拒絕，最後基洛斯決定執教這支有施丹、費高、卡路士、碧咸等球星的銀河艦隊；基洛斯離開的時候，費格遜就歡迎他隨時回來曼聯。

可能費格遜也預示到基洛斯在皇馬的時間不會長，所以沒有請來正式的助教，這一年的空缺只是以賴恩、費倫和史密夫來做臨時工。果然，3 個月後費格遜再收到基洛斯的電話，這次費格遜飛到西班牙和他吃午飯。基洛斯向費格遜透露自己想離開皇馬，但費格遜卻勸他千萬不可以這樣離開，盡量留在皇馬，然後下季再回來曼聯。

費格遜認為，基洛斯的戰術質素和在歐洲比賽的經驗可以為曼聯贏得第三個歐聯冠軍，所以願意虛位以待。如費格遜所願，一年後基洛斯離開皇馬，費格遜馬上邀請他回巢；又果然如費格遜所願，4 年之後兩人合作奪得 2008 年歐聯冠軍，隨後基洛斯功成身退，擔任祖家葡萄牙國家隊教練。

不久前朗尼回憶，基洛斯確實在 2008 年在曼聯歐聯之路上起到關鍵性作用，因為在準決賽對巴塞羅那時，基洛斯成功說服費格遜放棄曼聯一貫的進攻足球，改用穩守突擊的戰術，結果成功以兩回合 1：0 擊敗對手打入決賽，但翌季當基洛斯離開，曼聯再在歐聯決賽對巴塞羅那，這次沒有基洛斯的戰術安排下，費格遜就堅持和對手對攻，因為進攻就是曼聯的風格。當時朗尼和一眾球員都大惑不解，結果這次曼聯以 0：2 見負，未能成為首支歐聯改制下衛冕成功的球隊。

即使 2005 年季前集訓時基洛斯和隊長堅尼發生意見相左，費格遜仍然站在基洛斯那一邊，可見這名助教的地位。

2010 年，基洛斯被足總控訴在世界盃決賽周前的集訓期間，以粗言穢語責罵負責藥檢的人員。後來足總召開聆訊查明事件，如果證明對基洛斯的指控屬實，他就會烏紗不保。因此費格遜答應為基洛斯作品格證人，特意飛到里斯本出席聆訊。以下是費格遜作證後對基洛斯的評價。

「基洛斯是個一流的教練和老師，他生命中最重要的使命就是栽培年輕人，激發並確保他們長大後成為好人，這也是我來支持他的原因。我認識他很深，他絕對是個有誠信的好人。」

由此可見，費格遜對基洛斯的評價真的很高。不過足總的指控最後成立，基洛斯被辭退國家隊的職務。

史密夫(Walter Smith)

史密夫和費格遜的交情甚深，兩人早於 1976 年在蘇格蘭足總舉辦的教練課程已經認識。

兩人的合作始於 1985 年蘇格蘭國家隊，一同帶領國家隊打入 1986 年墨西哥世界盃。出發到墨西哥前，費格遜得到阿仙奴的邀請擔任領隊，當時費格遜心中盤算要史密夫成為自己的副手，但他希望在世界盃決賽周後才作決定，而阿仙奴卻希望早日敲定領隊人選以便準備夏季的集訓，結果雙方錯過了這次合作機會。世界盃後，史密夫就跟隨桑拿士（Graeme Souness）到格拉斯哥流浪成為他的副手。

後來史密夫在 1991 年成為格拉斯哥流浪領隊，帶領球隊成為聯賽七連冠班霸；之後南下英格蘭執教愛華頓，直到 2002 年被炒。

2003 年，基洛斯決定遠赴西班牙執教皇家馬德里，但費格遜虛位以待，歡迎他隨時回來，所以在 2004 年請來老朋友史密夫臨時擔任助教，兩人得以相隔 18 年再續前緣，並首次在球會層面合作。雖然在曼聯合作的時間短暫，但史密夫仍然和曼聯捧起當屆足總盃。

史密夫在曼聯短短一年卻為曼聯帶來深遠的影響，第一，當史密夫負責訓練後，就見到當時剛加盟的 C 朗拿度只愛自己盤扭而不喜歡傳球，因此他在訓練中取消了吹罰犯規的環節，等隊友可以對 C 朗拿度隨心所欲，其真正目的是希望 C 朗拿度減少獨自盤球，多點在適當時候傳送給隊友，改善其獨食的特點。

史密夫為曼聯帶來第二個貢獻，就是利用自己在執教愛華頓時對朗尼（Wayne Rooney）的認識，在 2004 年夏天極力向費格遜推薦，認為他是整個英國同年齡的球員中最好的一人，結果曼聯以破當時年輕球員的轉會費紀錄 2700 萬英鎊將朗尼羅致旗下。史密夫這兩個貢獻，讓 C 朗拿度和朗尼成為曼聯復興的重要力量。

費倫（Mike Phelan）

費倫除了出任過費格遜的副手，也曾經在他麾下為曼聯効力。1989 年
費格遜從諾域治羅致了這名中場球員和球隊隊長，開始了兩人在曼聯的
緣份。費倫以球員身份効力曼聯 5 年，以正選身份參加過 1990 年足總
盃決賽、1991 年歐洲盃賽冠軍盃決賽和 1992 年聯賽盃決賽；其中在
1991 年的聯賽盃對錫周三的決賽，費格遜選擇以韋伯（Neil Webb）
取代費倫，結果球隊失利未能奪冠而回。賽後費格遜向費倫道歉，並承
諾費倫未來會有機會在決賽上陣。費格遜亦履行了自己的諾言，一個月
後讓費倫在歐洲盃賽冠軍盃決賽中正選上陣。

隨着傑斯、沙柏（Lee Sharpe）和簡察斯基的冒起，費倫上陣的機會變
得寥寥可數，結果在 1994 年球季最後一場比賽的前一天，費格遜向
費倫説：「孩子，你為我們做了很多，也做得很好，但我要請你離開了，
因為我要提拔年輕球員例如加利尼維利。」結果季後費倫離開曼聯加
盟西布朗。費倫承認當時對於費格遜的決定感到很憤怒，不過後來他
才發現，費格遜為曼聯思考的是幾年後的發展，費倫才了解到他的前
瞻性。

費倫離開曼聯後就沒有和費格遜再聯絡，但費格遜卻一直有留意他的
發展。退役後，費倫就回到諾域治擔任領隊麥臣（Gary Megson）的
副手，兩人之後一同到黑池和史托港發展。當麥臣在 1999 年被史托
港辭退之後，費格遜就邀請費倫重回曼聯擔任青年隊教練，2008 年 9
月當基洛斯離隊後再被提升為費格遜的助教。

跟賴恩和麥卡倫一樣，費倫同樣因為費格遜有事缺席曼聯的比賽而負
責帶隊出戰，當時是 2010 年 9 月 22 日，費格遜決定前往西班牙觀

看馬德里體育會對華倫西亞的賽事，從中考察年輕天才門將迪基亞（David De Gea）的身手，因而缺席曼聯在聯賽盃作客對斯肯索普聯（Scunthorpe United）的賽事，費倫領軍並沒有令費格遜失望，曼聯以 5：2 擊敗對手晉級第四圈。

當費格遜在 2013 年退休後，新領隊莫耶斯重用自己在愛華頓的副手朗特（Steve Round）而棄用費倫。之後費倫分別到諾域治、侯城和澳洲發展。當蘇斯克查在 2018 年 12 月回到曼聯擔任臨時領隊後，就想委任費倫任自己的副手，費格遜也支持他這個想法，還幫他聯絡當時身在澳洲的費倫，結果費倫一口答應，馬上趕回曼徹斯特協助蘇斯克查一直到現在。

從以上 10 位助教身上，我們可以看出費格遜對副手的要求：

（1）要有自己的看法，也要和自己一樣有強烈的爭勝欲望，他不要只聽自己意見的「Yes Man」；

（2）在自己的專業，例如戰術和訓練方面有很深的認識，因為後期的費格遜很願意將訓練放權給助教主理；

（3）就像要求球員一樣，費格遜也要求副手對自己忠誠。

能夠做到以上三點的副手，不但有機會和費格遜合作愉快，更有可能在離開曼聯後和費格遜保持良好關係。

管理心法 🦏

> 放權給下屬，既可讓下屬有成功
> 感，也令自己可以空出時間來觀
> 察，做更重要的事。

B for

Boss

上司

足球領隊和其他很多職業經理人一樣，除了要管理下屬以提高團隊表現之外，還要管理自己的上司，除非你是老闆。就算是公司總裁，也要向董事會或個別大股東滙報，當中也涉及到一段需要管理的關係。

費格遜就曾經講過，能夠管理好下屬，即是他的球員，是確保球隊得到好成績的關鍵；能夠管理好上司，是一個經理人留在一間機構多久的關鍵。費格遜除了是一個出色的領隊之外，他還有一個身份：打工仔。他也是受聘的，他也有老闆。費格遜有次接受訪問時被問到，如果有人想從事領隊工作，他有什麼建議給他？他很堅定而簡單的回答：「他一定一定要找一個非常好的主席！」經過 55 年球員和領隊的足球生涯，費格遜領悟到，領隊和主席的關係才是一間球會裏最重要的關係。

球隊的班主或總裁的工作中會影響領隊的地方包括：

1/ 投入球隊的資源，包括青訓，訓練場地和器材，球探團隊的規模，轉會費的多少和轉會的對象；

2/ 影響到球隊的收入來源包括季前賽的地點，球員要多頻繁出席贊助商的活動等；

3/　界定領隊的權利和球隊的架構，例如是否聘請足球總監來分享領隊的權力等等。

因此，簡單的說，班主或總裁影響了一個領隊可享有的權利和資源。

費格遜總結了自己 39 年做領隊的經驗，歸納出一位領隊必須從班主或總裁爭取到 4 項最重要的東西：
1/　不干涉球隊日常事務；
2/　有資源收購心儀的球員；
3/　對自己的支持；
4/　合理的報酬。

藉着「B for Boss」一章，我們回顧一下費格遜 39 年領隊生涯中和不同上司的相處，從而體會一下他的「向上管理」（Manage Up）之道。

費格遜在領隊生涯的第一個老闆，就是東史特靈郡的梅赫特（Willie Muirhead）。雖然雙方只是共事了 117 日，而當時費格遜只有 32 歲而且是第一次擔任領隊，但費格遜仍然不怕得罪主席，合作期間就發生過兩次爭執。第一次是費格遜帶領東史特靈郡初嘗敗績，完場後梅赫特在球員通道等候費格遜並問他：「你會準備怎樣做？」因為敗仗而心情不好的費格遜沒好氣的回答：「如果你不離開的話，我會做的就是把你趕出這條球員走廊！」這次對話之後，就沒有董事會成員再干涉費格遜在球隊上的事務。

有一次，費格遜為了球隊的青訓，特意安排格拉斯哥聯（Glasgow United）的青年隊到東史特靈郡與自己的青年隊比賽，為此批出 40 英

費格遜在 2012 年超越畢士比爵士作為曼聯在任時間最長的領隊，球會為此在球場豎立了一座有 9 呎高的雕像，向他致意。

鏹去安排來回隊巴接載對手。後來梅赫特叫費格遜到董事會問話，認為批出 40 英鏹的交通費違反了球會的政策。費格遜大怒，拿出 40 英鏹鈔票放在桌上，然後說：「我做的都是為了改善球隊！這 40 英鏹你們拿去吧！」之後離開房間，梅赫特要追出去挽留費格遜說：「這只是老人家希士廷斯（Jim Hastings）的主意。」希士廷斯是董事會歷史上最老的成員，他對於球會的新改變總是看不過眼。

即使費格遜在球會的時間很短，而且和上司有過衝突，梅赫特仍然認為費格遜是球隊歷史上最偉大的領隊。

在聖美倫與董事會鬧翻

後來費格遜有機會執教聖美倫，當時由主席居利（Harold Currie）邀請他加盟；後來董事會出現權力鬥爭，最後托特（Willie Todd）取代居利擔任主席。

費格遜在執教聖美倫時，就與董事會鬧得不歡而散，為自己在管理上司上了寶貴的一課。這次經歷讓他學習到，無論你有多不喜歡球會的

主席，你都要找個辦法和他相處。

最後，托特和董事會覺得費格遜的權力太大，已經到了一個失控的地步，因此在 1978 年 5 月 31 日，托特親自向費格遜列出 15 宗罪把他開除。對話中，由於費格遜覺得 15 宗罪實在太可笑而大笑不止，要到托特叫他停止。費格遜大笑除了因為對董事會的行為感到可笑之外，費格遜心裏清楚，這時候自己可以隨時加盟鴨巴甸了。

在鴨巴甸的 8 年多，費格遜一直跟球會董事當奴（Dick Donald）共事。當奴本身是前鴨巴甸球員，對球會有深刻感情。

費格遜覺得，他和當奴的關係就像父子一樣，是他成就了鴨巴甸的自己。在費格遜心目中，當奴是個偉大人物，如果有機會，他會毫不猶疑再為他工作。費格遜能夠和當奴合作無間，其中一個原因是鴨巴甸的結構簡單，董事會就只有當奴在內的 3 名董事，很多事情都由當奴說了算，因此只要費格遜能夠和當奴解釋清楚，當奴都會答應他的要求。

不過當奴有一點和曼聯主席馬田愛華士很相似的，就是對金錢看得很重，他經營球會的原則是不能蝕本。當奴不會過度投資在球會上，但這方面費格遜倒是十分願意配合。執教鴨巴甸 8 年的時間也只是收購過 14 名球員，可能費格遜得到 8 年和當奴合作的時間，培養出精打細算的營運方針，讓他可以無縫接軌到和曼聯主席愛華士的合作。

當奴對費格遜最大的影響，可能是費格遜轉投曼聯的決定。在 1985 年季尾時，費格遜在例會上向當奴透露有意離隊，投向更大球會發展；

當奴不但沒有不滿，還給出自己的意見，他建議費格遜只考慮曼聯和
巴塞羅那兩支球隊，因為如果他想尋找更大的挑戰時，這兩支勁旅最
能夠滿足他的要求。其實當奴的兒子伊恩（Ian Donald）曾在七十年代
效力過曼聯，所以當 1986 年 11 月曼聯向費格遜提出聘書時，當奴很
快就答應，並只是象徵式收取 6 萬英鎊的解約費讓費格遜去尋求更好
的發展。

來到曼聯之後的 26 年多，費格遜曾經和 3 位老闆共事：愛華士、簡
朗（Peter Kenyon）和基爾（David Gill）。愛華士除了把費格遜帶來曼
聯，也是費格遜在曼聯共事過最長久的老闆，達 14 年之久。要介紹費
格遜和愛華士的關係，就先要了解費格遜加盟曼聯的前因後果，這要
從前任領隊艾堅遜執教曼聯後期講起。

1985 年 5 月，艾堅遜為曼聯奪得任內第二次足總盃之後，球會上下
都認為 1985/86 球季有機會挑戰聯賽錦標。果然球季一開始曼聯就氣
勢如虹，開季 10 場比賽全勝，大有重奪聯賽冠軍之勢。可惜到 10 月
中神奇隊長笠臣受傷後，曼聯就呈現頹勢，最後只能以第四完成賽季。
在該季最後一場比賽作客 1：1 賽和屈福特後，艾堅遜在洗手間遇到愛
華士，當大家一起如廁時，艾堅遜向愛華士透露自己有離開曼聯的打
算。愛華士當時叫艾堅遜不要急着做決定，自己先好好考慮清楚。

到 1986 年球季，曼聯因為多名球員參加了墨西哥世界盃而缺席季初
的賽事，頭 8 場聯賽只錄得 1 勝 1 和 6 負的成績，到 11 月初只排在
聯賽尾二的位置。而壓垮艾堅遜的最後一根稻草，就是 11 月 4 日聯
賽盃輸給修咸頓 1：4 的比賽。賽後翌日，愛華士和董事會成員卜比查
爾頓、艾達臣（Mike Edelson）和律師屈健士開會，決定辭退艾堅遜，

並着手準備邀請費格遜加盟。如果費格遜不願加盟的話，他們會改為邀請雲拿保斯。

為什麼是費格遜呢？費格遜在 1984 年執教鴨巴甸時，將史特根售予曼聯，這是他第一次跟曼聯和愛華士交手，這讓對方留下深刻的印象，自此愛華士就留意他的表現。其實早在墨西哥世界盃期間，曼聯已經作出初步接觸；卜比查爾頓在墨西哥就曾經跟費格遜講過，如果他有興趣去英格蘭執教的話，記得通知他。

當時愛華士知道，阿仙奴和熱刺都有邀請過費格遜執教，但由於費格遜一心只想執教曼聯，加上他太太嘉芙不想搬離家鄉太遠的地方而放棄這些選擇。

那一天愛華士和一眾董事開會後，大約在下午 2 點，愛華士就叫艾達臣用蘇格蘭口音假扮史特根的會計師哥頓（Alan Gordon）打電話去鴨巴甸，然後駁通到費格遜辦公室。電話駁通後，艾達臣就將電話交給愛華士。收到曼聯的邀請，費格遜一點都不驚訝，因為自從史特根加盟曼聯後，費格遜一直有和他保持聯繫，而他從史特根口中得知，曼聯一直對他有意，費格遜為避免被鴨巴甸中人和傳媒得悉而打草驚蛇，就邀請他們到自己姨仔的居所見面，當晚愛華士就帶着卜比查爾頓、艾達臣和屈健士開車北上蘇格蘭去游說費格遜加盟。

面對愛華士的邀請，費格遜提出 3 個問題但都得不到想要的答案。第一個問題：曼聯有多少轉會預算，答案是零，但愛華士答應會為他籌集資金；第二個問題：因為要短時間內出售他在鴨巴甸的房子會很困難，所以費格遜要求曼聯買下他的房子，但遭到拒絕；第三個問題：鴨巴

甸有一筆 4 萬英鎊的貸款借予費格遜，所以他要求曼聯幫他先清理這筆貸款，同樣遭到拒絕。

雖然愛華士拒絕了自己所有要求，但其實費格遜一心就想執教曼聯，所以兩者很快就達成加盟協議。費格遜成為悉士頓（Dave Sexton）和艾堅遜外，愛華士出任曼聯主席後的第三名領隊。

11 月 6 日，愛華士向鴨巴甸主席當奴展開挖角行動，他發現費格遜和鴨巴甸的合同裏面有一條款，就是如果曼聯邀請費格遜加盟，鴨巴甸就必須放人，最後曼聯給予鴨巴甸賠償金 6 萬英鎊就得到費格遜的効力。後來愛華士回憶，將這 6 萬英鎊除以 27 年的時間，自己用了每周 40 英鎊的代價，就邀請一代功臣為曼聯打下英超霸主的江山，愛華士覺得這個投資實在是太值得了。

愛華士和費格遜的賓主關係長達 14 年。關係不算好，也不算差。對於球隊的營運，包括球員收購，愛華士總算是支持的，而費格遜也會盡量讓主席清楚知道球會發生的一切。費格遜在開始執教的頭幾年，愛華士都一直在背後支持他，包括青訓計劃，清洗酗酒的球員等。即使 3 年無冠，愛華士都沒有想過要辭退費格遜，就在最風雨飄搖的 1989/90 球季，當時盛傳如果費格遜在足總盃第三圈不敵諾定咸森林而出局的話，他就會被辭退。比賽前的一天，愛華士特意打電話給費格遜，告訴他無論明天的賽果是怎樣，他的工作都是安全的！因為除了球隊成績之外，董事會看到球會的發展，包括青訓都正走在正確的道路上，所以他們願意給予費格遜更多的時間。

由於愛華士愛財的性格，所以很多決定都不是百分之百以曼聯的出發

點來考慮的，所以他和費格遜最大的分歧都是與錢有關，特別是費格遜覺得自己得不到應得的薪酬。

1986 年加盟曼聯的時候，費格遜得到的工資加上獎金，就比他在鴨巴甸得到的還少，也少過球隊中的大牌球星例如笠臣、史特根等，連他的副手諾斯在鴨巴甸的工資都比艾堅遜高。不過由於執教頭幾年的成績欠佳，費格遜也缺乏要求加人工的理由。

1993 年，費格遜帶領曼聯奪得首屆英超冠軍後，費格遜就馬上向愛華士提出加人工的要求，他認為自己已經連續 4 年為球會贏得冠軍，因此希望自己的人工可以和頂級領隊看齊。愛華士因此打電話給阿仙奴詢問他們領隊的人工，當然阿仙奴方面拒絕回答，費格遜加人工的希望就此破滅。

1995 年可能是兩人關係的分水嶺。當年費格遜決定要出售中場恩斯，所以他向董事會提出這個想法並請他們落實。但由於恩斯是曼聯球迷的寵兒，加上當屆曼聯四大皆空，出售恩斯只是進一步削弱球隊實力的表現，因此一眾曼聯球迷都大感不滿；而這時候費格遜在鏡頭面前表示恩斯仍然是自己心目中的主力，因此愛華士就覺得費格遜似有將責任完全推卸給自己的嫌疑。

另外一個原因，就是費格遜鍥而不捨地要求加人工。1995 年，雖然失落聯賽和足總盃成為雙料亞軍，但費格遜仍敢於向愛華士要求加人工和一份 6 年的合同，確保自己可以在曼聯執教到 60 歲。最後，愛華士將費格遜的要求轉介到球會主席史密夫（Sir Roland Smith）和律師屈健士。當費格遜和自己的會計師準備見主席的時候，他帶着阿仙奴

領隊佐治格拉咸的工資單以證明自己的人工偏低，因為當時格拉咸的人工是費格遜的雙倍，而費格遜要求的就是格拉咸的人工水平，不多也不少。為什麼費格遜會有同行的糧單呢？原來格拉咸也是蘇格蘭人，他和費格遜的感情很好，常常一起品嘗蘇格蘭威士忌。

不過費格遜並未能説服主席，因為主席從某些曼聯中人得知，費格遜的重心已經不在足球上，因此拒絕了馬上加人工的要求，只答應在1996 年 6 月的時候，由球會的工資委員會做出一個加薪幅度的建議。

不滿曼聯主席　一度辭職

最終，費格遜在 1996 年帶領曼聯奪得雙冠王之後獲得加薪，但幅度並不如自己要求的。同時間英格蘭足總知道費格遜對待遇的不滿，嘗試邀請他在當年歐洲國家盃後接替雲拿保斯，出任英格蘭國家隊教練。但愛華士很清楚，要一個蘇格蘭人去帶領英格蘭國家隊根本就沒有可能。因此他不怕失去費格遜。費格遜認為，愛華士利用了自己對曼聯的熱愛而一直壓低他的薪金。

兩人除了因為薪金而鬧得不快之外，愛華士和費格遜共事 14 年間，亦曾經給予費格遜一次警告信，而費格遜因此有辭職離開曼聯 3 個小時的紀錄。當時是 1998 年 7 月 7 日，愛華士有感於費格遜已經成為知名人士，加上他開始沉迷賽馬，這用了他愈來愈多的時間，他覺得費格遜已經不再專注於曼聯領隊的工作。因此當日早上，愛華士在訓練場上將警告信交給費格遜。

費格遜一收到警告信就馬上回應愛華士：「我沒有選擇，只能辭職！」可能愛華士也早料到有此一着，就簡單的回應：「如果你決定了辭職，

球會會接受的。」

3 個小時後，費格遜收回他的辭職決定。之後一切成為歷史，曼聯在當季成為英格蘭第一支三冠王的球隊，可能就是愛華士的警告信，激發了費格遜要證明自己能力的決心。

後來愛華士因為醜聞被趕下主席職位後，曼聯在 2000 年 8 月也改了架構，提拔了副總裁簡朗坐正。費格遜與他共事的時間不長，不過自簡朗上場後，曼聯的確改變了謹小慎微的作風，開始大手筆的收購，代表作包括華朗（Juan Sebastian Veron）和李奧費迪南；以及打破薪酬架構和堅尼續約。當然最重要的，是簡朗說服了費格遜收回 2002 年退休的決定。

不過，費格遜在與簡朗共事只有 3 年的時間，覺得他想參與和管理的事情太多，反而未能在最重要的事情上交出成績。

到 2003 年，俄羅斯油王阿巴莫域治（Roman Abramovich）收購車路士之後，除了大灑金錢收購球員之外，也聘請了簡朗任總裁來管理球隊事務，因此 2003 年曼聯提拔了基爾任總裁。1997 年基爾以首席財務官的身份來到曼聯，後來擔任球會總裁也表現得相當出色。基爾可算是跟費格遜關係最好的一位老闆，其中一個原因是他除了管理曼聯之外，自己本身也熟悉足球，在英格蘭足總裏擔任要職。

基爾比費格遜年輕 16 歲，不過年齡的差距並未有影響到兩人的合作關係。兩人有很清晰的分工：基爾負責商務，球隊事務就由費格遜全權負責，兩人工作不同，但互相尊重；兩人也有吵得面紅耳熱的時候，

有次基爾在費格遜的辦公室和他激烈爭拗，他需要離開以免再吵下去，但幾個小時後費格遜又可以像無事發生一樣，繼續打電話給基爾討論其他事情。

在費格遜心目中，基爾是一名直接、從不轉彎抹角說出自己想法的老闆。他知道有些話作為一個總裁必須要說的，即使這些話會令人不高興，他不會因此而卻步不說；但他同時又平易近人。雖然自己是球會的總裁，但做事又腳踏實地；一方面基爾知道曼聯的商業價值，但更清楚作為一支足球隊，球場上的成績才是至高無上的。

基爾曾這樣評價費格遜：「如果說喬布斯（Steve Jobs）代表着蘋果，那費格遜就是曼聯的代名詞！如果有一種品質定義他的成功的話，那就是『在充滿變數的比賽中不斷調整適應，時刻把握勝利節奏的超強能力。』」

除了讚美之詞外，基爾也把費格遜的工資調整到他認為合理的水平，包括在 2010 年正值朗尼扭計離隊而要求加工資的時候，費格遜要求格拉沙家族和基爾確保他的人工會比任何一位球員都高，這樣他才有足夠的權威去管理球員。也難怪費格遜認為基爾是和自己最合作無間的老闆，並在自傳中以兄弟形容兩人的關係。

而費格遜亦在基爾任下，度過自己執教曼聯 25 周年的時刻。基爾為隆重其事，花了很多時間去思考如何為費格遜慶祝這個歷史里程碑。最後，基爾決定將奧脫福球場最大的北看台命名為「費格遜爵士看台」，作為球會對他的敬意。在 2012 年底，當費格遜成為曼聯在任最長的領隊時，基爾為他送上一個雕像豎立在費格遜看台外。當時令費格遜

最印象深刻的，是基爾竟能邀請到他太太嘉芙和他一起為雕像揭幕，因為嘉芙一向是一個低調的人，平時很少和費格遜出席公開場合。

卡域克（Michael Carrick）就形容，基爾是最能控制費格遜的一個人。他們兩個就像在同一個頻道上的，最重要的是兩人都會互相尊重，如果基爾隨隊到作客的比賽，比賽後會一同坐隊巴回曼徹斯特。有時候費格遜會在路上不斷向基爾投訴球證的表現，並要球隊為此做點事，因為費格遜知道，基爾是足總的董事負責球證事務的。不過，基爾也很有技巧的應對費格遜，他會先讓費格遜說完他要說的話，自己一面聆聽，最後才道出一句：「OK，Alex，夠了。」這樣一方面給予費格遜足夠的尊重，而另一面又不再跟進這話題。兩人惺惺相惜，所以曼聯在兩人共同管理下帶來了穩定和安定。

巧合的是，當基爾要退休的時候，費格遜也同時間決定退休。

雖然費格遜將退休的決定歸因於家庭，但回頭看，費格遜兩次在曼聯決定退休，時間上都跟他的老闆的更替相近。

除了以上幾名老闆之外，費格遜的領隊生涯裏面，也有一些擦肩而過的老闆。

由於曼聯悠久的歷史，全世界的知名度和球場上的成績，球會除了吸引全球無數球迷的支持外，也往往吸引不同有錢人的投資興趣，希望成為其班主。1998 年澳洲傳媒大亨梅鐸（Rupert Murdoch）曾非常接近入主曼聯，只是最後被英國的公平交易辦公室否決；而最近的中東油王在收購紐卡素之前也曾表達對收購曼聯的興趣，可惜油王有意但

格拉沙卻無夢。不過，要説到最令人意想不到的投資者，就不得不提在 1989 年出現的米高禮頓（Michael Knighton）。

當時愛華士覺得自己做什麼都得不到曼聯球迷的支持，所以如果有人願意出 2000 萬英鎊他就決定賣出曼聯的股份；自己收回 1000 萬英鎊而留下的錢用來改建奧脱福球場。

當時一名 37 歲商人禮頓表達了收購的興趣。禮頓本身在高雲地利城當學徒球員，因為傷患而提早結束球員生涯。他後來當過教師，然後從事地產業務而致富。工作和足球之外，禮頓最出名的事跡是在 1996 年有報章報道他和太太在 1976 年的一個下午見過 UFO，並聲稱收到一個訊息：「米高，不要怕！」（Don't be afraid, Michael）

1989 年 6 月，禮頓通過保頓主席基徒（Barry Chaytow）接觸愛華士。兩人在奧脱福作第一次見面，禮頓已經提出出資改建奧脱福的 Stretford End 看台為全座位的看台，以及收購愛華士全部的股份的建議。第二次見面時，禮頓用直升機接載愛華士到自己位於格拉斯哥的古堡再次商談。這次兩人一握手，就代表禮頓有權利以 1000 萬英鎊全面收購愛華士的股份。

在 1989 年 8 月球季開始之前，愛華士向公眾宣布這次收購的消息，而在同月 24 日揭幕戰對阿仙奴的主場比賽，禮頓就急於向球迷見面，並要求負責裝備的戴維斯（Norman Davies）給他一套曼聯球衣，讓他可以在奧脱福的草地上一展身手。戴維斯去徵詢費格遜的同意，而當時在跟佐治格拉咸作賽前小聚的費格遜笑説：「可以，不過我已經定好了今天的出賽名單了！」結果就出現了一張禮頓在奧脱福踢球的經

典照片。

後來，因為另外兩位投資者，英國老牌百貨 Debenhams 的前主席科頓
（Robert Thornton）和帕架原子筆的高漢（Stanley Cohen）拒絕注資，
因此禮頓未能籌得足夠資金，收購曼聯的計劃就此幻滅。

雖然未能入主曼聯，但禮頓也間接為費格遜提供彈藥去收購球員。由
於愛華士知道有機會出售曼聯，所以他願意在 1989 年的夏天大破慳
囊，提供 700 萬英鎊給費格遜收購 5 名球員，包括費倫、巴里斯達
（Gary Pallister）、恩斯、華萊士（Danny Wallace）及韋伯。這也是
費格遜來到曼聯後花了最多轉會費的一個夏天，雖然新加入的球員未
能改善曼聯在聯賽的成績，但總算為費格遜奪得該屆的足總盃冠軍。

雖然收購計劃泡湯，但愛華士並未因此與米高禮頓反面，並給予他在
曼聯董事會一個位置，讓他做了 3 年球會的董事。後來愛華士憶述禮
頓的為人，覺得他是一個天馬行空、勇於發夢的人。這份勇氣，可能
就是當年的 UFO 賜予他的。

管理心法 ❝

管理的意思，除了管理好下屬，
也需管理好上司，這是自己能留
在一間機構多久的關鍵。

❞

C for

Chewing Gum
香口膠

費格遜在球場上的標誌性動作,除了是在 Fergie Time(費格遜時間)用手指指手錶之外,就要數到他咀嚼香口膠的習慣。據估計在帶領曼聯 1500 場比賽中,費格遜消耗了 3000 排香口膠。對於費格遜而言,一塊普通的香口膠,原來也可以有不普通的故事。

紓緩緊張而引起的咳嗽

不知道費格遜是在什麼時候,是什麼原因驅使他在比賽時咀嚼香口膠。其中一個說法,是費格遜用咀嚼香口膠來紓緩自己在比賽中因緊張而引起的咳嗽,所以每場比賽,費格遜都會帶上幾包香口膠傍身。

朴智星對費格遜喜歡在比賽時咀嚼香口膠很感興趣,所以他特意去打聽,原來費格遜這個習慣可以幫助他重現過去成功和失敗的記憶,對比賽產生有益的想法和對策。的確,有大學做過研究,證明咀嚼香口膠和做決定是正面關係的。

一間日本影像診斷學研究所曾經做過一個研究,測試咀嚼香口膠對行為的影響。實驗分兩批參與者,一批人在實驗期間不停咀嚼香口膠,另一批就沒有。然後兩批人做同一個測試:他們面向的熒幕會顯示向

左或向右的箭嘴，然後參與者根據箭嘴的方向舉起自己的左手或右手的拇指。

經過 30 分鐘的測試發現，有咀嚼香口膠的參與者的反應時間是 493 微秒，而沒有的是 545 微秒，這顯示咀嚼香口膠可以提高 10% 的反應時間。

這個研究的結論是：咀嚼香口膠有助提高警醒程度，即神經系統警覺度受到感覺輸入影響波動的程度，暫時性改善腦部血液流動，從而加強腦部的活力。

正是費格遜有這個家喻戶曉的習慣，他更對一塊香口膠點石成金，令它大大升值。在 2013 年 5 月 19 日，費格遜最後一次帶領曼聯作客對西布朗中，他咀嚼過的一塊香口膠被保留下來作慈善拍賣之用，結果賣出 39 萬英鎊，即是 390 萬港幣！可以令一塊咀嚼過的香口膠有一個住宅單位的價值，可見香口膠對費格遜是多麼有代表性。

根據未經證實的資料，費格遜通常吃的香口膠是 Wrigley's Extra Ice 香口膠。曾經有位前輩講過，香口膠公司應該要找費格遜做代言人，因為每當他指手畫腳和人爭辯的時候，他嘴裏的香口膠就有出鏡的機會。

管理心法

可培養一些小習慣,幫助重現過
去成功和失敗的記憶,從而產生
有益的想法和對策。

Dressing Room
更衣室

　　　場比賽在開賽前和中場 15 分鐘，領隊都會有短暫時間去和球員
　　　作溝通。費格遜除了開「風筒」之外，其餘時間他都會按準備好
的內容去跟球員訓話。費格遜會如何善用這些時間去激勵球員？曼聯
很多時候都能後發先至，在最後時刻反敗為勝，除了戰術上的執行外，
費格遜還會在更衣室裏使出什麼魔法呢？讓我們從「D for Dressing
Room」這一章，了解一下費格遜在更衣室的訓話有什麼特別。

更衣室訓話如使魔法

假設是星期六下午 3 時開賽的賽事，費格遜就會在 1 時 15 分到 1 時
45 分的時間召集球員到更衣室訓話。

訓話之後，費格遜就會將時間交給球員自己，讓自己輕鬆下來。因為
戰術等重點已經在周中討論和交代，如果臨場再給予球員新的指示，
只會讓球員覺得你缺乏信心，反而對已經準備好的戰術起了懷疑。所
以這時費格遜會選擇飲杯茶，閱讀比賽場刊，等待比賽開始。

卡域克形容，這個時刻就連針跌落地都聽得到，可見球員是多麼專
心聆聽費格遜的訓話。卡域克記得，費格遜一般訓話的內容都是圍

繞 3 個主題：要努力工作、專注和滲透。不過，費格遜厲害的地方在於每次他用不同的故事和話題去帶出這些主題，讓球員不會厭倦他的說話。

談到要努力工作，加利尼維利就記得費格遜在球隊講話裏，總是提到一個他認識的億萬富翁。他的錢多到一生都用不完，一早就可以退休去打高爾夫球了，但他仍然每天都第一個來到辦公室工作。費格遜總是說：「努力工作是值得驕傲的事情。」

然後在中場休息的 15 分鐘，一般領隊有大約八分鐘的時間和球員對話。通常費格遜會先簡單講話，然後將七八分鐘留給助手講解下半場的戰術安排，最後由費格遜作總結，通常都是一些正面的說話，例如球隊領先的話，他就會說：「你們已經贏了比賽，請確保不要把它輸掉。」

在 1999 年歐聯準決賽作客祖雲達斯的次回合賽事，曼聯上半場以 2：2 逼和對手，總比數憑作客入球暫時領先。費格遜距離自己夢想打入歐聯決賽只差一步。約基最記得費格遜在中場時的講話：「這是一次經典的講話，費格遜先把下半場我們會遇到的挑戰說出來，然後叫我們要有責任感：對我們每一次傳球、每一次鏟球都要負責，不能把責任留給隊友，更加不要怪責隊友，相反要比以往更加團結一致。最後，要保持信念！」約基就帶着「信念」這兩個字步入球場，最終曼聯在下半場再下一城，穩奪決賽的入場券。

如果曼聯在半場落後，費格遜又會說什麼呢？英超最經典的一場反敗為勝的賽事，就非 2001 年曼聯作客熱刺一仗莫屬。當時曼聯在上半

場落後 3 球，中場休息時球員都以為費格遜已經準備好「風筒」，自己準備挨罵了。前鋒高爾就記得自己當時的心情，「我預期費格遜會非常憤怒，準備斥責我們。然而，他只是坐在椅子上交叉雙手。之後的 15 分鐘他什麼都沒有說。在球員們爭執不休、互相辯論時，他只是在一旁看着」。

然後，到中場休息差不多結束的時候，費格遜才對球員講話。後衛艾雲（Denis Irwin）回憶當時費格遜說過什麼：「好明顯你知道對手是熱刺。熱刺的球員現在已經覺得自己贏了比賽，已經在考慮去哪一間酒吧慶祝，他們一直是這樣。下半場一開賽就先追回一球，然後熱刺的球員就會開始驚慌。他們曾經是這樣，今天也將會是這樣。」結果大家都知道，下半場一開賽高爾就先入一球，然後事情就如費格遜所料，熱刺球員有點不知所措，曼聯再入 4 球，5：3 反勝對手。結果費格遜不用開「風筒」，不用踢球靴發脾氣，先將一個長遠的目標分為一個球員們容易達到的小目標，然後再告訴球員，達到這個小目標後對手的反應，將對手從原本高高在上的位置拉下來，變成為一個可以被擊敗的對手，簡簡單單幾句話，就重新將部署灌輸給球員，讓曼聯贏得經典的一仗。

最後，費格遜在他的著作 *Leading* 中，也總結了幾個做好和球員訓話的重點，現在就讓我們一同偷師：

1/　要和球員保持眼神接觸；

2/　不用筆記簿，這是自信的表現；

3/　要清楚知道自己想表達什麼，知道自己準備怎麼去表達，要將聽眾控制在你之下。因此每次賽前和中場的訓話，費格遜都是有備而來的：會準備好怎麼帶出重點，要怎樣保持自己的思路不受外

界影響；

4/ 不重複周中訓練時講過的內容，不要讓球員覺得你又準備來「傳教」；

5/ 球員也是人，都不喜歡聽「阿媽係女人」的陳腔濫調，他們希望聽到一些不一樣的道理，甚至是有驚喜的說話，所以要準備好不同的內容，在不同場景下使用。

管理心法

將一個長遠的目標，分為一個個
員工容易達到的小目標，讓團隊
按部就班地取得成功。

E for

East Stirlingshire
東史特靈郡

史特靈郡是蘇格蘭一支足球隊，從未贏過頂級賽事冠軍，大部分時間都在乙丙組聯賽浮浮沉沉。不過東史特靈郡最傳奇的地方，可能是成就了一位最偉大的領隊——這裏是費格遜執教生涯的起點。

執教生涯的起點

1974 年夏天，東史特靈郡的董事梳爾（Bob Shaw）在西德觀賞世界盃賽事時巧遇艾爾聯（Ayr United）領隊麥里奧特（Ally MacLeod）；當後者知道東史特靈郡要聘請新領隊時，就向對方推薦當時剛在球隊掛靴的費格遜。

東史特靈郡主席梅赫特從費格遜和另外 20 人的候選名單中挑選領隊。在面試時，費格遜的自信，對足球的認識和對領隊工作的熱誠，令梅赫特留下深刻印象。結果當時 32 歲的費格遜突圍而出贏得聘書，在 7 月開始正式踏上領隊之路，以兼職身份執教東史特靈郡，周薪 40 英鎊，從此開展了自己 39 年的領隊生涯。

本來費格遜也收到自己第一支效力的球隊昆士柏（Queen's Park）的

邀請，同樣由麥里奧特推薦。由於自己曾効力昆士柏 3 年，因此面試時費格遜要面對一些昔日的隊友或職員，結果因為太緊張而表現不濟，未能説服對方聘用自己。

東史特靈郡只是一支乙組球隊，1973/74 年球季在乙組 19 支球隊中排名 16。平常主場比賽只有 400 名球迷入場觀看，因此球會的經費實在有限。初執教鞭的費格遜第一個難題就是要找到足夠的球員，因為當時費格遜手上只有 8 名球員，根本湊不夠球員上陣，更沒有一名正式的門將。

因此，參加過球隊第一次操練之後，費格遜見到主席梅赫特，就直接説出自己的要求：「主席先生，你知道一場球賽需要 11 名球員上陣，加上兩名後備嗎？」梅赫特就安慰他，説會向董事會爭取資金。第二日訓練後，主席就為他帶來好消息：「費格遜先生，你的轉會費預算有 2000 英鎊。我知道這個預算不多，不過這已經是我們所能負擔的。」

拿着這個預算，費格遜就先向免費球員入手。最後找到帕迪克的預備組門將高尼（Tom Gourlay），雖然球員本身跟球會有合約，但獲得領隊奧特（Bertie Auld）同意免費離隊。結果費格遜用 750 英鎊的簽字費簽下自己領隊生涯第一個球員。

費格遜食髓知味，再從帕迪克簽下兩名合約到期的球員：前鋒穆倫（Jimmy Mullen）和中場阿當斯（George Adams），兩人共花了球會 300 英鎊簽字費。最後再用 900 英鎊簽字費羅致佳德（Clyde）前鋒侯斯頓（Billy Hulston）。簽下這 4 名球員就用盡了預算，加上其他自由身加盟的球員，費格遜總算有 15 名球員應付新球季。

由於球會資源緊絀，費格遜只能着手開展青訓工作，邀請主場費斯公園（Firs Park）附近的年輕人加入球隊訓練。

除了青訓外，費格遜還為東史特靈郡注入紀律，一來到就指定球員的行為和衣着守則；還有憑着之前在福爾柯克（Falkirk）時專門分析對手的經驗，在東史特靈郡引入賽前部署，這些都是球隊前所未有的安排。

1974 年 8 月 10 日，費格遜第一次以領隊身份率軍出賽，在聯賽盃作客對科法體育會，有 700 名觀眾見證費格遜的領隊處子戰。半場球隊以 0：3 落後。中場休息時，費格遜並未因為賽果而大肆抨擊球員，相反他大讚球隊的表現，最重要是告訴球員，比賽還未結束大家還未輸，為球員注入信心，結果下半場在 6 分鐘內連追 3 球，以 3：3 逼和對手，如果不是前鋒侯斯頓的攻門中柱，東史特靈郡大有機會以勝仗打響球季。

雖然只是領隊初哥而球隊的資源不多，一隊的成員也僅僅夠用，但費格遜並未因此放棄對紀律的堅持。球隊的前鋒米堅（Jim Meakin）可能見費格遜初來甫到，便在開季的時候跟費格遜說，自己要缺席周末的比賽，因為他準備跟家人去旅行，這是他們家庭的傳統。雖然是領隊的新手，但費格遜卻絕不退讓，他堅定地回答說：「好的，周末就不用踢了，你以後也不用回來了。」其實費格遜知道，這位米堅是球會董事梳爾的女婿。

結果，米堅還是留隊打完周末的比賽之後才趕去和家人在黑池會合。然後周一費格遜收到米堅的電話，說自己受傷了。費格遜靈機一觸，說電話的接收不好，叫米堅留下電話號碼等費格遜打給他。然後電話

中一片沉默,費格遜就説:「你以後也不用回來了!」

見到女婿被打入冷宮,董事梳爾當然非常不高興,要主席梅赫特出面調停,但費格遜仍然不退讓:「他玩完了!難道我可以管理一些球員可以隨時決定自己什麼時候放假嗎?」

最後,有一次米堅跟着費格遜去洗手間,請求費格遜多給自己一次機會,這次費格遜答應了,米堅立刻親吻費格遜。費格遜摸摸自己的面頰尷尬的説:「你竟然在洗手間吻我!」

除了青訓和紀律,費格遜還在飲食方面為東史特靈郡帶來改變。在得到董事會的同意下,費格遜在比賽前的周六上午增加了一課操練,然後球隊共進午餐,而午餐由費格遜安排,包括魚柳、蜜糖和多士。雖然當時沒有營養師的概念,但費格遜知道賽前的午餐對球員的表現有影響。

即使是第一次執教球隊,但費格遜仍然以自己一貫的風格帶領東史特靈郡,並從中體驗到作為領隊的辛酸。其中他體會到,多相信自己的直覺去做決定,因為愈能盡早做出決定,愈能得到積極的效果。他自己就有意為之,每次有球員跟他對話的時候,他都會盡快做出評估,然後給出自己的答案,就算未能做出決定,他會鼓勵球員説出更多資料,直到自己給出答案為止。他自己也做過球員,他也遇過優柔寡斷的領隊,會對於一些模棱兩可的答案感到無奈,因此他成為領隊之後就刻意避免這個情況。

後來在 10 月,費格遜在得到自己効力鄧弗姆林(Dunfermline)和福

爾柯克時擔任領隊的根靈咸（Willie Cunningham）的推薦下，加盟同是乙組的聖美倫（St. Mirren）。在東史特靈郡的最後一場比賽，球隊以 4：0 大捷，為費格遜在東史特靈郡短暫的領隊生涯畫上完美句號。

雖然費格遜執教東史特靈郡的時間只有短短 117 日的時間，帶領球隊出賽 17 場比賽，勝出其中 9 場，最高曾進佔聯賽第三位。所以主席梅赫特認為，費格遜執教的時間雖然短暫，卻無損他是球隊歷史上最偉大領隊的地位。

管理心法

員工最怕優柔寡斷的上司，因此下達指令時不要模棱兩可。

F for

Failure
失敗

要學習一個人如何成功，並不只是要看他在成功的時候怎樣風光，反而是要觀察他怎麼面對失敗和克服困難的時間。費格遜在足球圈 55 年，成功的故事我們都耳熟能詳，但他失敗的時候也不少。費格遜一生中遇過什麼失敗？而他又是如何面對和克服呢？這些失敗又怎樣成就他的成功呢？我嘗試在「F for Failure」這一章裏找到答案。

55年足球生涯多先苦後甜

綜觀費格遜 55 年在足球圈的經歷，很多次他在新的崗位上都是先苦後甜，每每他都先遇到失敗才有之後的成功。如果其中有一次他選擇放棄，就不會有今日的成就。

球員年代，費格遜試過差不多要退休遠走高飛去加拿大，後來費格遜爸爸的一句話，協助他克服了第一個困境。

在 1963 年的冬天，剛剛傷癒復出的費格遜代表蘇格蘭球隊聖莊士東打了兩場比賽，分別以 0：10 和 2：11 大敗，大受打擊的費格遜不想參加下一輪作客班霸格拉斯哥流浪的比賽，結果就叫弟弟馬田的女朋友假扮自己媽媽打電話給教練布朗（Bobby Brown），謊稱自己感冒需要缺

陣；他更計劃離開足球圈，去加拿大重新做藍領的工作。

後來老費格遜知道此事，將兒子罵個狗血淋頭，並叫他親自致電向教練道歉。教練當然知道他的把戲，但正值用人之際，所以不計前嫌叫他盡快歸隊，準備對格拉斯哥流浪的比賽。

結果硬着頭皮上陣的費格遜射入 3 球，協助球隊以 3：2 擊敗流浪，第一次在對方主場獲勝，自己還成為第一位客軍球員在艾布洛斯球場（Ibrox Stadium）上演帽子戲法。原本準備結束球員生涯的費格遜「死過翻生」，開始在聖莊士東踢出名堂，3 年半後更以破當時蘇格蘭球會之間的轉會費紀錄的 6.5 萬英鎊加盟格拉斯哥流浪，作為一個自小是流浪的支持者，這次轉會可算是完成了兒時心願。

加盟流浪的第一季，雖然未能奪得任何錦標，但費格遜以 24 球成為球隊神射手；第二季卻是費格遜噩夢的開始。首先是邀請自己加盟的領隊西蒙被辭退，由韋特（David White）暫代領隊一職。另外，由於費格遜拒絕成為流浪收購喜伯年前鋒史甸（Colin Stein）的一部分，因此被貶到預備組訓練數周，自己在流浪第二季只是在一隊和預備組之間浮浮沉沉；到第三季他更被韋特貶到個人訓練。前季是球隊的神射手，這季卻被貶到青年隊訓練，猶如從天堂跌落地獄，但費格遜並沒有灰心喪志，仍舊像野獸一般訓練，只希望可以盡快離隊有新的發展機會，最後由前領隊根靈咸執教的福爾柯克邀請加盟，終於結束這一年半的噩夢。

即使自己決定成為領隊，但費格遜也是以一個失敗作為開始。費格遜第一個當上領隊的機會是昆士柏，不過他在面試中表現差劣，自然不獲錄用。幸好不久後費格遜得到當時在乙組排中下游的東史特靈郡聘

用為領隊，可以展開自己的領隊生涯。

後來費格遜執教資源更豐富的鴨巴甸，第一季他就帶領鴨巴甸就打入聯賽盃決賽，這也是他成為領隊之後第一次打入頂級賽事的決賽。可惜在領先一球下反勝為敗，將冠軍拱手相讓給格拉斯哥流浪；結果第一季還是四大皆空。不過第二季費格遜就為鴨巴甸贏得聯賽冠軍，之後 6 個球季更贏得 9 個冠軍。

到擔任曼聯領隊的初期，費格遜也不是一帆風順。帶領球隊 3 年無冠已經惹來很多球迷的不滿。1989 年的球季曼聯開局不順，包括作客以 1：5 慘負曼城，到聖誕節時只排在聯賽第 15 位，當時主場對水晶宮的比賽，一名持季票球迷莫連尼斯（Pete Molyneux）甚至帶一條寫着「3 YEARS OF EXCUSE, AND IT'S STILL CRAP...TA RA FERGIE.」（3 年的藉口，現在仍是垃圾，再見費格遜）的橫額抗議。除了自家球迷，其他人當然也不放過這個機會向費格遜「抽水」。利物浦的名宿曉士（Emlyn Hughes）就在報章諷刺費格遜為「OBE」（Out By Easter），以預計費格遜將會在復活節前下台。

可想而知，當時費格遜背負的壓力有多大，甚至有傳言，如果曼聯在足總盃第三圈對諾定咸森林的比賽失利的話，就會開除費格遜。雖然主席馬田愛華士後來否認有辭退費格遜的想法，但他承認如果自己當時花時間去閱讀球迷寄來的信件的話，他可能會做出不同的決定。

面對這次執教曼聯的第一個危機，費格遜就去求教前輩畢士比爵士（Sir Matt Busby）。畢士比深深吸了一口煙，問他情況怎樣。費格遜説自己看過報紙以後感到很難過，然後畢士比問道：「你為什麼要看報紙呢？

當我輸球之後我從來不看報紙，因為你可以預期報紙不會報道對你好的內容。」這是任何人都想到的簡單建議，但就是費格遜自己想不到。畢士比的建議讓費格遜體認到，自己只需要理會一些對自己重要人士的意見就夠了，其他的意見可以置之不顧。

不去閱讀報章之後，費格遜選擇閱讀一些同事和球迷寫給自己表達支持的信件，其中一封信特別能幫助他走出了陰霾，那就是他執教第一支球會東史特靈郡的主席梅赫特寫給他的一封信。信裏他向費格遜提出了一個問題：「這還是原來我認識的那個費格遜嗎？」這封信激勵了費格遜，他對球迷們承諾，二十世紀九十年代將會是曼聯的年代；結果費格遜實現了承諾，該季為曼聯奪得第一個足總盃冠軍。

就算已經為曼聯贏得聯賽冠軍，包括 1994 年歷史性的聯賽、足總盃雙料冠軍，但因為 1995 年的四大皆空，加上賣走球迷寵兒恩斯、曉士和簡察斯基而沒有收購任何球員補充兵源，費格遜仍然面對鋪天蓋地的批評。當時《曼徹斯特晚報》進行了一次電話調查，結果 53% 的受訪者認為費格遜要下台，有 47% 覺得他可以留任；加上當季揭幕戰以一眾年輕球員應戰下，作客 1：3 不敵阿士東維拉，令費格遜陷入 1989 年以來最大的信任危機。不過，費格遜堅持自己的信念，對年輕球員投以信心一票，才能造就 1996 年雙冠王和 1999 年三冠王的成就。

用失冠的痛苦來激勵球員

不計慈善盾和歐洲超級盃，從 1990 年奪得第一個足總盃冠軍開始，費格遜帶領曼聯打入 20 次盃賽決賽，踢了 21 場賽事（1990 足總盃有一場重賽），贏得 12 個冠軍，這個風光背後也代表他的曼聯在 8 次

決賽中落敗，可見成功之路並不是一帆風順的。費格遜帶領曼聯在英超成立之後曾 6 次奪得聯賽亞軍，但每次屈居亞軍後都能夠在第二季捲土重來，重奪冠軍而回，因為每次費格遜都會用失落聯賽冠軍的痛苦來激勵球員。作為領隊，費格遜就是用這種痛苦變成為團隊的復元力量。2012 年，曼聯在聯賽最後一場作客新特蘭，雖然以 1：0 擊敗對手，但曼城在完場前 3 分鐘連入兩球擊敗昆士柏流浪，以得失球差壓過曼聯奪得冠軍。新特蘭球迷當場不斷以噓聲嘲諷曼聯球員並為曼城喝采。賽後費格遜在更衣室對球員說：「你們要記住這一日，不要忘記新特蘭球迷的噓聲。但不要感到羞恥，你們已經表現很好了。離開的時候和每個人說下年我們會贏得冠軍的，因為這就是我們的工作！」果然，曼聯在翌季重奪英超冠軍，為自己退休前畫上完美句號。

每次在爭標路上失敗，費格遜都會思考如何作出改變，或者一次的失敗反而給予費格遜一個機會去推陳出新，將不再成功的條件換上新的元素，這是一種復元力量的表現，也是費格遜能持續成功的關鍵。

從費格遜眾多的失敗經歷，可看出他的神級地位和成就並不是從天而來，而是經過無數失敗打造出來的。回望自己的失敗經歷，費格遜歸功於自己遺傳了母親堅毅不屈的精神。費格遜的媽媽教他做事不要輕言放棄，一次也不要，而他就把這種精神身體力行出來。

正如朴智星說過：「費格遜時常強調，要在失敗中尋找值得肯定的方面。」費格遜從不害怕失敗，怕的是浪費了每次從失敗中尋找下一次成功元素的機遇。

管理心法

失敗並不可怕，重要是之後要思
考如何作出改變，推陳出新，將
不成功的條件換上新的元素。

F for

Family
家庭

費格遜的出生地加文如何鑄造他的性格特徵,我們將會在「G for Govan」一章探討。這一章我們將集中介紹費格遜的家庭,包括父母、弟弟、太太和 3 個兒子,以及他們對費格遜的影響。

出生於 1941 年 12 月 31 日下午 3 時零 3 分的費格遜,全名是 Alexander Chapman Ferguson,他成長在一個工人家庭,家庭成員有父母親和弟弟。爸爸也是叫亞歷山大(Alexander Beaton Ferguson),他在 1912 年出生,經歷過一次和二次世界大戰。老費格遜是一名船廠工人,在一間叫「Fairfields」的船廠工作了 47 年之久。為紀念父親的工作經歷,費格遜把自己在柴郡的大屋命名為「Fairfields」。

媽媽叫伊莉莎白(Elizabeth Hardie),比老費格遜年輕 10 歲。她是費格遜姑姐伊莎貝(Isabel Ferguson)的好朋友,所以經她介紹認識老費格遜。家庭中還有一位比他年幼一歲的弟弟馬田,他也是費格遜成長的好夥伴。一家四口住在加文道 667 號的一個單位,這單位有獨立廚房和洗手間,以當時的標準已是相當不錯。

老費格遜是個典型老派的蘇格蘭男人:守時、重視紀律、嚴肅,一生

勤勤勉勉地在船廠工作。他每天 6 點起床，半小時後就出門工作，為增加收入，他不時加班，例如星期一二會兼任夜班，星期六也上班工作，所以一周工作 60 至 70 個小時也是等閒，一直風雨不改在船廠從事戶外工作。正是這種工作環境和性質，老費格遜曾因工受傷而少了一隻指頭。當時老費格遜有一位叫老大衛莫耶斯（David Moyes Senior）的同事，任職繪圖員，他正是後來成為領隊的大衛莫耶斯的父親；老莫耶斯亦擔任費格遜効力的青年隊德姆查普（Drumchapel）的教練。

父親也踢業餘足球

除了加班工作，老費格遜為了增加收入也有踢業餘足球，一直到費格遜 6 歲為止。費格遜對足球的興趣，正是受到父親的影響。原本費格遜是善用右腳的前鋒，但父親堅持做前鋒就要雙腳都有能力射門，所以後來費格遜就苦練左腳，有教練還以為費格遜是個天生的左腳球員。不過老費格遜從不稱讚兒子的踢球表現，一家人晚飯的時候，如果費格遜說到自己當天踢球如何厲害，入了多少球，老費格遜出於老派父親的性格，總會找出一些挑剔的地方，例如左腳可以再踢得好一點、控球可以做得好一點等等，總之對兒子就是吝嗇讚美。

即使在 1963 年冬天費格遜為聖莊士東出賽對格拉斯哥流浪的比賽射入 3 球，作客以 3：2 擊敗班霸，老費格遜在家庭晚飯的時間也沒有特別讚賞兒子，只是輕輕的表示「表現 OK！」由始至終，老費格遜都不想兒子自滿，失去了進步的慾望。後來費格遜繼承了父親的性格，永遠不滿足眼前的成功。

另一樣費格遜受父親影響的就是賭馬。老費格遜工作時間長，因此公

費格遜在 1966 年與嘉芙（左）結婚，育有 3 子，圖
為次子積遜和三子達倫，他倆是一對孖生兄弟。

餘並沒有太多時間培養愛好，賭馬就成為他閒時的娛樂。

足球上，費格遜唯一不受父親影響的，可能是自己支持的球隊。老費
格遜是些路迪的球迷，而費格遜就一直支持格拉斯哥流浪，但老費
格遜並未因此影響兒子的決定，只是叫他盡量不要入場觀看些路迪對流
浪的賽事，因為只要任何一方落敗，對方的球迷就會搞事以宣泄不滿，
老費格遜的勸告純粹是出於兒子安全的考慮。

費格遜的父母除了影響了他的性格之外，也影響了他的政治取向。由於
父母一直都支持工黨，所以潛移默化下，費格遜也成為工黨的支持者。
有次在費格遜二十多歲的時候，媽媽就問他有沒有投票，費格遜回答不
知道怎麼去投票。媽媽就命令他立即去附近的學校，到時候會有人教他
投票，否則老費格遜回來就有話要說。之後不用媽媽的提醒，費格遜都
會自動自覺去投票。直到現在費格遜都是工黨的贊助人。而九十年代末，
工黨領袖貝理雅（Tony Blair）就曾經向費格遜請教領袖之道。

可惜的是，費格遜的父母都喜愛抽煙，兩人都在六十多歲的時候患上肺癌。老費格遜在 65 歲生日那一天因為胸口痛而接受身體檢查，結果發現罹患肺癌。這個時候剛好是老費格遜剛剛退休後一周，所以費格遜有個觀念，如果退休之後無所事事，就會很容易患病，像父親一樣。

老費格遜一直支持兒子的足球事業，即使自己身患癌症，仍然會親身觀看比賽。他最後一次到現場支持費格遜是 1978 年 12 月一場聯賽盃 4 強對喜伯年的賽事，鴨巴甸以 1：0 取勝，費格遜賽後得以和在包廂觀賞的老父揮手致意。

巧合的是，兩老都分別在費格遜執教新球會不久去世。老費格遜在 1979 年 2 月離開人世，當時費格遜是第一季執教鴨巴甸，父親在醫院彌留時他正在帶隊出戰聖美倫的賽事，球隊上半場領先 2：0，下半場被追平 2：2，更有兩名球員被逐。當完場的哨子聲一響，費格遜就收到父親不幸離世的消息。

老費格遜的喪禮在星期三舉行，由於當晚鴨巴甸有對帕迪克的比賽，所以費格遜出席完父親的喪禮後就要馬上開車趕回鴨巴甸。不過，再堅強的費格遜也忍不住，路上要把車駛在一旁大哭一場才能繼續上路，最後該仗鴨巴甸以 2：1 取勝。

費格遜在 1986 年 11 月加盟曼聯不久，媽媽就發現患有肺癌，當時醫生認為最多只有 4 日壽命，結果她真的在 4 日後與世長辭；費格遜在加盟曼聯 3 星期就要趕回蘇格蘭奔喪。

由於父母患肺癌的經歷，費格遜就積極協助蘇格蘭政府推廣及早發現

癌症活動。

可能自己有這些經歷，因此當 C 朗拿度的父親在 2005 年病重的時候，費格遜鼓勵他馬上陪在父親身邊：「曼聯確實需要你，但現在你父親是最優先的。去探望你父親吧，一日、一個星期、兩個星期都可以。」不久 C 朗拿度的父親與世長辭，臨終前 C 朗拿度一直陪伴在側。正是費格遜這種體恤和同理心，讓 C 朗拿度一直視費格遜為自己足球上的父親。

談到家庭的話，又怎能不提費格遜的好兄弟，也是他的親密戰友馬田。比費格遜小一歲的馬田自小就和費格遜一起成長。原本費格遜讀小學的時候是高馬田一年級的，但因為有一年費格遜做了小腸氣和腎臟手術，因此要留級一年，因此兩兄弟成為同班同學。雖然比費格遜年小一歲，但馬田很快就長得比費格遜高大，所以很多人以為兩人是孖生兄弟，有人更以為馬田才是哥哥。兩人會一起上學一起踢足球，但由於馬田和父親一樣是些路迪的支持者，兩人也因此時常打架。兄弟二人後來一起成為足球員。到費格遜和嘉芙結婚，馬田更是他的伴郎。

和哥哥一樣，馬田讀書畢業後成為職業足球員，同樣司職前鋒。他比費格遜更早就參與甲組聯賽，更去過英格蘭闖天下効力班士利（Barnsley）。不過他的球員生涯沒有哥哥那麼成功，但他比費格遜更早成為領隊。馬田在 25 歲時以球員兼教練的身份加盟愛爾蘭球會沃特福特（Waterford），但不夠一年雙方就因為意見不合而分道揚鑣。

正式掛靴後，馬田也成為領隊，1982 年接掌東史特靈郡帥印前，就曾經問過費格遜的意見，因為 8 年前後者曾執教過東史特靈郡 117 日。

費格遜建議他去接手，因為東史特靈郡的董事會並不常插手球隊事務，也不是一間經常更換領隊的球會。

弟弟馬田出任曼聯球探

當馬田在 1997 年被喜伯年辭退教練職務後，費格遜就邀請他加入曼聯，出任歐洲首席球探，到世界各地物色球員和觀看對手的比賽。他引薦的球員包括安達臣（Anderson）、史譚、雲尼斯特萊（Ruud van Nistelrooy）、科蘭（Diego Forlan）、基巴臣（Kleberson）及利安米拿（Liam Miller）等。其中他見過安達臣的表現之後，就向費格遜報告「安達臣比朗尼還出色！」馬田一直効力曼聯直到 2013 年，跟費格遜一起退休。

成為職業足球員後，費格遜就組織自己的家庭。他的情史在「L for Love」有更詳細的記載，這裏集中回顧費格遜在成家立室後和家人的關係。

自從費格遜和嘉芙（Cathy Holding）在 1964 年認識，然後在 1966 年 3 月 12 日結婚，直到費格遜在 2013 年退休，愛妻都一直影響着他的發展。結婚當天，費格遜在上午和嘉芙舉行婚禮，下午就要參加足球比賽，翌日更要到酒店集宿，準備球隊對薩拉戈薩（Real Zaragoza）的國際城市博覽會盃賽事（歐洲足協盃前身，現已改制為歐霸盃）這注定，足球在這個家庭當中佔一個極為重要的位置。

在球員年代，費格遜効力過自己一直支持的格拉斯哥流浪，本以為自己可以夢想成真，可以大展拳腳，但正是嘉芙本身天主教背景的影響了他在流浪的發展。

流浪和些路迪這兩支格拉斯哥的同城球隊，除了足球層面的競爭關係，也因不同的宗教背景而加深了兩軍的敵對氛圍；些路迪是以天主教為主的球隊，而格拉斯哥流浪則是以新教為主，因此在八十年代之前兩支球隊有個不成文規定：只招募相同宗教信仰的球員。

原本是新教徒的費格遜加盟格拉斯哥流浪是沒有問題的，但因為嘉芙的天主教背景讓費格遜在隊內受到不公平的待遇。

因為嘉芙，費格遜還試過缺席曼聯的比賽。2007 年 8 月，曼聯在同一日安排了兩場分別在蘇格蘭和北愛爾蘭進行的季前熱身賽。究竟費格遜會出席那一場呢？結果兩場比賽都不見費格遜的身影，原因是他準備要搬家，自己一早承諾了嘉芙會幫手執屋。最後兩場友賽分別由助教基洛斯和教練費倫帶隊。之後費格遜還打圓場説，正是嘉芙幫了自己一個大忙，不用選擇出席那一場友誼賽。

愛妻嘉芙影響退休決定

對曼聯球員和球迷來說，嘉芙最大的影響，是在費格遜兩次退休的決定上起了舉足輕重的作用。

一直以來，費格遜都計劃在 60 歲時退休，因此他在 2001 年球季開始就決定在季尾離開曼聯。那一年的聖誕節當費格遜在客廳上睡着時，嘉芙就過來踢醒他。費格遜睜開眼睛就見到嘉芙和 3 個兒子在自己身邊，當時嘉芙對他説：「我們剛剛開會決定了，你現在不可以退休。第一你的健康還可以，第二我不想每天都見到你在家無所事事，第三你還年輕！」結果費格遜就打電話比球會律師屈健士收回退休的決定。當時屈健士只是回應了一句：「我早就對你説退休是個愚蠢的決定

啦！」正是這次家庭會議，讓費格遜為曼聯効力多 11 個球季，贏了 6 次聯賽、1 次歐聯、1 次世界冠軍球會盃、1 次足總盃及 3 次聯賽盃。

之後在 2008 年歐聯決賽前夕，有記者問到當時 67 歲的費格遜，如果再次舉起歐聯獎盃，他會否考慮退休。這次費格遜就將太太搬出來做擋箭牌：「退休？我太太會在每日早上 7 時趕我出家門口！我不敢冒天下之大不韙，因為她是個令人生畏的人。」

嘉芙最後一次影響費格遜的足球生涯，是在 2013 年。當嘉芙的孖生妹妹碧芝（Bridget Holding）在 2012 年離世時，費格遜覺悟嘉芙一生都在背後默默地支持自己的事業，現在是時候退下來多陪伴愛妻，因此在翌年 2 月費格遜就決定退休了。

費格遜深知道，因為有足球，家庭並不是自己的最優先考慮的事。他得以全心全意奉獻足球，因為背後有嘉芙把家庭照顧好。從兩人結婚到費格遜退休的 47 年裏，無論他因為帶隊要到凌晨兩三點才回家，嘉芙都會在家中等候他回來。由於英國足球的傳統在聖誕節後大開快車，因此從成為球員到擔任領隊的 50 年中，費格遜都沒有好好跟家人慶祝聖誕節。費格遜就記得有一年的聖誕，自己忘記了為嘉芙買聖誕禮物，所以就在聖誕卡裏放了張支票，但嘉芙一見到就馬上將支票撕開兩邊。

因此，當他和大兒子馬克在 1993 年在高爾夫球場上知道曼聯首次奪得英超冠軍之後，他想也不想就打電話給嘉芙去分享這份喜悅。費格遜回憶，那個時候，他知道誰是生命中最重要的人。

正由於嘉芙給予費格遜極大的支持讓他可以發展事業，因此他也鼓勵

球員盡快成家立室。

嘉芙帶給費格遜的，除了無條件的支持外，最重要還有 3 名兒子。

兩人結婚兩年後，費格遜的大兒子馬克（Mark）在 1968 年 9 月 18 日出世，1972 年 2 月 9 日嘉芙再為費格遜誕下雙胞胎，帶來積遜（Jason）和達倫（Darren）兩兄弟。當費格遜在醫院見到是雙胞胎的時候他就暈了過去，因為他知道經濟壓力又加重了。幸好他及時醒過來，趕及出席福爾柯克在當晚作客對格拉斯哥流浪的足總盃重賽，不過最終球隊以 0：2 落敗出局。

不過，3 位兒子成長的時間，正是費格遜在足球事業奮鬥的時期，所以他每天最多只有送上學的時間陪伴兒子，其餘時間只能靠嘉芙來照顧。3 個兒子在成長期雖沒有費格遜的陪伴，但他們自小在父親的耳濡目染下就接觸足球，只是最後成為足球員的就僅得達倫。

可能出於對兒子的虧欠，加上自己老派蘇格蘭工人家庭的傳統，費格遜當然有望子成龍的意願，所以 3 名兒子出來工作之後，費格遜都有從旁協助，希望他們在不同的領域出人頭地。

大兒子馬克在巴黎修讀工商管理碩士後就投身金融投資行業，並在後來當上投資公司高盛和施羅德的基金投資經理，他的成績不錯，在 1999 年，即曼聯奪得三冠王那一年，被路透社選為年度歐洲最佳投資經理，後來協助美國前副總統戈爾（Al Gore）成立基金公司，讓自己得以從事業上成為百萬富翁，他是最令費格遜和嘉芙放心的一位。

對費格遜夫婦來説，次子積遜可能是最麻煩的兒子。當費格遜在執教鴨巴甸的時候，如果嘉芙帶兒子入場支持丈夫，積遜就會在董事會包廂內跑來跑去，又去騷擾負責餐飲的員工，惹來主席當奴的不滿。

雖然費格遜有安排積遜到曼聯參加青訓，但他未能脫穎而出，只能轉戰蘇格蘭的業餘足球，未能像父親和達倫一樣走上職業球員之路。積遜長大後，費格遜出於望子成龍的心態，有主動協助兒子在事業的發展，所以在積遜的發展中每每有費格遜的影子。

大學畢業後，積遜得到費格遜的傳媒好友杜靴迪（Paul Doherty）的引薦，加入電視台從事資料蒐集的工作，專注在足球方面。由於對足球的熱誠，加上父親的背景，積遜有出色的表現，並得到杜靴迪的盛讚。不過即使表現良好，但積遜卻選擇放棄這份年薪 12000 英鎊的工作，飛到羅馬尼亞照顧當地孤兒，每周只是收取 150 英鎊的工資。雖然費格遜和嘉芙不明白積遜的動機，但仍然以他的善舉為榮。

返回英國之後，積遜回到傳媒工作，經費格遜另外一位朋友梅雲（Andy Melvin）的穿針引線加入天空體育足球節目製作部。他的表現同樣出色，令他在二十多歲就晉升為製作總監。不過費格遜覺得，積遜在天空體育得不到應得的報酬，所以在 1999 年再次出手，協助積遜轉行到另一個自己不喜歡的行業——足球經理人，分別安排他加入 L'Attitude 和 Elite Sports 兩間經理人公司。

後來費格遜因為馬匹「直布羅山」（Rock of Gibraltar）的擁有權跟兩位曼聯股東打官司，兩位股東也列出費格遜在曼聯的 99 宗罪，包括慫恿曼聯球員聘用 Elite Sports 為經理人。當時 Elite Sports 為 13 名曼聯

球員的經理人，包括一隊的科東尼、費查（Darren Fletcher）和卡路爾。自此，曼聯為避嫌就公開宣布不再委任 Elite Sports 處理球會的轉會事務。

後來 BBC 的節目 *Fergie and Son* 中披露了 Elite Sports 是因為積遜透過父親的關係，得以參與史譚在 2001 年轉會拉素的交易，從而得到 150 萬英鎊的酬金。節目在 2004 年出街後，費格遜就因此杯葛 BBC 長達 7 年，不接受任何 BBC 的訪問。

雖然不得再從事曼聯的轉會事務，但積遜一早就以費格遜經理人的身份和曼聯打交道。2000 年之前，費格遜一直因為自己的待遇和主席愛華士鬧得不愉快，所以漸漸地費格遜就將和球會談判待遇的工作交給積遜。2001 年，積遜為當時準備在 2002 年退休的費格遜取得一份年薪 300 萬英鎊的合約，即周薪約六萬英鎊，而退休後 5 年仍然可以在曼聯任職，年薪 100 萬英鎊。後來費格遜收回成命，繼續擔任曼聯領隊一職，周薪也被調整到 7 萬英鎊。

到 2013 年費格遜真的退休後，積遜為父親爭取到一個曼聯大使的崗位，年薪 200 萬英鎊而一年只需要工作 20 日出席官方活動，即是日薪 10 萬英鎊！而積遜在 2013 年 10 月出版的費格遜第六本自傳 *My Autobiography*，為費格遜獲得 200 萬英鎊的報酬。

論發展，孻子達倫就最像費格遜，兩父子同樣踢過頂級聯賽，也擔任過領隊。

1988 年達倫在費格遜的安排下加入曼聯的青訓系統，他司職中場，雖

然速度稍慢，但傳球準繩，是一名不俗的組織者。

達倫在被提升到曼聯一隊之前，原本得到諾定咸森林領隊白賴仁哥洛夫（Brian Clough）的垂青，同時熱刺也對他表示興趣。費格遜本來打算讓達倫離隊到其他球隊發展，但助教諾斯和青訓主管傑特卻堅持達倫有足夠能力立足曼聯，所以費格遜才為兒子提供一份職業球員合約。不過最開心的是嘉芙，因為達倫不用離開自己，繼續留在曼徹斯特的家。

達倫在 1991 年 2 月首次為曼聯一隊出賽，在當時對錫菲聯的聯賽以後備身份入替韋伯。到 1992 年的英超第一季，由於當時隊長笠臣受傷，達倫得到更多上陣機會，結果當季參與了曼聯 15 場聯賽，協助曼聯贏得英超第一屆冠軍，與父親以不同身份分享這份喜悅。

不過在 1993 年的球季，由於堅尼的加盟，大大減少了達倫的出賽。因此他向父親提出轉會要求。最後在 1994 年 1 月，費格遜同意達倫轉會當時乙組的狼隊，轉會費為 25 萬英鎊。

關於達倫在曼聯的發展，嘉芙就最多意見。費格遜記得，一日自己沒有提拔達倫上一隊並給他上陣機會，一日嘉芙都會懷疑他的執教能力。後來費格遜讓達倫轉會狼隊，為此嘉芙不能原諒費格遜，一直囉嗦費格遜「把自己的兒子出賣了！」

不過達倫在狼隊的發展也不如意，不但得不到上陣機會更被貶到預備組，所以他決定做出父親沒有做過的事：離開英倫三島到國外球隊效力。在 1999 年離開狼隊後加盟荷蘭鹿特丹，雖然只是短短效力半季，

但他也為父親帶來一大貢獻，就是推薦荷蘭前鋒雲尼斯特萊。

就在自己結束球員生涯之際，達倫也仿效父親當上領隊，在 2007 年加盟第四級別球隊彼得堡成為球員兼教練。後來在 2010 年 1 月轉投普雷斯頓，但同年 12 月被辭退。普雷斯頓不久就收到曼聯一份傳真，要求召回 3 名借將：馬菲占士（Matthew James）、約舒亞京治（Joshua King）和迪列治（Ritchie De Laet）。當費格遜被問到收回借將的決定時，只表示這是球員的意願，跟曼聯和自己沒有關係。

後來在 2015 年開始，達倫執教第三級別甲組球隊唐卡士打。當費格遜在 2018 年因中風接受腦部手術後，他醒來後雖然未能說話，但仍然問及唐卡士打上場比賽的比數是什麼？原來手術前，費格遜知道達倫的球隊準備在主場迎戰韋根，可惜唐卡士打以 0：1 落敗。

經過過種種風風雨雨，費格遜對於家庭領略到一個道理：家庭不是一件重要的事情，而是你所有的事情！

管理心法

對員工 / 下屬要有體恤和同理心，讓他們感受被尊重，這可以是團隊邁向成功的重要因素。

F for

Fans
球迷

費格遜深深明白，球迷的支持對球隊的成績至關重要。球場裏，球迷的打氣和歡呼聲可以提高球員的士氣，令球員更有動力去拚搏到最後一分一秒。隨着足球變得更國際化，世界各地的球迷即使不能入場觀看比賽，也可以通過其他方法支持球隊，例如加入球迷會、購買球衣和其他商品等等。因此，費格遜會通過自己的影響力，去維持球迷和球會與球員的關係。

比賽的入場人數就正好是反映球隊表現好壞的一個指標，愈多球迷入場，就應該代表球隊的表現愈好，所以在執教聖美倫時，費格遜會在比賽日前開車在主場附近廣播，希望鼓勵更多球迷入場支持球隊。

到 1980 年費格遜帶領的鴨巴甸在關鍵戰作客擊敗喜伯年奪得聯賽冠軍後，興奮莫名的他在賽後通過主隊的廣播系統，宣布有興趣的球迷可以當晚到他的家飲酒慶祝，結果至凌晨 3 時有兩名球迷按下他家的門鐘，幸好當時費格遜仍在和馬田在喝酒聊天，而太太嘉芙已經在睡房休息，費格遜得以履行諾言，請這兩位球迷飲酒。

1995 年 4 月，由一班球迷成立的獨立曼聯支持者協會（Independent

Manchester United Supporter Association，簡稱 IMUSA）成立，目的是集合曼聯球迷的力量，對球會的事務和決定提出意見。協會成立後第一個重要行動，就是對曼聯出售恩斯予國際米蘭一事向球會抗議，因為他們不想 1994 年雙冠王的陣容就此瓦解，所以要求球會收回這個決定，或向國際米蘭回購恩斯。協會並要求和費格遜對話。

協會的實際行動，包括到恩斯家跟他們夫婦兩人進行 90 分鐘的對話，希望說服這名中場悍將留隊。恩斯透過協會向曼聯球迷表示，只要曼聯不接受國際米蘭的報價，他就會留在曼聯。協會更進一步透過新聞公關卻特（Richard Kurt）在報章上公開表示，費格遜最好的時候已經過去，他是時候離開曼聯了。

就此事費格遜也選擇在報章上回應，指出獨立曼聯支持者協會的所作所為，只是為刷存在感和讓自己感覺良好而已。費格遜第一次和協會交手，就是這樣以唇槍舌劍開始。

不過，費格遜沒有因此而鬧情緒，跟獨立曼聯支持者協會交惡，反而在不久之後他就主動修補關係，包括出席協會的活動和演講，定期和協會的幹事會面和通電話。費格遜也有向協會提出要求，包括請他們幫忙改善奧脫福主場的氣勢。

費格遜加盟曼聯之後也有很多和球迷的互動。加盟之初球隊的表現並沒有起色，在聯賽榜上更是浮浮沉沉，因此有一名球迷就寫信給費格遜，告訴他自己剛剛失去工作，加上曼聯令人失望的成績，他決定放棄持有多年的季票資格。費格遜知道這事後，決定為該球迷支付季票的價錢，希望他可以繼續入場到奧脫福支持曼聯。

要求球員為球迷簽名

除了自己親自回應球迷的要求外，費格遜也會要求球員為球迷服務，並試過因此向球員大開「風筒」。艾夫拿（Patrice Evra）記得有一次比賽後，球員們雖然見到有球迷在場外等待簽名和合照，但因為實在太累，所以選擇直接上隊巴。他們在隊巴等了 45 分鐘都未見到費格遜的蹤影，原來他一直在為球迷簽名。然後艾夫拿就和隊友說：「這次我們玩完了！」果然，費格遜一上隊巴就向球員大開「風筒」：「你以為自己是誰？你知道是誰付你們工資的嗎？你知道他們是特意來觀看你們比賽嗎？你們趕快下去為球迷簽名！」

不過，有時候為了球隊的備戰，費格遜對球迷就沒有那麼友善了。1999 年歐聯決賽前夕，有球迷為見球星一面就爬入曼聯入住在巴塞羅那的酒店而被費格遜喝止。後來費格遜也有對那幾位球迷道歉，說只是怕影響球員的休息和備戰。不過為了球員的安全，這舉動也是可以理解的。

從 1974 年執教東史特靈郡有平均 400 名球迷到主場支持球隊，到 2013 年在曼聯有平均 76000 名到奧脫福兼且一票難求，可佐證費格遜 39 年執教生涯的成就。

管理心法

> 與其他持份者意見相左，可以用不同的方法修補關係，切忌意氣之爭。

F for

Fergie Time
費格遜時間

作為一個組織的領導人，其中一個工作就是要建構組織的文化。費格遜就是把這種追求勝利，永不放棄的精神和文化帶到曼聯，並最能體現在「費格遜時間」裏。「費格遜時間」所體現的精神包括努力工作；在球場上戰鬥到最後一刻，不放棄不服輸；願意冒險和堅定意志的精神。這種文化和精神，不但感染了自己的球員，還影響了對手和球證。因此，深受費格遜影響的蘇斯克查回來曼聯擔任領隊之後，就說過要把「費格遜時間」的精神帶回曼聯。

體現永不言敗的精神

「費格遜時間」除了顯示出一種永不言敗的精神外，也代表他賽前的準備充足和願意冒險的風格。費格遜承認，自己絕對不怕冒險，如果在比賽最後 15 分鐘球隊還落後的話，他就會放手一搏，收起後衞而多打一名攻擊球員，期望收復失地。

根據調查機構 Opta 在 2010 到 2012 年的數據，發現當曼聯落後的時候，他們會得到比平均多 79 秒的補時時間。

在英超時代，費格遜率領曼聯在受傷補時的時段共射入 81 球，佔總入

球 1627 球的 4.98%。不過有趣的是，後費格遜年代的曼聯，反而在「費格遜時間」入球的百分比上升至 6.76%。

代表「費格遜時間」的，除了經典入球外，還有費格遜手指自己手錶的動作。費格遜說過，這個動作主要是做給對手看而不是給自己球員看的。他坦白的說：「我並非記錄比賽時間。比賽中止造成的補時很難算清楚，所以也就無法準確估計比賽結束的時間。關鍵點是，這樣做給對方球隊造成的影響，並不是給曼聯球員造成影響，這才是重點。對手球員看到我指着手錶打手勢就會感到緊張，他們立刻會想到要增加 10 分鐘的補時，所有人都知道曼聯擅長在比賽末段入球。對手看到我指着自己的手錶，會認為他們必須在補時和我們對抗，而補時對他們來說就像是無了期似的，他們會感到自己被圍攻。他們知道我們從不放棄，知道我們擅長在後面的比賽中創造奇蹟。」

雖然曼聯在補時的入球比例只有 4.98%，但有很多經典入球的出現，包括 1993 年主場對錫周三的聯賽，法定時間雙方打和 1：1，球證決定補時 7 分鐘。布魯士（Steve Bruce）就在這段時間用一記頭槌協助曼聯反敗為勝，亦為曼聯贏得該屆英超冠軍鋪下康莊大道。費格遜回家後再次重溫這場比賽，然後自己計算比賽中的停頓時間，結論是這場比賽應該要補時 12 分鐘才對！

要數經典，當然不得不提 1999 年的歐聯決賽對拜仁慕尼黑，法定時間曼聯落後 0：1，當時歐洲足協的職員已經把拜仁慕尼黑的絲帶綁在歐聯獎盃上。不過經典的 3 分鐘把局面扭轉，最後蘇斯克查的一腳把曼聯帶上「應許之地」，為費格遜捧走第一座歐聯大耳盃。

曼聯補時連入兩球，奇蹟地以 2：1 反勝拜仁慕尼黑，奪得 1999 年度的歐聯錦標；也是費格遜領軍曼聯的第一個歐聯冠軍。

在費格遜執教曼聯的最後一個球季，曼聯在所有賽事中共錄得 12 場反敗為勝的紀錄，正是這種精神為曼聯贏得第 20 個聯賽錦標。

「費格遜時間」的影響不單只在場上，在場外也有故事。就在費格遜宣布退休的一天，英國著名烤雞店「Nando's」決定當晚在曼徹斯特市的所有門店延長營業 5 分鐘，以表示對費格遜的致敬。

藉着這一節，我們來重溫 1999 年曼聯三冠王的旅程中在「費格遜時間」的入球，曼聯在 3 項賽事裏都有試過在「費格遜時間」中入球，每一球都對每一個冠軍起到關鍵作用。一路走來你會發現，只要球員在其中一次缺乏了「費格遜時間」的精神，曼聯三冠王的歷史成就便會失諸交臂。

「費格遜時間」經典戰役：

1998 年 8 月 15 日：曼聯 2：2 李斯特城（英超聯賽第一輪）

曼聯在奪得「三冠王」球季的第一場比賽就產生「費格遜時間」的入球。主場的曼聯在 76 分鐘就落後兩球，然後先憑後備上陣的舒靈威（Teddy Sheringham）在 79 分鐘追回一球，最後靠碧咸（David Beckham）罰球在補時階段追和 2：2 搶回一分。

1999 年 1 月 24 日：曼聯 2：1 利物浦（足總盃第四圈）

同樣是主場出戰，同樣在開賽初段就失球。奧雲（Michael Owen）第三分鐘的入球令曼聯陷於苦境。但久攻不果，眼看要被宿敵淘汰出局之際，曼聯到 88 分鐘靠黑雙煞的一個配合，由約基在門前射入扳平的一球。當其他的球隊可能已經滿足於一個重賽機會的時候，費格遜的弟子卻有不同的想法，蘇斯克查在「費格遜時間」射入奠定勝利的一球，將曼聯帶到足總盃第五圈。

1999 年 1 月 31 日：查爾頓 0：1 曼聯（英超聯賽第 23 輪）

就在足總盃淘汰死敵利物浦一周後，曼聯返回聯賽作客查爾頓。如果勝出，曼聯就可以在該季首次登上聯賽榜首。費格遜也知道這仗的重要性，派出一眾主力出戰，不過「夫添」上陣的曼聯卻陷於苦戰，最後只能憑後備入替的史高斯助攻約基在 89 分鐘頂入一箭定江山，有驚無險全取 3 分登上榜首，大大加強了球隊的信心，最後以一分壓過阿仙奴從對方身上重奪英超冠軍。

1999 年 4 月 7 日：曼聯 1：1 祖雲達斯（歐聯 4 強第一回合）

曼聯在歐聯 4 強遇到球隊在九十年代一直輸多贏少的死對頭，這一屆要首次打進歐聯決賽，就要過這支意大利班霸的這一關。要知道祖

雲達斯在之前 3 季歐聯都打入決賽，並贏過一次冠軍，曼聯要過這一關絕不容易。首回合在奧脫福的賽事，上半場「老婦人」就憑干地（Antonio Conte）的入球領先。餘下時間曼聯群起反擊，後備入替的舒靈咸曾食「詐糊」。最後到補時 2 分鐘由傑斯在禁區內的一記抽射為曼聯扳平，為次回合的反勝建立基礎。

1999 年 5 月 26 日：曼聯 vs 拜仁慕尼黑（歐聯決賽）2：1

與球季第一場比賽作一個首尾呼應，曼聯在三冠王最後一場比賽同樣在「費格遜時間」有入球，而且還要入夠兩個。舒靈咸和蘇斯克查的兩個入球價值連城，為曼聯相隔 31 年再度奪得歐聯冠軍，也是費格遜的第一次，讓曼聯創造歷史，成為英格蘭第一支球隊完成三冠王霸業。

管理心法

領袖要建構組織的文化，例如「費格遜時間」便象徵着永不言敗，積極爭取勝利的精神。

G for

Gamble
賭博

球場和戰場一樣，裏面有很多不確定因素，例如競爭對手和天氣等可以影響球隊的表現和成績。面對如此環境，即使準備再充分，一個領袖願不願意冒險作出一些大膽的決定和那些決定的質素就變得重要。這一章我們回顧一下費格遜愛賭博的性格，以及這種性格如何影響他在球場上的決定。

費格遜從擔任領隊第一日開始就嚴禁球員酗酒，認為這會影響球員的紀律和表現，但卻未聽過他有禁止球員賭博。相反，有時候在球隊坐隊巴到作客場地的路程中，費格遜還會和球員玩啤牌。前鋒雲尼斯特萊在 2003 年向一本荷蘭雜誌透露，在曼聯作客的路途中大部分球員都在玩啤牌並用紙筆作紀錄，所以他認為球員們之間是有錢銀交易的。後衞巴里斯達就最有親身體驗，他提過在九十年代初，費格遜會和自己、笠臣和布魯士在隊巴的後排上玩啤牌，加上少許賭注。如果費格遜輸掉的話，他會把所有紙牌推到地上，因為他討厭被擊敗的感覺，就像他帶領的曼聯一樣。

費格遜在 *Leading* 一書中承認，自己確實愛賭馬和玩啤牌。他有賭博這個嗜好，有一部分是受到父親的影響，因為老費格遜也喜歡賭馬。費

格遜小時候就要做跑腿，幫老費格遜到非法投注站去買馬。他的弟弟馬田費格遜也説過，小時候和費格遜玩啤牌時就試過輸光零用錢。到球員時代，費格遜會在操練後和隊友「刨馬經」，交流賭馬心得。費格遜承認，賽馬的刺激可以幫助自己抒發足球場上的壓力，每次到馬場就好像去到另一個世界。

愛賭馬與玩啤牌減壓

成為曼聯領隊之後，費格遜也沒有停止賭馬賭波的習慣，有時候還邀請球員的幫助。青訓產品基利士比除了是曼聯的右中場外，還是費格遜的跑腿。當年未有網上投注的時候，費格遜通常叫基利士比去投注站買馬買波，每次投注大約 50 英鎊。如果贏了錢他就會在周一到投注站收錢然後交給費格遜。有一次基利士比幫費格遜收了 400 英鎊的派彩，還收到他送給自己 50 英鎊的小費。

費格遜的領隊生涯中，也出現了一些在賭博公司工作的朋友。在 1978 年費格遜被聖美倫辭退，球會列出其中一個原因，就是費格遜向一名在賭博公司工作的朋友麥亞里士打（Davie McAllister）透露聖美倫將會擊敗艾爾聯，雖然認為自己球隊贏球是天經地道的事，並不構成打假波的指控，但費格遜也顯示出自己不避嫌和賭博公司的人打交道。

費格遜在賭博公司的人際脈絡，令球員私下投注也會讓費格遜知道。隊長堅尼在自傳中説過，自己在 2000 年歐洲國家盃決賽前用電話在立博（Ladbrokes）投注了 5000 英鎊意大利勝出。第二日費格遜就對堅尼説：「為什麼你覺得意大利會勝出呢？」後來堅尼發現立博的公關總監迪龍（Mike Dillon）是費格遜的好朋友，自此他就不敢在立博投注。這也可見費格遜在賭博界的人脈之廣。

除了場外的賭博，費格遜也喜歡把這種賭博精神帶到球場上，甚至可以說成愛冒險。這是一種行動，也是一種精神，面對不確定的時候能否做出一些大膽的決定。不願意冒險然後一切因循守舊地去做，以為可以無風無浪，但這其實也是在一種冒險，只不過這是犧牲未來可能得到的好處換來短期的安穩。

費格遜承認，自己在球場上絕對不怕冒風險。如果在比賽最後 15 分鐘球隊還落後的話，他就會放手一搏，收起防守球員而派出更多的進攻球員，期望收復失地。他的信念是，輸 1:2 和輸 1:3 的結果是一樣的，放手一搏反而有不一樣的結果。正是費格遜願意冒風險的性格，為自己在曼聯贏得第一個冠軍。

1991 年英格蘭足總盃決賽對水晶宮，曼聯本來被睇高一線，但門將禮頓一而再再而三犯錯令曼聯要打到加時才苦苦逼和對手，得到重賽的機會。5 日後的重賽，費格遜痛定思痛，決定棄用禮頓而起用從盧頓借來的後備門將施利（Les Sealey）出任正選。寂寂無聞的施利自 5 個月前加盟曼聯後，只為球隊出賽 55 分鐘而已。

本來禮頓是費格遜在鴨巴甸一手提拔的年輕門將。當在 1980 年鴨巴甸奪得聯賽冠軍後，球隊安排了勝利巴士巡遊。當時禮頓拒絕參加，因為他覺得自己當季只參與了一場賽事，而且那場比賽鴨巴甸還輸了，所以他覺得自己不值得和隊友分享這份榮譽。不過費格遜仍然鼓勵和堅持他一同參與，讓他感受勝利的氣氛。結果禮頓在見到那麼多球迷為鴨巴甸慶祝，就立志要為球隊付出更多。

回說 1991 年的足總盃重賽，費格遜的孤注一擲為曼聯贏得最後勝利。

施利確實為曼聯防線帶來穩定性，自己亦作出 3 次重要的撲救，而曼聯亦憑李馬田（Lee Martin）一箭定江山奪冠而回。這是費格遜為曼聯贏得的第一個冠軍，亦奠定了他日後的江山。不過，賽後禮頓卻斯人獨憔悴，其太太蓮達（Linda Leighton）更對費格遜做出粗口手勢。禮頓可說是這次冠軍中唯一的失敗者，他失去了費格遜的信任，從此禮頓就再沒有和費格遜說過一句話。之後他只再為曼聯在聯賽盃上陣一次，繼而被借到阿仙奴和雷丁，直到 1992 年正式轉會蘇格蘭登地，離開曼聯這個傷心地。

一場足總盃決賽重賽，費格遜的一次賭博改變了自己和禮頓的關係；而禮頓和施利這兩位門將的關係又變得如何呢？

可能你以為，施利這樣搶走禮頓的正選位置，兩人一定水火不容，但剛好相反，這場決賽之後，兩位門將還保持住好好的關係。首先施利在贏得足總盃之後，就將冠軍獎牌還給禮頓，但禮頓還是尊重施利，偷偷地將獎牌放回施利的衫袋裏。

就算兩人分別離開曼聯（施利在 1991 年夏天離開曼聯加盟阿士東維拉，禮頓在 1992 年夏天返回蘇格蘭加盟登地），但仍然保持住電話來往。而施利在 2001 年過身時，其中一位為他扶靈的就是禮頓。

費格遜在帶領曼聯贏得第一個冠軍之後，曼聯也慢慢稱霸英格蘭球壇，即使如此，也沒有改變他願意放手一搏的性格。另一個津津樂道的例子就要數到 2009 年派上馬切達（Federico Macheda）的決定。

2009 年球季爭奪英超冠軍的直路上，爭取聯賽三連冠的曼聯因為遭

遇聯賽兩連敗，被利物浦窮追不捨。在 4 月 5 日主場對阿士東維拉的賽事，由於數名主力例如李奧費迪南、維迪（Nemanja Vidic）、朗尼和史高斯受傷缺陣，曼聯只能半力出擊，比賽中並未取得優勢，更在下半場 13 分鐘落後 1：2。這個時候費格遜決定賭一賭，派上從未在一隊上陣，只得 17 歲的意大利籍前鋒馬切達上場代替蘭尼（Nani）。結果 80 分鐘曼聯先靠 C 朗拿度追平 2：2，但費格遜並不滿足在主場只得一分而回。結果費格遜賭贏了，馬切達在補時 3 分鐘射入奠定勝利的一球，協助曼聯 3：2 反勝，取得重要的 3 分，得以保持領先優勢到季尾。最後曼聯以 4 分領先利物浦奪得第 18 個聯賽冠軍，平了利物浦奪得最多次聯賽冠軍的紀錄。

雖然馬切達在曼聯的發展高開低走，並沒有維持自己在處女戰的高光時刻，但他的靈機一觸，除了讓自己在曼聯球迷心目中留下一個特別地位，也為費格遜押注在自己身上的賭博取得最大的派彩。

管理心法 ❝

成功與否有很多不確定因素，有時難免要冒險。決定未必每次都對，但重要的是，做決定時不能畏首畏尾。

❞

G for

Golf
高爾夫球

爲了應付領隊繁重的工作和壓力，費格遜在公餘時間也要培養興趣。除了馬場之外，高爾夫球場也是費格遜常去的地方；費格遜知道自己第一次為曼聯奪得聯賽冠軍的地方，就是柴郡的一個高爾夫球場。

1993 年 5 月，費格遜帶領曼聯一搔 26 年之癢，重奪頂級聯賽冠軍，也是曼聯首個英超冠軍。雖然往後 20 年再 12 次奪得過聯賽冠軍，但費格遜説過，雖然每一次奪得聯賽冠軍的感覺都非常特別，但第一次奪冠的感受還是最深刻的。他知道自己首次得到英超冠軍，卻是由一個陌生人告訴他的。這位先生成為費格遜生命中最重要的陌生人，而費格遜也從來沒有忘記他。

在高球場上獲知首奪英超

1993 年 5 月 2 日星期日，曼聯在聯賽的競爭對手阿士東維拉主場迎戰奧咸，而曼聯在翌日有主場對布力般流浪的賽事，所以費格遜就和大兒子馬克到柴郡的一個高爾夫球場打球輕鬆一下。當費格遜打到第 17 個洞的時候，有個陌生男子開着高爾夫球車向他駛過來説：「不好意思費格遜先生，你是英超冠軍了，因為奧咸剛剛以 1：0 擊敗阿士東

維拉！」當時費格遜不敢相信這個消息，以為這個陌生人整蠱他。但當得到證實後，費格遜歡喜若狂，跟兒子馬克在球場上又叫又跳，最後連第 18 個洞都不打了。當時他走回休息室時，遇到一班日本人，由於他們帶的帽子有贊助商「SHARP」的字樣，所以費格遜以為他們必定是曼聯的球迷，就大聲向他們說：「曼聯奪得聯賽冠軍啦！」日本人不知道他說什麼，費格遜也覺得自己有點愚昧。不過，奪得英超的興奮令他顧不了那麼多。

這位陌生人也知情識趣，沒有打搞費格遜父子。自此兩人就再沒有接觸。

其實這位陌生人叫拉雲達先生（Michael Lavender），是曼聯的忠實球迷。當日他剛剛打完高爾夫球，到休息室飲杯啤酒，剛好他看到電視直播阿士東維拉的比賽，見到維拉落敗，曼聯正式奪得聯賽冠軍後，他身邊的男子就說：「費格遜正在這個球場上打球！」拉雲達問過他什麼時候見過費格遜，從時間上推斷費格遜當時應該在第 17 個洞，所以決定跑去碰碰運氣，果然費格遜在第 17 個洞的位置，所以他也不理什麼身份就跑過去通知他這個好消息。

後來費格遜在自傳 *Managing My Life* 中有提到自己在高爾夫球場知道自己首奪英超冠軍，又提到是個陌生人告訴他這個消息。拉雲達的朋友讀到費格遜的自傳後，就建議他不如寫信給費格遜去相認，其實拉雲達在 2005 年已經離開英國去到法國經營賓館，結果拉雲達先生在 14 年之後的 2007 年真的膽粗粗給費格遜寫信，原本他覺得費格遜不會回覆他，或者最多送他一張奧脫福的門票。但結果他得到費格遜親筆回信，而這封「費格遜爵士回信」就一直掛在他的賓館裏。

費格遜借群雁 V 形飛行的故事，向歐洲高爾夫球隊講解團結的重要性：星光熠熠的隊員都有做領導的機會，群雁也必須輪流領頭，才能節省體力遷徙到和暖的地方。

因為高爾夫球，費格遜除了有機會認識拉雲達先生之外，也得到和參加萊德盃的歐洲隊有交流的機會。

萊德盃是一項頂級的高爾夫球賽事，由美國隊對歐洲隊，每兩年舉辦一次。2014 年第 40 屆賽事在蘇格蘭舉行，歐洲隊由愛爾蘭球手麥金尼（Paul McGinley）擔任隊長，因為高爾夫球的緣故，麥金尼很早就認識費格遜，兩人以往就試過一起打球和吃飯。

這次麥金尼第一次以隊長身份帶領另外 11 名球手組成的歐洲隊，除了自己是愛爾蘭人之外，還有英格蘭、西班牙、丹麥、瑞典、法國、德國和威爾斯的好手。如何將這 12 名獨當一面的高手融合成一支團隊去應付 3 天的比賽，是麥金尼的一大考驗，因此他想起剛退休的費格遜，希望可以借助他 39 年領隊的經驗去克服這次挑戰；而費格遜也沒有托手睜一口就答應。

費格遜在比賽前的周二和歐洲隊作一次對話，然後一起晚飯，可能費

格遜知道，高爾夫球低標準桿的術語都和雀鳥有關，因此他就向歐洲隊講了一群雁是如何飛行的故事，來鼓勵團隊合作的重要性。

原來每次雁要遷徙的時候，都是一群雁的團體合作去完成幾千里的路程。牠們會組成 V 形飛行以減少空氣阻力，最有力氣的一隻雁會飛在 V 形的最前方，而當牠飛到累時，就會退到後方由另一隻有力氣的雁頂上，因此在一個團隊裏，每個人都有做領導的機會。而當有一隻雁生病或受傷的時候，其他兩隻雁會從隊伍飛下來協助保護牠，直到牠康復或死亡為止，然後再組成隊伍開始飛行，努力去趕上原來的雁群。如果只得一隻雁的話，根本是不可能遷徙到和暖的地方。

見到費格遜的到訪，歐洲隊都非常興奮，其中作為曼聯支持者的麥克萊爾（Rory McIlroy）和麥克道爾（Graeme McDowell）見到偶像就特別開心，對費格遜的一言一語都格外留心，還問他很多關於執教曼聯的事情。即使是列斯聯球迷的科士打（Billy Foster）也很歡迎費格遜的到來，最多是向他抱怨一下為什麼要在 1992 年從列斯聯收購簡東拿（Eric Cantona）。而本身是些路迪球迷的加拉查（Stephen Gallacher）和皇家馬德里球迷的西班牙球手加西亞（Sergio Garcia）雖然對曼聯和費格遜並不特別崇拜，但仍然對他的成就和智慧深感佩服。

萊德盃比賽在周五開始，比賽的頭兩日，費格遜都留在家收看賽事。經過兩天的比賽，歐洲隊暫時領先美國隊，費格遜還特意發個短信給麥金尼，提醒歐洲隊不要自滿，因為歐洲隊自己是他們當時最大的敵人。到比賽的最後一天，費格遜決定跟兒子一起開車去蘇格蘭為歐洲隊打氣。最終歐洲隊以 16.5 對 11.5 擊敗美國隊成功衞冕，而費格遜

就親眼見證他們奪標的一刻。最後歐洲隊邀請費格遜一起慶功，不過他只是飲杯紅酒就返回曼徹斯特，因為他知道那時候的主角不應該是他了。

雖然費格遜沒有留下來，但當歐洲隊舉起獎盃的時候，剛好在他們的頭上有雁群以 V 形飛過，令大家想起費格遜的話而手指向天，為歐洲隊留下一張經典的合照。

管理心法

一群雁會輪流領頭，以團體合作方式去完成幾千里的路程；領袖也必須向員工 / 下屬灌輸團隊合作的重要，以達到既定目標。

G for

Govan

加文

費格遜出生在他祖母位於蘇格蘭一個小區加文（Govan）的家，而他的童年和青少年期都在加文區度過，所以通過對這個地方和費格遜的童年成長的認識，可以了解到加文如何構造了費格遜的性格，對他日後的成就產生什麼影響。

蘇格蘭著名的城市有愛丁堡和格拉斯哥：愛丁堡是蘇格蘭的文化和政治中心，而格拉斯哥則是經濟中心。加文位於格拉斯哥的一個河邊地區，主要產業有工業和造船業。1940 年代人口約 14 萬，現時人口只有 2 萬多人。加文除了有費格遜之外，也出產過另一位足球名人杜格利殊（Kenny Dalglish）。

由於加文的緯度跟莫斯科一樣，所以當地冬天的天氣非常寒冷。可想而知加文工人在寒冬時候進行戶外工作是多麼的艱苦，正是這種環境培養了加文人刻苦耐勞的性格特徵。

費格遜在 1941 年 12 月 31 日下午 3 時 03 分出生於錫菲賀爾道 357 號（357 Shieldhall Road）祖母的家，之後和父母和弟弟住在加文道 667 號（667 Govan Road）一個單位。由於單位對面是哈蘭特和吳爾

夫工廠（Harland & Wolff），有夜班工人上班，所以費格遜從小就學會一個本領：在多嘈吵的環境下都睡得着。

費格遜出世時就經歷第二次世界大戰，所以當時加文區主要為英國海軍製造軍艦。雖然加文沒有在戰火中淪陷，但費格遜也經歷了不少炮火歲月。由於他出生在二次大戰年代的一個普通工人家庭，而成長的環境也是和普通家庭的小朋友一同長大，因此大家會互相照應。費格遜記得，屋企的大門是時常打開的，讓鄰居可以隨時來借用柴米油鹽，大家只是在門口大叫一聲就入屋借東西，但當然是有借有還。這培養了鄰舍之間的一種信任和忠誠：只要有一次的背信棄義，你就得不到鄰居的信任和幫助。正是這個成長背景，給費格遜灌輸了忠誠、守時和勤奮的品質。

由於戰後的加文區處於重建的階段，因此到處充斥着犯罪、毆鬥和偷竊。每遇到問題，加文區的小朋友就以拳頭解決，年少的費格遜也不例外；由於他的表弟基斯杜化（Christopher）患有小兒麻痺症，因此遭受到鄰居的歧視，費格遜和弟弟馬田就常常為表弟出頭，有時甚至和鄰居打到頭破血流。

老費格遜熱愛足球，在兩個兒子出世之後，由於要增加收入，他在公餘時間參加業餘足球賽，費格遜就是在父親的影響下愛上足球的。幸好有足球這嗜好費格遜才得以避免誤入歧途，求學時期的費格遜常常曠課，欠交功課和考試不及格都是等閒事，所以老費格遜一直希望費格遜能夠培養一門手藝，可以在畢業後賴以維生。

確實費格遜的興趣不在讀書而在足球上，學業成績只是平平無奇。

雖然 16 歲就輟學成為足球員，一生從未考進大學，但正正是費格遜在足球上的成就，令他獲得 8 間大學頒發 9 個名譽碩士及博士學位。

費格遜就讀當地的一間布隆道小學（Broomloan Road Primary School），但這間學校沒有足球隊，費格遜只好參加游泳隊。為了足球，費格遜和馬田在課餘參加基督少年軍，為的是加入他們的足球隊，同時費格遜在 7 歲時也加入加文海盜隊，由於他的天賦和身材出眾，加上不怕挑戰的性格，所以加入球隊後就跟 12 歲少年隊一起訓練和比賽，而他的表現沒有被年紀大的隊友比下去。

雖然費格遜的心思不在學業上，但布隆道小學的一位老師對費格遜影響至深。湯遜（Elizabeth Thompson）老師在費格遜小學 6 年級教過他。出於少男的情竇初開，費格遜是有點迷戀湯遜老師。當她在 1953 年結婚時，費格遜為了給老師一個驚喜，便約了幾名男同學一起坐船到教堂祝賀老師。當湯遜見到這幾名學生時嚇了一跳，除了是驚喜，更多是驚嚇，因為她不知道幾名小鬼是怎樣從老遠走過來的，之後又應該安排他們回家。除了暗戀之外，費格遜也感謝湯遜老師的鼓勵，否則自己能否升讀中學也成疑問。

即使出來工作後，費格遜仍然會隔幾個月打電話給湯遜老師，每次都用同樣的開場白：「你最喜愛的學生打電話來！」

費格遜後來升讀加文中學（Govan High School），成為英國前首相貝理雅父親的校友。這間中學設有足球隊，費格遜理所當然地加入校隊繼續發展自己的興趣。

課堂上，加文中學的杜比（Bill Dobie）老師最令費格遜留下深刻印象。杜比老師回憶，費格遜是一個非常聰明的學生，以他的天資是可以升讀大學的。言下之意，杜比老師對費格遜在學校的表現並不滿意。除了課堂成績，費格遜還因為拒絕稱呼杜比老師為「阿Sir」而被他用皮帶鞭打。後來杜比老師在2001年以55英鎊將這條皮帶賣給一個古董收藏家，並驗明正身這是用來打過費爵爺的。

讀書年代，費格遜就有第一次和曼聯接觸的機會。在1953年5月13日，曼聯北上蘇格蘭格拉斯哥參加慶祝英女皇登基的「加冕盃」（Coronation Cup），8強戰在咸頓公園球場（Hampden Park）對格拉斯哥流浪。當時費格遜是75546名入場觀眾之一，那時候他當然是支持流浪，不過在費格遜面前流浪卻以1:2不敵曼聯。

費格遜在16歲輟學後，就到域文工廠（Wickman）做學徒，由於域文工廠在一年後搬到英格蘭高雲地利，費格遜就轉到一間美資打字機工廠雷明登蘭德（Remington Rand）工作，當時這工廠聘請了2500名當地工人。工廠另一件著名產品，就是在美國生產的雷明登手槍。

雷明登蘭德工廠位於希靈頓區（Hillington），費格遜每天坐巴士上班，一直到22歲成為職業球員為止。由於當時的環境，工友都早婚和有小孩子，因此太太們都留在家中照顧家庭，而丈夫就到工廠工作養家，可説是家庭唯一的經濟支柱，如果有工友得不到合理的待遇就會讓全家受苦，因此費格遜培養出保護工友權益的信念。所以他擔任過綜合工程工會（Amalgamated Engineering Union，AEU）的幹事，每個星期六早上參與工會會議，並積極發表意見和討論。

在雷明登蘭德的 6 年間，費格遜曾組織兩次工業運動。第一次在 1960
年，當時只有 19 歲的費格遜有感於學徒技工的待遇偏低，比同齡朋友
在其他工種的待遇都差，但老一輩的工會幹事卻不熱衷爭取改善學徒
的待遇，因此費格遜就組織學徒起來抗議，為同輩爭取改善待遇和工
作環境，最終有 1000 名工人參與運動。這次為時 3 個星期的工運最
終為學徒大幅提高了工資。

曾參與工業行動據理力爭

到 1964 年，費格遜已經完成學徒訓練成為正式員工，但當工友遇到
不公平的情況他仍然敢於發聲。當年 3 月，一名從事工會聯絡工作 12
年的麥基（Calum Mackay）遭到雷明登蘭德辭退，原因是工作效率低。
工會成員覺得這是雷明登蘭德打擊工會力量的動作，因此抗議公司的
決定，包括號召 650 名工人進行兩天的罷工。不過這次為期 5 個月的
工業行動並未能改變公司的決定。

這些工會的經驗培養了費格遜不怕對抗，為球隊和自己爭取權益的勇
氣和性格，另外作為工會領袖，費格遜也認識到自己要隨時做出決定，
不能猶豫不決。

費格遜的性格，有很大部分都是在加文塑造出來的。他承認，自己對
工作的忠誠和獻身的信念正是源於在加文工人家庭生活和成長的經歷。
由於這種困難的生活環境，培養出費格遜不怕對抗不服輸，一定要保
護自己和家人利益的性格。

即使加文不是一個大城市，即使自己離開加文一段長時間，費格遜並
沒有忘記自己的根，一個工人階級的身份和加文帶給他的一切。費格

遜到現在仍然捐款給自己効力過的少年隊。費格遜很疑惑,為什麼有人會忘記自己的根,還會以和家鄉失去聯絡為榮,因為他自己就以在家鄉培訓出來的忠誠品格而感到自豪。即使自己名成利就,費格遜仍然有個習慣,就是會主動和加文的老朋友聯絡,還在聖誕節時寄上多張聖誕卡,他的目的很簡單,希望他們知道自己仍然記得老朋友。

費格遜在卡靈頓訓練場的辦公室裏掛着一塊「AHCUMFIGOVIN」的牌匾,意思是「我來自加文」(I Come From Govan),可見費格遜對自己出生地的感情之深。

管理心法

生活／營商環境困難，並不可怕，
重要是有不怕對抗及不服輸精
神，面對難關。

SIR ALEX FERGUSON

Hairdryer
風筒

曼聯的更衣室裏，費格遜有兩種不同的表現：心平氣和的時候會像一個慈父，會和你說故事，鼓勵球員在球場上拚搏，再加上一句「Well Done 做得好」，令你充滿信心的走上球場。不過，一但費格遜暴怒起來卻像個暴君，很多球星都被他的「風筒」招呼過。「H for Hairdryer」這一章，就想細數一些經典的「風筒」時刻及它的效用。

費格遜火爆的性格在球員時代已經表露無遺。司職前鋒的他，在職業生涯中曾 6 次被趕出場。成為領隊之後，費格遜火爆的脾氣一點也沒有收斂過。不少記者、球證等都被他噴過，自己的球員當表現不好導致輸波時，又怎會躲得過他的責罵呢？被他的風筒招呼過的球星實在不少：隊長布魯士、舒米高、恩斯、傑斯、沙柏、杜布連（Dion Dublin）和約基等，不論你是隊長、神射手或年輕球員都不能幸免。

面貼面罵人　確立威信

由於費格遜罵人的時候，喜歡面貼面的正面對着對方，而從他口裏噴出來的口氣能將你的頭髮吹起，因此曉士就將這種罵人方式稱之為「風筒」。這個「風筒」確實幫費格遜建立了自己在更衣室的威信，以及提升部分球員的表現。

費格遜開「風筒」的風格，早在執教鴨巴甸的年代已經表現出來。試過有一場聯賽，由於球隊上半場的表現不濟，中場休息時費格遜就在更衣室大發雷霆，更把一個水煲踢向球員的方向，幸好只是擊中牆，未有傷及球員。

即使是友誼賽，只要是表現不好，費格遜仍然會大開「風筒」。韋夫安德遜（Viv Anderson）在 1987 年夏天加盟曼聯的時候就參加一場季前熱身賽對夏圖浦（Hartlepool），當時費格遜派出強陣應戰，除了安德遜和麥佳亞兩名新兵外，還有笠臣、史特根、麥格夫和韋西迪等正選。不過上半場曼聯卻以 0：5 落後。面對這個賽果，費格遜在半場休息時當然不會放過球員，初加盟的安德遜就在更衣室裏見識到杯碟橫飛的情況和費格遜「風筒」的威力。下半場球隊的表現確實有改善，但最後仍然以 1：6 敗陣。

前鋒杜布連在 1992 年加盟曼聯後不久，就因為斷腳而要休息半年之久。傷癒之後，自己的位置就被簡東拿取代。即使是重傷初癒，費格遜並未對杜布連格外開恩，他也有用「風筒」招呼過杜布連。當時是 1993 年 9 月對史篤城的聯賽盃第三圈首回合的賽事，正選上陣的杜布連在上半場連番失機，中場休息時費格遜「風筒」全開，杜布連還記得，當時自己的臉、眼睛、鼻和口都感受到費格遜的口氣。結果下半場杜布連知恥近乎勇射入一球。可惜球隊仍然以 1：2 落敗，幸好次回合收服失地，得以晉級。

就算對着球星，費格遜也從不手軟。1993 年曼聯作客晏菲路對利物浦的聯賽，本來領先 3 球的曼聯被利物浦逼和 3：3。賽後費格遜和舒米高在更衣室裏大罵一場。「你的狀態愈來愈差了！」費格遜衝着舒米

高說。而舒米高則還擊「你也一樣！」因為這次衝突，費格遜本打算賣走舒米高，後來舒米高主動向費格遜和全隊道歉，事件總算平息。

不過，另一位駁嘴的球員就沒有那麼好彩。1994 年曼聯在歐聯小組賽作客巴塞羅那，結果被對手潰擊 0：4。面對攻擊力強勁的巴塞羅那，費格遜原來的部署，是要兩位防守中場恩斯和堅尼去防守對方兩名邊路球員巴格路（Bakero）和阿摩（Guillermo Amor），減低兩人的助攻威脅。不過恩斯的表現卻令費格遜擔心，因為他留意到，恩斯已經不再將自己視為防守中場而更希望參與進攻，因此多次走甩對方，結果半場就落後 0：2，中場休息時費格遜就馬上對恩斯開火，指摘他要為失球負上責任，還罵他是個無膽鬼。恩斯不服，兩人差點拳頭相向，要助教傑特調停兩人才沒有打起來。事件令費格遜埋下了要賣走恩斯的想法，結果到季後，曼聯將恩斯賣給國際米蘭。費格遜很清楚，領隊在更衣室的權威是不容挑戰的。

對着自己提拔成才的年輕球員，費格遜也毫不留情，就算是傑斯也不例外。1996 年 9 月 11 日的歐聯賽事，曼聯在主場對祖雲達斯輸 0：1，傑斯在這場失利中的表現差得不能再差，也許是他最糟糕的一個晚上。當費格遜在中場休息批評球隊的時候，傑斯居然駁嘴，費格遜絕不會容忍這種行為，他立即做出反應，直接把傑斯換下由麥佳亞代替。

汲取過教訓的傑斯，自此就改用另一種方式回應費格遜的「風筒」：「有一次在中場休息場我又被費格遜罵，然後我想，好！我就好好表現給你看！結果我下半場表現出色，費格遜就知道這個方法對我很有效。不過我就好後悔，因為費格遜以後都用這個方法對我。」

有一次隊長布魯士的太太珍妮（Janet）因為背傷被送到醫院接受手術，因此布魯士把電話帶入更衣室。中場休息時，費格遜因為球隊的表現而大開「風筒」。這時候有電話剛剛響起，大家你眼望我眼，才發現原來是布魯士的。費格遜怒不可遏，隨手就將布魯士的電話擲在地上。布魯士試着解釋太太有背傷（Have bad back），費格遜怒着回答：「我就有 4 個壞的後衞！」（I have 4 bad backs!）

即使你在球場上有貢獻但表現不好，你在中場休息時也逃不過費格遜的「風筒」。1998 年 11 月 21 日，曼聯作客錫周三半場落後 1：2，約基助攻高爾射入扳平 1：1 的一球，但中場休息時，該季才加盟的約基就首次感受到「風筒」的威力。費格遜對着他的臉大罵：「你控好個波好嗎？常常將控球權讓給對手，你今日的表現比平時差很多！」當時約基驚到不敢反駁，心想半場落後已經被罵成這樣子，真不敢想像如果連輸兩場比賽的話會被罵到什麼地步。

不過傑斯、沙柏和朗尼都認為，費格遜最厲害的地方就是沒有隔夜仇。就算賽後「風筒」全開，第二日在訓練場，費格遜就會當什麼事都無發生一樣，繼續觀看球員訓練，繼續鼓勵你做得更好。因為他知道球隊是要向前走的，他對球員開「風筒」只是迫使他們發揮最好的狀態做到自己的要求，這也向球員表達出他只是對事不對人，所以後來費格遜也有解釋他的「風筒」哲學，他認為發脾氣罵人本身並無問題，前提是發脾氣是有原因的，而出發點是為了球隊利益。

另類方式管教簡東拿

因此，費格遜喜歡開「風筒」，一方面是他的性格使然，另一方面也是他計算過的表現。其實費格遜在開動「風筒」之前，他是清楚那些

球員是受得來這套，那些球員就受不來的。曾經和費格遜共事超過 20 年的傑斯記得，費格遜從來沒有對 3 名球員開過「風筒」，分別是笠臣、堅尼和簡東拿。

話說在 1995 年作客水晶宮，曼聯被逼和 1：1，簡東拿被紅牌趕離場，更以功夫腳踢對方的球迷闖下大禍。賽後費格遜氣沖沖地走入更衣室，大力拍門連門鉸的螺絲都鬆脫，更衣室的中央有張枱，放了茶和三文治等，結果都飛到球員身上。然後費格遜就逐個球員招呼：「巴里斯達你會頂頭槌嗎？你會攔截嗎？恩斯，你今晚踢到像屎一樣。沙柏，我阿嬤都比你跑得快。明天早上 9 點我就要你們加操！」正當大家都在心想，費格遜會怎麼招呼闖下大禍的簡東拿時，費格遜只是輕輕的對他說：「孩子，你不可以這樣踢人的。」其實這不是費格遜特別對簡東拿偏心，而是他知道開「風筒」這方法對他是沒有用的。多年來，簡東拿從沒接受過「風筒」的招待，原來這亦是費格遜的管理哲學。對此費格遜曾經解釋：「簡東拿是個很神奇的人，需要不同的照顧，我每天會與他談論足球，以另一種方式教他。」

不過有位球員在更衣室被費格遜吹「風筒」後，卻得到費格遜的道歉。這位幸運兒是李奧費迪南。

事緣在 2012 年 10 月，曼聯在奧脫福迎戰史篤城。為了支持對抗種族歧視的組織「Kick it Out」，曼聯同意在賽前熱身穿上「One Game, One Community」的上衣；而費格遜在賽前記者會上亦宣布所有曼聯球員都會穿上這件上衣。

但由於李奧費迪南的弟弟安東（Anton Ferdinand）在較早前被泰利

（John Terry）種族歧視的事件中，「Kick it Out」並沒有站出來支持安東，所以李奧選擇不支持這個活動。正當曼聯球員齊齊整整出場熱身時，大家就發現只有費迪南沒有穿上這件上衣。

熱身完畢返回更衣室後，費格遜即時向李奧開「風筒」：「昨天我已經同傳媒講我的球員都會穿的，所以你一定要穿。你為什麼自作主張，你老幾啊！」

硬頸的李奧馬上駁嘴：「你又沒有問過我，又不是我叫你向傳媒講的！」

費格遜馬上以扣減他一周的薪金作為懲罰，然後要李奧周一再到辦公室去見他。

到周一，正當李奧想着如何向費格遜解釋的時候，費格遜反而向他說：「昨晚我和太太說過了，她問我『這個安排你事前有沒有問過李奧啊？』我說『沒有』，她又說：『那就是你不對啦。』」

費格遜再說：「通常我不承認錯誤的，但這次確實是我不對，我應該事前先問問你意見的。雖然我還是覺得你應該穿起這件上衣，但我尊重你的決定。我不會扣你薪金的。」

事件就這樣結束，費格遜雖然認低威向李奧道歉，但事件反而令李奧對他深深折服，對他的敬意又多加幾分。這就是恩威並重的費格遜。

管理球員，費格遜有他剛柔並重的一面，但對於控制更衣室，費格遜定下了一個鐵律：無論更衣室裏面發生什麼事情，任何人都不能對外宣之

於口。就算是費格遜自己也嚴格遵守這鐵律，無論球員表現得怎麼差都好，他都不會對記者或球迷批評自己的球員，最多是關上門開「風筒」。同時，球員就更加遵守這個鐵律。前英格蘭國腳門將占士（David James）就記得，當參加國家隊集訓的時候，會嘗試和曼聯球員例如李奧、朗尼、加利仔等聊天，占士會講出自己在球會遇到的事，領隊怎樣對自己等等，他以為通過這些對話，可以作個等價交換，讓他們也說出在曼聯遇到的事。不過令他驚訝的是，曼聯球員從不透露半句。即使大家一同坐幾小時的飛機和隊巴，曼聯內部的事都不會成為話題。這樣的表現在充滿是是非非的足球圈是很少見的，可見費格遜對球員的操控和令大家嚴格遵守訂立了的鐵律。

最後分享一個開「風筒」的故事，不過這次與足球無關，是有位年輕球員因為與費格遜的私人事務而被他以開「風筒」招呼，這位就是西班牙後衛碧基（Gerard Pique）。

話說在 2004 年，只有 17 歲的碧基加盟曼聯。由於年紀輕輕就來到曼徹斯特這個新地方生活，加上人生路不熟，所以費格遜就讓碧基租住在自己的一個物業以減少他適應上的煩惱。由於只得自己一個人住，碧基就想到養隻寵物陪伴自己，他有考慮過養狗，但覺得狗太大隻，所以就決定養一隻兔子。

不過出於兔子的天性，牠咬破了費格遜的名貴家具，包括多張椅子。

雖然在曼聯效力 4 年，不過礙於有當打的維迪和李奧在陣中，當時兩人的表現穩定加上甚少受傷，所以碧基上陣機會只是寥寥可數。因此 2008 歐聯決賽後碧基就向費格遜提出要轉會。費格遜考慮到當時已經

有伊雲斯（Jonny Evans）這名年輕中堅，所以就同意讓他離隊，結果碧基在 2008 年以 500 萬英鎊回到母會巴塞羅那。

不過碧基離開租住的物業後，費格遜就發現自己心愛的家具都被咬爛了。所以他就打電話給碧基，大開「風筒」破口大罵，碧基就形容好像火山爆發一般，還威脅要他賠償！

管理心法

像費格遜那樣破口大罵是一種管治風格，那樣可以豎立威信，但同時也要學他那樣因材施教，畢竟不是所有人都捱得罵。

H for
Horse Racing
賽馬

足球領隊首要的工作指標（KPI）當然是球隊的成績。跟普通的職業經理人不一樣，足球領隊一年裏，有 10 個月的時間需要每周交出成績表；打歐洲賽的強隊就更加要一個星期交兩次業績；而這份業績報告，不只是老闆可以看得到，所有持份者包括球迷、競爭對手、球員的經理人等都可以看得到。即使球隊的表現一直一帆風順，但只要兩周內連續輸掉三四場比賽，領隊的壓力就隨之而來。

同時間，球隊短時間的成績可以被多種因素所影響，例如球員的傷病、賽程、球證一個錯誤的決定等，而這些因素並不是領隊可以完全控制的，只能盡力減輕其影響，但卻要承受所有的結果，所以不難理解，足球領隊是世界上最慘烈的職業之一；第一他們的平均任期只有一年四個月；第二，大概 55% 新入行的領隊在失敗了第一次之後是沒有第二次執教機會的。一張紅牌、一個烏龍球可以完結了一個領隊的職業生涯，領隊的壓力之大可想而知，強如哥迪奧拿（Pep Guardiola）在帶領巴塞羅那 4 年奪得 14 個錦標之後，也需要休息一年來調整。因此，怎樣面對和處理壓力是領隊需要學習的重要一課。

費格遜出名是個工作狂，39 年的領隊生涯中一直沒間斷的工作，執教

曼聯 26 年多的時間裏，差不多每天工作 13 至 14 小時，交出帶領曼聯 1500 場比賽的成績表。這 39 年他又是怎樣與工作壓力一同生活呢？

首先，費格遜對工作壓力是有深刻的了解。他的蘇格蘭同鄉史甸在 1985 年的世界盃外圍賽中戰死沙場的畫面一直印在費格遜的腦海裏面，而太太嘉芙也一直提醒他這種工作狀態只會害死自己。因此他需要培養自己的興趣，廣為人知的包括紅酒和高爾夫球，當然還有賽馬。

費格遜喜歡賽馬是受到父親的影響，小時候他就要幫父親到非法投注站買馬，久而久之他自己也對賭馬產生興趣，成為球員和領隊之後也有賭馬。

隨着自己在曼聯開始名成利就，費格遜就慢慢培養出養馬的興趣。他第一次當馬主是在 1996 年的春天。他的第一隻馬以他父親有份建造的船隻「昆士蘭之星」（Queensland Star）命名，這匹馬在 1998 年開始出賽。

雖然嘉芙支持費格遜培養嗜好去排解工作的壓力，不過有一次費格遜買了一隻馬而沒有告訴嘉芙，而當她在報章上見到這個消息，就對費格遜大發雷霆：「你要我們破產嗎？」費格遜只好將那隻馬以嘉芙命名以消她的怒氣。

説到馬名，費格遜曾經為一匹馬改名做「風筒」（Hairdryer），以紀念他在更衣室的風格。

因賽馬養馬而興訟

雖然費格遜希望通過賽馬和養馬去抒發壓力，但有一次賽馬也給他帶來麻煩，甚至要去到對簿公堂的地步。這是 2002 年因馬匹的擁有權而要和曼聯股東打官司的事件。

在格拉沙家族入主曼聯之前，曼聯的股權相對分散。2002 年的時候，大股東是 Cubic Expression 集團，由兩位愛爾蘭人麥尼亞（John Magnier）和麥馬尼斯（JP McManus）主持，兩人也是著名的養馬人。而兩位當時與費格遜的關係不錯，因此在 2002 年的時候，口頭答應費格遜將一匹兩歲馬「直布羅山」（Rock of Gibraltar）一半的擁有權送給他。

這兩位馬主沒想到，作出了這個口頭承諾之後，「直布羅山」愈戰愈勇，一連贏得 7 場在愛爾蘭、英國和法國的一級賽事，贏得 120 萬英鎊的獎金。後來在輸掉了一場賽事之後，「直布羅山」就退役專心配種。據 2002 年 11 月的估計，「直布羅山」從事配種工作，可以為馬主在未來 10 年帶來 5000 萬英鎊的收入。

如果得到一半的權益，費格遜就可以從「直布羅山」得到 2500 萬英鎊的收益。雖然費格遜的名字沒有登記在「直布羅山」的馬主名冊之內，但費格遜覺得，他是得到麥尼亞和麥馬尼斯的口頭承諾而獲得那匹馬的擁有權；另外，費格遜亦相信，自己的名氣是有助提高「直布羅山」的價值。

費格遜最後在 2003 年底正式入稟愛爾蘭法院，向麥尼亞和麥馬尼斯申索 1.1 億英鎊。當時 Cubic Expression 已經收購了曼聯 16.7% 的股

份，到 2004 年 2 月更增持至 28.39%，成為當時曼聯的最大股東。為了還擊費格遜，麥尼亞和麥馬尼斯通過律師對曼聯的日常運作，包括球員收購和其他支出等提出很多疑問，這影響到費格遜和曼聯的續約談判。

最後雙方達成庭外和解協議，費格遜得到 250 萬英鎊的賠償。官司雖然和解收場，但卻對曼聯和費格遜帶來 3 個影響。

第一，事件影響到費格遜和球員在球場上的專注和表現。2003/2004 球季的曼聯在聯賽只能得到季軍，是曼聯自 1992 年最差的成績，費格遜眼白白看着摩連奴（Jose Mourinho）第一年帶領車路士就奪得聯賽冠軍；當屆曼聯只得到足總盃冠軍。

第二，因為麥尼亞和麥馬尼斯要求翻出曼聯的支出舊賬，讓 BBC 有機可乘，在 2004 年 5 月製作了一個節目 Father & Son，透露了費格遜的二子積遜如何透過父親在球會的影響力，參與史譚和泰比的轉會，為旗下的經理人公司謀取利益。節目播出後，費格遜就從此杯葛 BBC 長達 7 年之久，拒絕他們任何訪問。

最後但也是影響最深遠的，是球隊的股權分配。當時曼聯的總裁基爾可能是出於維護費格遜的原因，靜悄悄地鼓勵其他股東增持曼聯的股份。因此造就了格拉沙（Malcolm Glazer）慢慢收購麥尼亞和麥馬尼斯的股份。最後他出價共 2.3 億英鎊得到兩位所有的股份，讓他們得到 8000 萬英鎊的利潤，亦為自己在 2005 年收購到曼聯 75% 的股份打下基礎。

這場官司，確實是費格遜在曼聯的一個污點，因為自己的利益而影響

到球隊的聲譽和成績，但也體現出費格遜好勝不怕權威的一面。為了維護自己的權益，他一定會爭取到底，就算是對股東都無情講。即使只是嗜好，費格遜也同樣認真對待。

管理心法

工作壓力巨大，因此必須培養一些興趣去紓緩重壓。

I for

Iron Fist
鐵腕

費格遜管理球會的哲學之一，就是「沒有球員可以大過球會」，因為他深信，如果讓球員覺得自己比球會和領隊都大的話，球員就會失控，這間球會就只有死路一條。費格遜在 39 年的領隊生涯一直身體力行這個道理。不論你是隊長、神射手或首席球星，只要你越過這條底線，他有足夠膽識做任何決定。

「Iron Fist 鐵腕」這一章，讓我們來重溫費格遜如何用鐵腕政策，處理4 名球星越過他底線的主力球員，包括恩斯、碧咸、堅尼和雲尼斯特萊。從中我們可以看到，為了球會的利益，費格遜是可以如何鐵石心腸的。

恩斯（Paul Ince）

第一個要數的，就是在 1995 年清洗恩斯。當時恩斯是曼聯的中場主將，以主力身份為球隊奪得 1994 年雙冠王。恩斯也是英格蘭國腳，並且是英格蘭歷史上第一位黑人擔任國家隊隊長。

1989 年恩斯從韋斯咸加盟曼聯，雖然司職中場，但因為他的防守能力，加盟曼聯初期也試過擔任後衞，例如在 1990 年足總盃決賽對水晶宮的兩場賽事，他都以右後衞登場。隨着笠臣的漸漸引退和韋伯的

離隊，恩斯開始站穩曼聯中場一席位，漸漸恩斯發掘了自己的進攻潛質，並開始以進攻中場自居，忽略了自己作為一個中場要兼顧的防守工作；但費格遜卻認為，恩斯的強項在防守，他對自己的能力認知有落差。

除了場上的角色，恩斯也開始覺得自己是球隊的領袖，隨着神奇隊長笠臣慢慢淡出主力，費格遜就提升恩斯為副隊長。由於另一名隊長布魯士養傷的時間漸漸增多，恩斯就有更多的機會擔任隊長。慢慢地恩斯就覺得自己是更衣室的領袖，有時候更會在更衣室説：「不要再叫我恩斯，叫我『總督』（Governor）。」他的車牌也改以 GUV 開頭的號碼。

亦因為此，費格遜和恩斯之間開始產生矛盾。其中第一個爆發點，就要先回帶到 1993 年 4 月，曼聯與阿士東維拉和諾域治在聯賽鬥到白熱化階段，因此聯賽第 36 輪作客諾域治一仗便是決定冠軍誰屬的關鍵賽事。上半場曼聯控制大局，短短 21 分鐘就以 3：0 領先對手。下半場諾域治由曼聯舊將羅賓斯（Mark Robins）追回一球，臨完場前曼聯繼續以 3：1 領先對手。92 分鐘恩斯在中場盤球，眼看沒有隊友走位，就自己連續扭過兩名對手，之後卻遭對手截去皮球打反擊，差點被追回一球。

雖然曼聯順利贏得聯賽 3 分，鞏固聯賽的領先地位，但回到更衣室，費格遜仍對恩斯大罵：「臨完場前你在幹什麼？你以為自己是比利還是馬勒當拿？」恩斯不服氣：「我們不是贏了嗎？」正當恩斯想繼續自辯時，費格遜就挨近恩斯在他面前開「風筒」，每次恩斯想開口，費格遜的口水就掉進他的口腔裏，所以恩斯只能閉口；結果要由助教傑特居中調停，才避免進一步衝突。

因為這次衝突，費格遜和恩斯兩人有 5 天未有直接對話。後來在一課操練中，曼聯有小組對賽，當雙方打成 9：9 的時候，恩斯以倒掛金勾射入第 10 球，理應取勝，但擔任球證的費格遜卻判對方勝出。恩斯不發一言離開球場，費格遜就對他說：「這裏只有一個『總督』，就是我！」這時開始雙方的關係就出現裂痕。

這裂痕沒有隨着時間而淡化，更因為一場歐聯的失利而惡化。1994 年歐聯分組賽，曼聯作客魯營球場對巴塞隆那，結果被對手打個落花流水慘敗 0：4。原本費格遜意識到，曼聯和巴塞羅那的實力有距離，對手的前鋒羅馬里奧（Romario）和史岱哲哥夫（Hristo Stoichkov）是危險人物，因此費格遜的戰術，是要兩名防守中場恩斯和堅尼去防守對方兩名邊路球員巴格路和阿摩，減輕兩人助攻的威脅。不過，恩斯的表現卻令費格遜擔心，因為他留意到，恩斯已經不再將自己視為防守中場而是進攻中場，因此多次走甩對方，結果半場曼聯就落後 0：2。中場休息時，費格遜就馬上對恩斯開火，指摘他要為失球負上責任，還罵他是個無膽鬼。恩斯不服，兩人差點拳頭相向，又要助教傑特隔開兩人才沒有打起來。不過曼聯下半場的表現並無改善，最後敗走魯營。

即使大敗一場，但曼聯晉級還未絕望，只要之後的分組賽作客瑞典哥登堡時打和便可出線，可是曼聯功敗垂成，在下半場中段以 1：3 落後，正當曼聯奮起力追時，恩斯卻在 83 分鐘羞辱球證而被趕出場，追平的希望就此幻滅，更將出線主動權讓給對手。最終曼聯在分組賽出局，未能晉級 8 強。費格遜對恩斯的戰術紀律敲起了警號。

再經過半季的觀察，費格遜覺得恩斯的心態和表現已經超出自己可以

忍受的程度。到 1995 年足總盃決賽前夕，費格遜參與董事會會議，正式提出要出售恩斯。

到足總盃決賽對愛華頓的比賽，可能證實了費格遜的觀點是正確的。上半場恩斯在對方禁區頂傳球失誤，被屈臣（Dave Watson）截得來球，傳給林柏（Anders Limpar）打反擊，曼聯就因為恩斯突前，後場留給對手大片空間，最後愛華頓由列度奧（Paul Rideout）頂入奠定勝利的一球，曼聯以 0：1 飲恨，成為聯賽足總盃雙亞軍。這失球證明了恩斯忽略球隊賽前的部署而衝得太前，給對手一個打反擊的機會。

後來曼聯收到國際米蘭 600 萬英鎊的報價，就允許對方和恩斯斟談個人條件。其實費格遜從訓練場的接待員口中得知，恩斯早就與意大利球隊眉來眼去，有很多用意大利話的電話打來找恩斯，所以他知道恩斯一早為轉會意大利做準備。但由於恩斯刻意塑造是被曼聯趕出球隊的印象，曼聯球迷對於球隊要出售恩斯感到憤怒。主席愛華士也感受到球迷這種怒氣，加上助教傑特反對出售恩斯，所以愛華士就致電當時在美國休假的費格遜，請他再三考慮這個決定。不過費格遜並未因此改變自己的決定。雖然當時球隊上下沒有人理解出售恩斯這決定，但費格遜一意孤行，因為每當他覺得自己失去對球隊的控制時，他就會鐵起心腸，以鐵腕手段去執行他的決定。

碧咸（David Beckham）

第二個是碧咸。當時「萬人迷」碧咸是英格蘭國家隊隊長，也是曼聯的首席球星。在討論兩師徒是如何決裂之前，值得細說一下這個伯樂遇上千里馬的故事。

受到父母親的影響，碧咸自小已是曼聯的球迷。他的全名 David Robert Joseph Beckham 中有 Robert，就是因為碧咸爸爸視卜比查爾頓為偶像（因為 Robert 被簡稱為 Bobby 或者 Bob）。碧咸 11 歲參加卜比查爾頓足球學校的比賽贏得冠軍，得以飛到巴塞羅那參加集訓，期間還認識了巴塞羅那的領隊雲拿保斯。當時卜比查爾頓就叫曼聯的球探要好好留意這名少年，所以碧咸的名字很快就傳到費格遜的耳中，他要想辦法把他招攬到曼聯陣中。

每逢曼聯作客倫敦入住 West Lodge Park Hotel 時，費格遜都會邀請碧咸到酒店和球員見面。而在 1987 年 10 月曼聯作客韋斯咸的比賽中，費格遜邀請碧咸做曼聯的幸運球僮和球員一同出場，他更有機會和笠臣和史特根一同熱身，據說他特別欣賞史特根的髮型並模仿之，比賽前碧咸還特意送了一瓶定型啫喱給他。

為感謝費格遜對兒子的照顧，碧咸媽媽買了一支墨水筆，交給碧咸送給他。費格遜收到這份禮物就第一時間對碧咸說：「我會用這支筆簽下你！」

後來球探費基安（Malcolm Fidgeon）向碧咸父母提出要把他從倫敦帶到奧脫福，不過父母以希望碧咸先完成學業為由而拒絕。

其實當時熱刺也有意簽下碧咸，而熱刺對碧咸來說也甚有吸引力。首先，碧咸的爺爺是熱刺球迷，而自己家在倫敦，加盟熱刺訓練很方便，也可以邀請家人到白鹿徑球場觀看比賽。另外，碧咸早前到巴塞羅那訓練時，跟後來成為熱刺領隊的雲拿保斯有一面之緣，當時也獲雲拿保斯盛讚，所以碧咸認為雲拿保斯可能會對自己有印象，有助自己的

發展，因此同時間他也在認真考慮熱刺的邀請。

可是，到白鹿徑見雲拿保斯時，情況並未如碧咸所料。雲拿保斯見到碧咸就問助手：「對這位少年，你有什麼看法？」碧咸深感失望，原來雲拿保斯對自己並無印象，但熱刺仍然為他提出一份 6 年的合約。雖然年紀輕輕，但心水清的碧咸已經在心中盤算，到自己 18 歲的時候應該夠錢買一輛保時捷跑車。

曼聯得知這個消息後，費格遜決定親自出馬，在 1989 年 5 月 2 日碧咸 14 歲生日那天，邀請他到奧脫福觀看曼聯對溫布頓的賽事，賽前還邀請他和球員一同食午飯，碧咸還記得自己點了份牛扒。賽後，費格遜安排費基安和青訓主管一起接見碧咸父子，費格遜更送上一條球會的領呔給他作為禮物，更重要的是為他提供一份 6 年的合約。結果，碧咸和爸爸就馬上決定加盟曼聯，之後更戴上那條曼聯領呔去簽約，而費格遜也沒有食言，用碧咸媽媽送的那支筆和碧咸簽下一份學徒球員合約。那一天，費格遜不但帶領曼聯以 1：0 擊敗溫布頓，還為球隊發掘了一位明日之星。

跟其他「92 班」的球員不一樣，碧咸來自倫敦，因此簽約加盟曼聯成為學徒球員之後，年紀輕輕就要離鄉別井，一個人到曼徹斯特生活，所以他與費格遜有恍如父子的情誼。

碧咸一直努力訓練，視為曼聯上陣為最大目標，為了這目標他一直堅持苦練，這是費格遜很欣賞他的地方。結果 1992 年費格遜就給予碧咸首次上陣的機會，在聯賽盃對白禮頓的賽事中入替簡察斯基。4 個月後，碧咸和曼聯簽訂了第一份職業球員合約。當簡東拿退休後，費

格遜更把 7 號球衣交給碧咸，以示對他的重視。不過，情況在碧咸和維多利亞結婚後就變得不一樣。

兩人在 1999 年曼聯奪得三冠王之後的暑假結婚，由於安排了度蜜月的行程，所以希望延長休假時間，可以遲兩天才歸隊。不過這個要求並不是碧咸直接向費格遜提出，而是由他的經理人史提芬斯（Tony Stephens）向主席愛華士提出；這時候費格遜開始感覺到，碧咸有點越權的意味。

碧咸結婚後跟太太居住在距離曼徹斯特 160 里的赫福郡（Hertfordshire），令他每天要開車二三小時來到訓練場，大大影響休息時間。

碧咸和費格遜關係轉壞的觸發點，發生在 2000 年 2 月，碧咸稱兒子生病而要晚一點出席訓練，但前一晚維多利亞被拍攝到在一個派對裏狂歡，因此費格遜知道，維多利亞並沒有照顧兒子，使碧咸要留在倫敦。要知道費格遜最不能接受的就是偷懶缺勤，結果當碧咸到達訓練場時，費格遜就直接把他趕走，罰了他兩個星期共 5 萬英鎊的工資，之後更將他排除出作客對列斯聯的大軍名單。

後來加利尼維利協助調停，找來助教麥卡倫一起商討。最後碧咸先把一些承諾寫在白紙上，包括比賽前 3 日不會到倫敦。最後在麥卡倫安排下，碧咸把這份承諾書交給費格遜，兩人握手言和，危機暫時化解。

除了這次缺勤之外，費格遜也留意到碧咸對自己的形象愈來愈重視。2000 年 3 月作客李斯特城之前的一日下午 3 點，費格遜發現有很多

記者在訓練場守候。費格遜覺得奇怪，一問之下知道碧咸剪了個新髮型，準備在明天比賽中發布。之後費格遜留意到碧咸一直帶着冷帽，就算在晚飯時也一直帶着，雖然費格遜多次要求碧咸除下，但他沒有服從，因為他知道費格遜不可以因為帶帽而懲罰他。

第二日比賽前的熱身，碧咸仍然帶着冷帽，這時費格遜怒不可遏警告碧咸，如果不把冷帽除下，他就會被排除出大軍名單。結果碧咸除下冷帽展現一個新髮型：Skinhead！原來碧咸的計劃，是希望在比賽開始前才脫下冷帽，讓全世界的目光都可以集中在自己身上。這時刻費格遜留意到，傳媒和公眾形象開始蠶食碧咸。

最後二人破裂的導火線是 2003 年 2 月曼聯於足總盃主場以 0：2 不敵阿仙奴出局。費格遜認為碧咸需要為第二個失球負責，因為他未有及時回防，但碧咸並不認同費格遜的批評，結果引發了「飛 boot 門」事件，很快傳媒就將事件的細節揭露出來。

第二日，費格遜叫碧咸開會，一同重溫比賽的錄影帶，但碧咸還是不認為自己犯了錯，對費格遜的質問只是保持沉默，不發一言。

從這件事中費格遜知道兩件事。第一，碧咸覺得自己已經是球星，因此不用每次都回防，球場上的工作效率開始下降，失去了昔日賴以成名的勤奮。球場外，費格遜有條鐵律：無論更衣室發生什麼事，職球員都不能向外透露半句。費格遜認為，傳媒知道這件事的細節，是維多利亞的經理人公司告訴傳媒的。因此費格遜知道，碧咸是自己管理的球員中唯一希望出名的人，他的目標就是成名，而且不只限於足球界。其實碧咸的想法並沒有錯，每個人都有權為自己做選擇，但費格

遜的重心肯定在足球上。兩師徒對足球事業的理解已經南轅北轍，費格遜不想曼聯變成碧咸的一人球隊。

費格遜很清楚不能失去對更衣室的控制，不能讓球員覺得自己比領隊更重要。因此「飛 boot 門」之後，費格遜就知道是時候和碧咸分道揚鑣了。過幾日費格遜就向董事會表明：碧咸需要離開了。結果曼聯在夏天把碧咸送到皇家馬德里，結束兩師徒在曼聯的關係。

堅尼（Roy Keane）

第三個是在 2005 年把隊長堅尼驅逐離隊。

1993 年費格遜以破當時轉會費紀錄 375 萬英鎊從諾定咸森林收購堅尼，以他作為隊長笠臣的接班人。當堅尼在曼聯站穩正選之後，費格遜就先讓隊長笠臣離隊加盟米杜士堡，然後讓自己的兒子達倫費格遜轉會狼隊。

12 年多的紅魔生涯，堅尼一直為曼聯建功立業，包括 1999 年的三冠王。當簡東拿在 1997 年退休，費格遜就委任堅尼為隊長，直到 2005 年離開球隊，一共有 8 年半的時間，他是費格遜在曼聯任內擔任隊長時間最久的一位。不過，當初費格遜這個決定，也讓隊中另一名大哥舒米高不服，他認為自己比堅尼更適合擔任曼聯隊長；但費格遜認為，堅尼的性格最像自己，對勝利有同樣的執着，他覺得堅尼就是自己在球場上的化身，他相信堅尼可以把自己的信念帶上球場，所以對他委以重任。

結果堅尼和舒米高在 1997 年球季擔任曼聯的正副隊長，也成為後簡

東拿年代費格遜建立第二個曼聯王朝的功臣。但這兩位性格巨星卻是面和心不和，堅尼承認，自己和舒米高之間的關係一直處於緊張狀態，他覺得舒米高常常不安於位，喜歡跳出禁區管理後防線外的事。兩者的緊張關係，終在香港爆發了。

當時是 1997 年的季前亞洲之旅，曼聯在香港和南華進行一場表演賽，結果曼聯憑祖迪告魯夫（Jordi Cruyff）射入唯一一球以 1：0 取勝。

賽後，堅尼和畢特出去飲兩杯，大約凌晨 2 點回到酒店時，在酒店大堂遇到舒米高，當時受到酒精的影響，兩位大哥開始互相取笑，卻變成口角。後來堅尼回到畢特的房間消夜，以為事件就這樣不了了之。

想不到舒米高在酒店房外等堅尼，一句「我受夠你啦」就令事件變得一發不可收拾。兩位開始動手，堅尼甚至用頭去撞舒米高，衝突維持了約十分鐘，當年剛剛出道的畢特充當和事老去勸交但不果。舒米高被撞到眼睛瘀黑，第二日要帶着太陽眼鏡離開酒店去機場；而堅尼的手指亦搞到彎曲起來。

兩位大哥在酒店衝突，嘈醒了同層的卜比查爾頓，搞到老人家要走出房間看看發生什麼事；事件就這樣傳到費格遜的耳中。

回到英國之後，費格遜就召兩位到辦公室。想不到舒米高第一句就先道歉，承認是自己去到畢特的酒店房才搞出這事件，然後費格遜就叫兩位滾出房間，事件總算告一段落。

除了這次隊內衝突，費格遜在場外也一直維護堅尼。2002 年日韓世界

盃，由於堅尼對愛爾蘭國家隊領隊麥卡菲（Mick McCarthy）的準備不滿，有一次當球隊在塞班島展開訓練，當球員們已經準備就緒時，卻發現訓練服和皮球還未到達訓練場，隊長堅尼終於按捺不住，在大軍面前數落麥卡菲達 8 分鐘之久。結果堅尼被趕出大軍名單，緣盡這屆世界盃。

對於愛將在遠東的遭遇，費格遜當然深表同情，同時要求所有有份參與世界盃的曼聯球員對這件事封口，不能向傳媒表達任何意見以保護自己的隊長；同時要讓堅尼感覺到，曼聯球員會一直支持他。對於費格遜對自己種種的禮遇，堅尼也投桃報李向外界回應：「費格遜是我在足球界唯一會聽從的人。」

當堅尼第一本自傳在 2002 年出版，承認自己在 2001 年是蓄意踢傷曼城的夏蘭特，一切都是按計劃進行，以報復他在 1997 年效力列斯聯時，在自己傷及膝蓋韌帶後還取笑他扮傷的行為。

自傳出版後引起軒然大波，足總在考慮是否要對堅尼採取行動。這時費格遜仍然挺身而出為愛將辯護。「堅尼自傳的內容是經過曼聯審批的。這是一本很精采的著作，因為說的都是事實，這也是堅尼的性格特色。」即使得到費格遜為自己求情，最終堅尼被足總判罰 15 萬英鎊和停賽 5 場。

本來兩人相遇相知，卻因為堅尼的身體狀況而有所改變。費格遜觀察到，當時年過 30 歲的堅尼在進行過臀部和膝蓋手術後，已經不是昔日可以滿場飛同時兼顧進攻和防守的全能中場，因此教練團開始研究調整堅尼在戰術上的位置，讓他專注在中場中的位置去控制比賽節奏。不過要性格好勝和自尊心強的堅尼接受能力下降的事實是一件難事，

他在球隊也變得愈來愈難相處。

最終兩位性格相近的人，因為2005年11月一個電視訪問而分道揚鑣，究竟事情的發生經過是怎樣的？

2005年11月，曼聯作客以1：4慘負米杜士堡，當時堅尼正在養傷，因此有時間為球隊官方電視台去評論這場比賽。一向快人快語的堅尼毫無保留地批評曼聯的表現，包括點名指摘自己的隊友；尖銳的批評令曼聯要把節目收起。

過了兩天，當球員回到訓練場時，費格遜把堅尼叫到自己的辦公室，問他會不會道歉？

堅尼直接回答：「我有什麼需要道歉？我覺得哪個訪問沒有問題。」然後費格遜叫所有球員到他的辦公室，一起重溫那個訪問。看過訪問後，堅尼問球員：「大家覺得有問題嗎？」球員們都搖搖頭。

不過費格遜卻說：「這訪問是一個恥辱！」堅尼回駁：「不是啊，大家都覺得無問題。」

這時候，門將雲達沙（Edwin van der Sar）發言：「Roy，我覺得你在訪問中語調可以好一點。」

「Edwin，為什麼你不收口？你來了曼聯才兩分鐘。可能你接受訪問的次數比我在曼聯12年裏都多，不過這是曼聯的官方電台，我必須這樣說。」被堅尼噴完雲達沙也只好收口。

這是到站在堅尼旁邊的基洛斯開口:「你這樣做是對隊友不忠!」

對着助教,堅尼也一樣嘴硬:「你跟我談不忠?你來了曼聯一年後就離開去執教皇家馬德里,你憑什麼跟我談不忠?我有機會加盟祖雲達斯或拜仁慕尼黑,但我選擇留在曼聯,你不用懷疑我對隊友的忠誠!我們剛剛才討論如何改善訓練。」

這時費格遜插嘴:「夠了!」而堅尼也轉向費格遜開火。

「老頭,你也需要付出更多!我們不想再參與賽馬了!」堅尼透露,原來幾年前費格遜邀請球員跟他合資買馬,這件事一直讓堅尼不快。

費格遜再也忍不住了:「夠了,你同我收口!」

「我也夠了,我現在出去訓練了!」

之後球員議論紛紛,史高斯和蘇斯克查不想在堅尼背後討論這件事也離開會議室。蘇斯克查後來告訴堅尼,基洛斯要他第二天因為私自離開會議室向費格遜道歉,不然球隊就會和他解約。

然後到周五的早上,堅尼和律師一同會見 CEO 基爾和費格遜,費格遜先開口:「Roy,我們的關係要結束了。」堅尼輕鬆的回答:「好的,我同意你。」兩位剛烈人物的分手就是這麼淡然。

然後基爾要堅尼簽一份聲明,之後堅尼就先走出會議室交由律師處理,自己就開車離開訓練場。面對費格遜對自己用無情的鐵腕手法驅

逐離隊，堅尼也要把車停在一旁讓自己哭了幾分鐘。想不到一向硬朗的堅尼也有落淚的時刻，這時刻也代表他正式離開效力 12 年半的曼聯。

雲尼斯特萊（Ruud van Nistelrooy）
第四個，是 2006 年清洗神射手雲尼斯特萊。

費格遜和雲尼斯特萊的合作，始於一個童話般的開始。2000 年曼聯在歐聯被皇家馬德里淘汰而衞冕失敗後，費格遜決心要改造球隊，其中一個想法就是收購荷蘭前鋒雲尼斯特萊加強進攻的選擇。本來曼聯和 PSV 燕豪芬已經在轉會上達成協議，但因為當時「雲佬」未能通過體檢而被迫留在 PSV 操練，其他更在一次訓練中弄傷膝蓋韌帶要休養一年，轉會曼聯一事就要押後。這次膝傷讓雲佬擔心自己的足球生涯就此完結，自己加盟曼聯的夢想會否幻滅。

雖然雲佬能否轉會曼聯還是個未知數，但當費格遜知到他受傷之後，冒着被控訴私下接觸其他球隊球員的風險，馬上飛到荷蘭探望雲佬，鼓勵他有好多世界級球員，包括馬圖斯（Lothar Matthaus）和堅尼等，都是受過膝傷之後復元，並能回復昔日水準的好例子。費格遜承諾，只要雲佬康復，曼聯隨時歡迎他來到卡靈頓訓練中心訓練。回到曼徹斯特之後，費格遜也一直發短信鼓勵他。

費格遜沒有食言，當雲尼斯特萊康復之後，曼聯再次向 PSV 提出收購，結果費格遜得償所願購得心頭好。而雲佬亦沒有令費格遜失望，在得到傑斯和碧咸源源不絕的供應下，第一季就射入 36 球成為球隊神射手；第二季更上一層樓，射入 44 球為曼聯重奪聯賽冠軍，這是丹尼士羅

（Denis Law）以來最佳的入球紀錄。雲佬以出色的表現回報費格遜的信任和關心，一切都像童話般的發展，直到 2003 年 C 朗拿度的來臨。

原本曼聯的打法是以兩翼向前鋒提供彈藥，所以雲尼斯特萊理所當然成為進攻的終結者，而這正是雲佬所想所要的。他對自己能否入球，是否能夠成為神射手都是極度重視的。李奧費迪南説過，雲佬在每次比賽後，回到更衣室的第一件事就是要知道阿仙奴的亨利有否入球，是否影響自己奪得神射手的機會。

雖然 C 朗拿度和碧咸一樣，穿起 7 號球衣擔任右中場的位置，但他更喜歡賣弄自己的腳法盤扭而沒有在第一時間傳中，也喜歡內切自己射門。雲尼斯特萊就成為新打法的受害者，加上曼聯在轉型和自己受傷，雲佬之後三季分別只射入 30、16 和 24 球，漸漸產生對曼聯的不滿。

費格遜與雲尼斯特萊的爆發，始於 2005 年足總盃決賽前夕。就在對阿仙奴決賽前的星期三，雲佬的經理人連斯（Rodger Linse）通知總裁基爾，自己的客戶想轉會，原因是覺得球會的野心不足，沒有足夠實力挑戰歐聯。基爾就回覆，現在不是談論轉會的最佳時間，因為球隊還有一場重要的比賽要應付，球員應該先專注足總盃決賽。

結果曼聯在互射 12 碼不敵阿仙奴，和足總盃擦身而過。雲尼斯特萊並沒有表現出應有水準。基爾亦要着手處理這事情，他邀請雲佬及經理人跟費格遜和自己開會。原來雲尼斯特萊在効力曼聯第二個球季後，和球會商談新的合同，他堅持要加上一個條款：如果皇家馬德里提出以一定轉會費收購自己的時候，曼聯就必須放人。最後，基爾和費格遜接受 3500 萬英鎊的轉會費加入在合同中。

其實當時雲尼斯特萊已經和皇家馬德里眉來眼去，但因為皇馬不願意支付這 3500 萬英鎊的轉會費，導致雲佬要逼宮離隊，所以會上他直言，他不能等待 C 朗拿度和朗尼成長。最後球會承諾會收購球員增加實力，雲佬自知逼宮不成，也只能勉強留隊。

的確，曼聯在之後一個球季分別簽入雲達沙、朴智星、維迪和艾夫拿等主力球員準備挑戰各項錦標。不過雲尼斯特萊並沒有專心踢球，場外和 C 朗拿度、加利仔和比利安（David Bellion）分別有拗撬。

導火線在 2006 年對韋根的聯賽盃決賽。由於費格遜一直在這項賽事以沙夏（Louis Saha）任箭頭，因此決定在決賽繼續起用他，並親自向雲尼斯特萊解釋。賽事中，由於曼聯早早取得大比數領先，因此費格遜覺得是時候給予新加盟的維迪和艾夫拿上陣時間，感受冠軍氣氛，同樣他也親自向雲佬解釋，但他還未說完，雲佬就逕自走向更衣室。助教基洛斯上前警告他不能這樣無禮對待領隊，兩人因此在走廊發生口角。這一刻費格遜知道，雲尼斯特萊已經不在自己的計劃中。

壓到駱駝最後的一根稻草，就是聯賽最後一輪對查爾頓前的訓練，雲尼斯特萊與 C 朗拿度爆發衝突，並叫他去找「爸爸」，其實雲佬的意思是指同屬葡萄牙籍的助教基洛斯。但當季 C 朗拿度的父親剛剛過身，對雲佬的說話格外敏感。最後費格遜把雲尼斯特萊趕出訓練場，並把他排除在聯賽的大軍中。這時候，無論雲尼斯特萊之前為曼聯射入多少球，他在曼聯的時間已經在倒數。不久，曼聯就把雲尼斯特萊轉會到皇家馬德里。

後來，在 2010 年 1 月的一個晚上，費格遜剛剛回到家中的時候收到

一個電話短信：「我不知道你會否記得我，但我想跟你通電話。」費格遜知道他就是雲尼斯特萊，但他不知道他的用意。當他告訴太太，嘉芙就說：「他是否想回來曼聯？」之後費格遜請雲尼斯特萊打給他。原來雲佬是想向他就自己在曼聯最後一年的行為道歉，兩人的恩恩怨怨也就此化解。

費格遜最終還是搞不懂為什麼雲尼斯特萊要向他道歉，但他還是很欣賞雲佬這份勇氣。

管理心法

費格遜深信「沒有球員可以大過球會」，同樣，沒有員工可以大過公司，若有員工恃功生驕，便必須及早處理。

J for
Journalists
記者

球 場上，有球員、球證、領隊、教練、軍醫等人在球賽 90 分鐘裏面互動，在不同方面影響着比賽的進行和結果；而球場外，記者可以通過他的筆、相機和平台去影響以上人士，從而間接地影響着賽果。

上世紀九十年代開始，英超盛世跟全球性的電視廣播有密不可分的關係。當全球的目光都注視着英超的時候，傳媒對球員和領隊的一舉一動都格外關注，因此處理傳媒的工作就變得愈來愈重要。一位英超的領隊已經不是管理球員打好比賽那麼簡單，媒體處理得好可以幫你打擊對手、保護自己的球員，相反就會變成球隊和球員的負累，影響場上的表現。費格遜當然知道這個道理，因此他會想方設法去通過記者影響他人，而自己又不受記者的影響。

對於費格遜應付傳媒的手法，和他共事 11 年的李奧費迪南就有深入的觀察，知道他總是能夠想辦法讓球員擺脫壓力，一方面主動利用媒體引起爭論，另一方面在其他人身上找到可以爭論的話題。

費格遜第一個如何處理傳媒的寶貴建議，是從一位叫杜赫迪的記者中

獲得的，令費格遜學會了應對記者之道。杜赫迪的建議就是：每次賽後的記者會，不論輸贏都先不用急着進入記者室，相反給自己 30 分鐘的時間，擦一擦臉等自己看起來紅潤一點，精神一點而沒有一點緊張，然後目無表情地走入記者室，不要流露任何情緒。因為那些記者都在等待機會謀殺你，日復一日，周而復始，他們都在靜待你崩潰的一刻。因此到退休的一天，費格遜都在運用他的建議去出席記者會。

費格遜知道，記者對於足球場上發生的事情其實沒有什麼興趣，無論球賽誰勝誰負，他們只是對賽後領隊的評論更感興趣。費格遜因此也感到很失望，因為他會更有興趣去談論球賽的細節。

記者除了對球賽細節不感興趣之外，有時候他們會被球員的經理人利用，配合他們去推銷自己的球員，或幫手炒作自己客戶的轉會消息。經理人會串通記者，請他們在記者會或訪問時特意對領隊問有關該球員的看法，意圖製造哪間球會、哪位領隊對某某球員產生興趣。因此現今的領隊都選擇不評論其他球會的球員，免得被人利用。

因此，當記者問到費格遜個別球員的情況時，他就直接選擇不回答。

2002 年，有位《太陽報》記者訪問費格遜，問到有關當年重金禮聘的阿根廷中場華朗在首季的表現時，費格遜忽然火起：「快離開我的視線！我不想和你説話，但我可以告訴你，華朗是個他媽的好球員，你是個他媽的笨蛋！」

華朗並不是唯一一個費格遜用粗口罵記者去保護的球員，2007 年，曼聯在足總盃 8 強主場對米杜士堡，C 朗拿度博到一記 12 碼，自己親自

操刀射入協助曼聯以 1：0 晉級。賽後記者問費格遜，C 朗拿度是否插水，費格遜只是回應一句「Fxxk you」便拒絕回答，他是以此來保護自己的球員。

曾杯葛BBC達7年

費格遜和傳媒最出名的衝突，則是 2004 年有關 BBC 的一個報道。報道的內容是，費格遜運用職權，讓次子積遜任職的經理人公司參與史譚和泰比的轉會，從曼聯身上得到好處。站在費格遜的角度，報道當然是不公平的。自此，費格遜有 7 年的時間都杯葛所有 BBC 的訪問，最多是由副手去代表自己出席。

其實，對於記者和傳媒，費格遜在自傳 *My Autobiography* 就透露過自己的哲學。他認為曼聯永不害怕傳媒，確實曼聯需要和傳媒溝通，但不用分分秒秒，每個傳言、每個故事、每個球員都要跟傳媒交代，因為這樣的話就變成幫助你的對手。費格遜在擔任曼聯領隊期間，就禁止超過 20 名記者參加球會的記者會，因為費格遜認為他們都是捏造故事，並不報道事實的記者。

我覺得，費格遜在鏡頭前對記者的粗魯和不禮貌，都源於費格遜管理上的一大特色：控制。他要讓記者知道，自己才是控制這個對話，控制這次議題的人，他的目的只有一個，就是為曼聯創造一個最好的環境。費格遜很清楚他的工作不是請客吃飯，他的工作是為曼聯取得勝利。

為達到目的，費格遜除了被動地應付傳媒，也會主動利用傳媒，例如通過傳媒對班主和球員傳達訊息。這手法在費格遜第一次擔任領隊時

就已經在運用。當他初執教東史特靈郡的時候，在第一次出席賽前記者會，費格遜就對着《福爾柯克先驅報》*Falkirk Herald* 的記者批評該報只會偏幫當地的勁旅，根本不重視東史特靈郡。其實他想向球員灌輸一個訊息：當地的報章只會偏幫當地的勁旅，對東史特靈郡的報道都是不公允的。無人知道這觀點是否真確，但費格遜就希望藉此團結自己的球員。

到了執教聖美倫的時候，為增加球隊在報章的曝光率，費格遜每周五都會在《派士利每日郵報》（*Paisley Daily Express*）中寫一篇專欄。有時更會主動向記者透露球隊的情況和消息，讓記者更願意報道這些聖美倫的獨家消息，不讓傳統球隊專美。

到擔任鴨巴甸領隊時，費格遜又重施故伎，批評報章只會追捧些路迪和格拉斯哥流浪兩支勁旅，因為記者們就是這兩支球隊的球迷，他們根本對其他球隊漠不關心，這是不尊重其他球隊的表現。

雖然鏡頭前，費格遜很多時候都與傳媒針鋒相對，甚至惡言相向，但鏡頭下費格遜和記者也有友好的一面。其中有位記者更幫助費格遜找到工作。1978 年，鴨巴甸通過《每日郵報》（*Daily Mail*）一名記者羅渣（Jim Rodger）去接觸費格遜。由於在費格遜心目中羅渣是一個正直的人，因此他知道這個機會是真確的。最後，通過羅渣這個中間人，費格遜和鴨巴甸的主席當奴接觸，兩者很快就達成合作協議。

其中一名被費格遜 3 次禁止出席記者會的《星期日鏡報》記者獲加（David Walker）就記得，有次向費格遜提起一名已退休並 15 年沒有採訪曼聯新聞的記者病重，費格遜不但記得這名記者，還立刻打電話

向他表示慰問。

自 1958 年就開始在《曼徹斯特晚報》任職，專責報道曼聯新聞的記者大衛米克（David Meek）晚年患癌。費格遜知道後馬上送來一大束鮮花到他醫院。當他回家休養一周後，有一天電話聲響起，對方説「蘇格蘭野獸正在過來的路上了！」原來費格遜知道他出院後，就馬上安排去探訪他。20 分鐘後費格遜就出現在米克的家門前。米克深受感動，因為費格遜是個大忙人，自己只是一個已退休的記者。當日兩人一起度過了一個愉快的下午，談到了足球和家庭。米克永遠不會忘記費格遜是如此的好，給了他這麼大的支持去對抗癌症。

費格遜對記者的態度，和他對其他人很一致：只要是遠離球場上的勝負，他可以將你當成朋友，以友好的一面去對待。

管理心法

> 媒體是雙刃劍，如何善用媒體也是機構領導的一課重要環節。

K for

Knighthood
封爵

在英國歷史中，只有15位足球界人士封爵，可以尊稱「SIR」；而以領隊身份封爵的，就更只有6位，包括1966年帶領英格蘭捧走世界盃的藍西（Sir Alf Ramsey）、曼聯一代名帥畢士比、曾執教英格蘭和巴塞羅那的卜比笠臣（Sir Bobby Robson）、利物浦和布力般流浪著名統帥杜格利殊、首位英格蘭代表隊全職領隊溫達布頓（Sir Walter Winterbottom），當然還有「費爵爺」費格遜。這個榮譽的彌足珍貴，足見費格遜的殿堂級地位。

費格遜在1985年得到OBE勳銜，10年後得到CBE勳銜，到1999年帶領曼聯奪得英格蘭球壇史無前例的三冠王後更獲頒爵士勳銜，正式成為「費爵爺」。

雖然授勳是由英國皇室主持，但授勳名單一般都是由英國政府提名的。1999年英國政府由貝理雅帶領的工黨執政，而費格遜一直是工黨的支持者。究竟費格遜在1999年封爵有多少是因為與工黨的關係，這個我們無從稽考，但我們可以從封爵這件事，看到費格遜和工黨的關係。

受父母影響　從小支持工黨

首先，因為父母都是工黨支持者，費格遜從小開始就支持工黨。二十多歲第一次投票就被母親提醒要記得投票給工黨，後來費格遜也一直是工黨的贊助人。

到九十年代初，費格遜通過一名蘇格蘭記者的介紹，在一場球賽中認識了金寶（Alastair Campbell）。金寶是記者出身，本身也是一名狂熱的足球迷，後來成為工黨領袖貝理雅的「政治化妝師」。後來金寶邀請費格遜為工黨的黨內雜誌 Labour Weekly 接受訪問。通過這次交流，金寶對費格遜有更深入的了解，例如他對工黨的看法，他年少時帶領工會的經歷，以及對勞工階層身份的自豪。

金寶認識了費格遜後，兩人很多時候一起觀看球賽。後來在 1997 年的大選前，由於工黨輸掉了之前 4 次大選，所以金寶就特別安排貝理雅和費格遜在曼徹斯特會面，請教一些關於領導的心得。費格遜記得，由於當時離大選只有 11 日的時間，所以自己首要目的是要令他們輕鬆一下，因此他安排兩人到一間酒店共進晚餐，藉此費格遜可以帶他們參觀自己簽下簡東拿和高爾的房間。

會面中，費格遜向貝理雅提到，工黨在這次大選中已經處於優勢，可以保持原來的策略，然後等保守黨犯錯；貝理雅可以多關注自己身體和心靈的健康以迎接這場大選。費格遜建議，只有身體健康，心靈才會健康，所以他的行程不用安排得太密，留點時間讓自己休息，只關注最重要的事，不要讓次要的事佔據自己的時間，影響自己的情緒。

貝理雅請教管理之道

果然，以「新工黨」作為宣傳的貝理雅團隊以壓倒性姿態贏得大選，結束了保守黨 18 年的執政。

之後兩人仍然保持聯絡，話題天南地北，當然包括管理。有一次貝理雅向費格遜問了一個假設性問題：如果團隊裏有個能力出眾但難以管理的人，作為領袖應該怎樣做？貝理雅記得當時的對話：「當時我沒有實質談論某一人，但費格遜的態度很明確，他提醒我必須掌握控制權。若有球員影響他的控制權，或在更衣室搗亂，無論那位是否最好的球員，都要請他離開。成功的領袖是要在聆聽、學習及帶領三方面取得平衡，觀察事物的趨勢，為發生的變化做好準備，最後控制情況，帶領團隊。而費格遜的領導能力、分析能力及自我反省能力都令人欣賞。」後來大家都知道，貝理雅談論的「那個人」就是白高敦（Gordon Brown）。

同時間費格遜和金寶的聯繫也從未間斷。據說，兩人一星期最少通一次電話。有一次，金寶獲邀到奧脫福觀看球賽，他帶自己的大兒子萊利（Rory）出席。由於萊利本身是般尼的球迷，曾多次成為般尼的幸運球僮，會穿着般尼的球衣上學。因此他對父親這次安排並不感到興趣，所以出發前金寶就致電費格遜，告訴他自己和兒子會來，但由於兒子是般尼球迷的緣故，請不用特別安排以免大家尷尬。但當兩父子到達奧脫福，費格遜就不理會金寶，直接和萊利打招呼，並問他：「你想見見曼聯的球員嗎？」結果費格遜帶他和簡東拿、舒米高、碧咸、傑斯、史高斯及尼維利兄弟見面。自此萊利就成為曼聯和費格遜的球迷！

1999 年，工黨的內閣秘書威爾遜爵士（Sir Richard Wilson）問金寶，

如果曼聯贏得歐聯冠軍，費格遜會準備好趕在當年授勳嗎？金寶沒有答案，只是把問題放在心裏。當年在巴塞羅那魯營球場的歐聯決賽，金寶也是座上客之一，他和萊利跟費格遜的家人一同觀看賽事。當曼聯完成一次史詩式的反勝奪得歐聯冠軍後，金寶就藉此問費格遜的太太嘉芙：「你認為費格遜準備好成為爵士嗎？」

如果要趕上 1999 年 7 月授勳，金寶就要馬上把費格遜的名字加在名單上。所以歐聯決賽之後，金寶就馬上問費格遜會不會接受封爵。費格遜表示自己需要和幾位人士討論這事，請給他幾天的時間考慮。而金寶為希望費格遜能盡快做出決定，就打電話給嘉芙希望知道她的想法。不過，最初嘉芙並不希望費格遜授勳，因為怕自己的私隱會受到侵犯，所以她回答金寶：「你覺得費格遜贏的還不夠多嗎？」

後來金寶再找費格遜，問如果他的父母知道兒子授勳，他們會為此感到自豪嗎？費格遜其實心裏清楚，父母一定為自己的成績感到驕傲，加上經過 3 名兒子說服嘉芙，最終費格遜夫婦決定接受這個榮譽。不過封爵之後，每次有人稱呼嘉芙做「夫人」（Lady），她都會顯得尷尬不安，還抱怨費格遜為什麼一開始要接受爵士這名銜。

1999 年，曼聯為參加國際足協在巴西首次舉辦的世界冠軍球會盃（World Club Champion），在得到政府和足總的同意下，退出 2000 年的足總盃，放棄衛冕這項英格蘭歷史最悠久的賽事。當時新上任的體育大臣凱怡（Kate Hoey）就此抨擊曼聯這個決定，據說凱怡是阿仙奴球迷，但她忘記了正是政府和前任體育大臣賓斯（Tony Banks）要求曼聯參加世界冠軍球會盃的，因為當時英國正爭取 2006 年世界盃的主辦權。為此費格遜就在一個早上直接致電貝理雅，希望政府和足總可以尋

求一個折衷的辦法，讓曼聯能夠不用缺席足總盃。不過，那天貝理雅在南斯拉夫準備約見米洛舍維奇（Slobodan Milošević）而未能接聽電話，曼聯也只能維持最初的決定。

後來貝理雅再帶領工黨贏得 2001 年和 2005 年大選，自己亦成為英國首相 10 年之久，直到 2007 年交棒給白高敦。費格遜和白高敦也同樣有交情，由於同樣來自蘇格蘭，兩人很早就認識，而費格遜也很支持白高敦成為首相。兩人同樣對美國政治很感興趣，白高敦就曾經將 35 張關於美國內戰的光碟送給費格遜，讓他愛不釋手。

最後白高敦在 2010 年的大選敗給保守黨，首相一職讓位給卡梅倫（David Cameron），結束了工黨 13 年的執政。貝理雅和白高敦掌權的 13 年，讓費格遜得以享受到和執政黨密切的關係。

管理心法 「

> 成功的領袖是要在聆聽、學習及帶領三方面取得平衡，觀察事物的趨勢，為發生的變化做好準備，最後控制情況，帶領團隊。

L for
Leading
領導力

單純的管理就是去達成指標（Key Performance Indicators, 簡稱 KPI），而領導是更多以人為本，除了達成指標之外，還要令到被你領導的人過得更好，更有進步，這是領導和管理的分別。另一個說法去區分領導和管理，就是看看一個人在一個組織裏有沒有帶來改變。如果組織在一個人加入前和加入後沒有什麼分別的話，那個人就只能說是管理人，而不能成為領袖。

費格遜寫過 7 本書，頭 6 本都是以自傳形式記載自己在足球和生活上的點點滴滴。費格遜在退休之後，在 2015 年與莫里斯爵士（Sir Michael Moritz）合作，將自己多年的領導與管理的心得結集成 *Leading* 一書，用 13 個題目呈現在讀者面前，而莫里斯就協助將費格遜在足球上的心得和商界交錯，提煉出商界領袖都可以借鑑的領導心得。所以在這「L for Leading」一章，我會將 *Leading* 一書裏學習到費格遜領導的心得分享，並嘗試區分什麼是領導和管理。

和費格遜合著 *Leading* 的莫里斯爵士本身也大有來頭，他出生於威爾斯的卡迪夫城，本身並不愛踢足球，和足球的淵源最多是 10 歲的時候擔任校內比賽的幫手，為比賽的同學提供水、食物和照顧

受傷的球員。後來他在牛津大學畢業，1976 年去到美國擔任《時代》雜誌記者，因為他的金融背景，得以加入風險投資公司紅杉資本（Sequoia Capital），早期就投資矽谷的科技企業例如谷歌、雅虎和領英等。後來因為大力支持慈善工作而在 2013 年封爵，2020 年於福布斯富豪排名 161 位，身家達 45 億美元。

這本 *Leading* 集合兩位爵士，兩位在不同領域的領袖心血的作品，確實令人愛不釋手。

Leading 的第一個題目就是：「如何成為自己？」這個剛好跟葛菲（Rob Goffee）和鍾斯（Gareth Jones）合著有關領導力的書 *Why Should Anyone Be Led By You* 的第一個題目不謀而合。為什麼成為自己那麼重要呢？這是因為一個領袖需要時刻表現一致，如果你不能成為自己，你不能時時刻刻有同樣的表現。對於下屬來說，領袖一致的表現令他們覺得可以有迹可尋，而不是飄忽不定而無所適從。第一章先談領袖自己，這點和中國人「修身齊家治國平天下」的道理相類似。

作為領袖的六大要點

費格遜利用自己從事領隊工作 39 年的經驗，摸索出作為領袖和管理人的分別。他理解自己作為領袖，最重要的工作包括：

1/ 設定高的標準；

2/ 幫助每一位相信自己有能力做到一些自己本來以為做不到的事；

3/ 追求一些從未追逐過的目標；

4/ 令每一位明白所謂不可能的其實都有可能。其他的工作就應該適當地放權給其他更適合、更有能力的人去處理，自己就專注在最

重要的事情上;

5/ 領袖要為組織所承受的風險盡量減到最少;

6/ 提升球員的潛力多 5%,有時候球員自己也不知道自己有這個額外的潛力,要由領袖去發掘。

莫里斯爵士就用他一個不是曼聯和足球中人的外人角度,看到一些領袖的特質去做到以上費格遜所講的工作。

第一,雖然很多時候領袖都是「打工仔」,但傑出的領袖會將工作看作是自己生意一樣看待。這情況在費格遜身上就得到最佳體現,雖然費格遜很清楚自己在曼聯只是一名受薪員工,但仍然將曼聯的事業看作自己的事業,每時每刻都思考如何令曼聯更進一步。

領袖的第二個特質是無畏無懼,夠膽想出平時不敢想的,不怕做出爭議性和不受歡迎的決定,對自己的信念有無比的信心,對自己最終目標很清晰,並且有能力向其他人溝通和傳達自己的信念。

第三,成功的領袖不會列出一張長長的目標清單,而只是將其他人的目光集中在重要的 2 至 3 個目標上。因為領袖會信任其他人的判斷,不怕放權給下屬,避免微管理,不會壟斷每一次溝通,或堅持在每次對話中說出最後一句話。成功的領袖很清楚,自己只需要做出幾個正確的重要的決定,而不是參與每一個小決定,因為他知道,那些小決定可以交給其他人去處理。

第四,領袖會因為組織的成功而感到開心,而不單單是自己的成功而高興。他考慮的都是以整個組織為主體,對於組織的資源會視為好像

自己的資源一樣，必定會用得其所。

第五，一個領袖應該對自己工作有一種執迷的態度，會時時刻刻都在思考工作，並不會因為下班而休止，並願意將一生的精力傾注其中，但同時間又會比其他人覺得自己的工作充滿滿足感。當一個領袖願意執迷於自己工作的時候，他就容易達致一致性，一種對投放力量、決心、幹勁和野心的一致性，這些都是領袖所必須擁有的。

第六，一位出色的領袖有能力去處理人事，有能力提高下屬和同事的水平和承擔。要做到這一點，有領袖會以身作則，有更多領袖會通過對員工性格的了解，以及當他們身處逆境時表達同理心，從而將野心和關係融為一體。

雖然足球界和投資界可說是兩個風馬牛不相及的行業，但莫里斯通過在著書的過程中和費格遜的接觸和討論，仍嘗試從兩個行業的領袖工作中找出共通點。

他覺得自己和費格遜在領導工作上有兩點共同之處。第一是青訓的重要，永遠都在為自己的組織尋找和栽培下一代。第二個領導工作的共同點是要歷久常新，不受時間的限制，領袖要一直與時並進，不停尋找可以改進的空間和辦法。

最後，費格遜在 *Leading* 的書背用一句話概括了領導和管理的不同：「我的工作就是要令人明白到不可能就是可能。這就是領導和管理的分別。」（My job was to make everyone understand that the impossible was possible. That's the difference between leadership and

management.）我相信，費格遜一直以這個道理，為曼聯球員和球迷將種種不可能變為可能。

管理心法

> 單純的管理只是設法達成 KPI，
> 但領導卻是以人為本，除了達成
> 指標外，還要令到被你領導的人
> 過得更好，更有進步。

L for

Love
愛情

相比起自己精采的領隊生涯，費格遜的浪漫史就有點相形見絀。費格遜在自傳 *Managing My Life* 裏，就記載了自己的兩段感情：一段初戀和一段跟太太嘉芙的情史。

在兩段正式情史之前，費格遜曾經有一段未能開花結果的霧水情緣。當時費格遜只有 16 歲，剛剛加入域文工廠做學徒，他的主管尼摩（David Nimmo）是個性格古怪的人，例如他會在衣袋裏放着一些果仁，如果他見到費格遜在前面，他就會拿出果仁擲向他的後腦；所以費格遜有點怕他。

有一次，費格遜在舞會上遇到一名漂亮少女，舞會後費格遜有機會送她回家。言談間，費格遜告訴她自己在域文工廠工作，少女就回答：「我爸爸也是在域文工作，他是擔任主管的。」

費格遜頓時有種不祥預兆，就問少女姓什麼。當他聽到「尼摩」這個名字，就嚇到魂飛魄散，慶幸自己還沒有親吻少女，否則不知道尼摩先生會在口袋裏拿出什麼來擲自己的頭。

一生有兩段戀愛

費格遜 18 歲時，結識了初戀女朋友卡玲（Doreen Carling）。兩人拍拖一年半左右，最後因為女方要去美國而分手。後來卡玲在美國結婚生子，她其中一個外孫，就是現在利物浦右後衛亞歷山大阿諾（Trent Alexander-Arnold）。

其實，亞歷山大阿諾的叔叔約翰亞歷山大（John Alexander）一直是曼聯球會的秘書，並且在球會工作多年；所以費格遜也有問過阿諾：「為什麼你不加盟曼聯？」出生於利物浦市的阿諾後來回答：「因為我媽媽不懂得開車，所以我不能去太遠的地方。」

費格遜的弟弟馬田提過，和卡玲分手後，費格遜曾經和 2 至 3 位女朋友拍拖。我覺得這是有可能的，因為費格遜和卡玲分手時正值 20 歲，而認識現在太太時已 22 歲，對於一個已經出來工作的青年人來說，這 2 年間有女朋友也是等閒事。但根據費格遜自傳的記載，自己第二段正式的情史，就是遇到現在的太太嘉芙，之前的戀情就無從探究。

嘉芙比費格遜大 3 歲，上世紀六十年代兩人一同在雷明登蘭德工廠工作，1964 年費格遜在工廠見過嘉芙幾次後就驚為天人，並一直留意著她。不過，嘉芙初時對費格遜的印象並不好，因為踢足球緣故，費格遜的臉上經常會留下一些傷痕，例如被打腫眼睛和被踢傷了鼻，所以嘉芙本以為費格遜是個流氓，而費格遜的暗戀只維持了幾周，在一個周五的晚上，費格遜在工廠的舞會中遇到嘉芙，然後不斷打聽這位夢中情人的消息，當知道她的名字後，費格遜就主動搭訕，結果當晚費格遜便得到送嘉芙回家的機會，然後兩人就開始發展成為情侶，從此相戀直到現在。

開始時費格遜每晚都找個理由去見嘉芙和她談心，兩人很快就到談婚論嫁的地步。直至如今，嘉芙都會向費格遜抱怨，自己拍拖時候對他的認識比現在還要多。

拍拖兩年後，費格遜和嘉芙在 1966 年 3 月 12 日拉埋天窗，弟弟馬田是他的伴郎。由於嘉芙是天主教徒，而費格遜則是基督教徒，所以兩人並沒有在教堂行禮，只是在格拉斯哥的馬花街婚姻註冊處（Glasgow's Martha Street Registry Offices）中登記。費格遜的岳母作為虔誠天主教徒，對於這個安排起初也不是太滿意，但她都以大局為重，成全一對新人。

一對新人在上午註冊後，下午費格遜就要趕去代表聖莊士東出戰對咸美頓（Hamilton Academical）的比賽，並取得 1：0 勝利。費格遜得以帶着勝利出席晚上的婚宴，之後兩位就搬入自己的新居，度過新婚的第一晚。

由於賽季還在進行中，兩人並未能馬上度蜜月，相反結婚第二日費格遜更要隨隊到酒店集訓，準備國際城市博覽會盃（歐洲足協盃／歐霸盃的前身）對西班牙薩拉戈薩的賽事。

結婚之後，除了在 1987 年傳出的一宗婚外情和在 2002 年代在南非被當地人指控非禮罪之外，費格遜在這個五光十色的足球圈確實甚少傳出桃色醜聞。

1987 年，費格遜帶領曼聯首季結束之際，《星報》（The Star）報道，費格遜在 1985 年和鴨巴甸的一名女侍應麥哈迪（Deirdrie McHardy）發生婚外情。據麥哈迪的講法，她在一個的慈善活動中和費格遜相識，

兩日後費格遜到麥哈迪工作的餐廳去找她，當她知道費格遜是特意來找她的時候只感到萬分尷尬。

過幾日費格遜再打電話和麥哈迪聯絡，又開着他的平治房車到餐廳，獨自點了一瓶伏特加，而兩人隨後開始約會。由於費格遜在鴨巴甸也是公眾人物，所以他就安排麥哈迪在一個單位幽會。

對於麥哈迪的緋聞，費格遜當然全面否認。曼聯主席馬田愛華士也相信費格遜，並沒有對他採取任何行動。傳聞也就這樣不了了之。

另一次傳聞，發生在費格遜封爵之後，地點在南非。當時是 2002 年 10 月，費格遜和太太嘉芙一同飛到南非，代表曼聯參加當地的官方活動。活動過後，費格遜出席主辦方舉辦的晚宴，當時他和助教賴恩共 16 人一同出席。晚宴結束後，大夥兒一同到其中一人經營的夜店消遣。當眾人準備離開時，主辦方提議由一名女士艾巴咸絲（Nadia Abrahams）送費格遜返回酒店，因為她也是順路的。然後由另一名嘉賓，南非前法官阿伯隆比（Alex Abercrombie）目送他們上車離開，車程大約十分鐘。

第二日早上，艾巴咸絲的男朋友艾頓（Brian Ebden）致電費格遜，告訴他昨晚離開夜店後非禮自己的女朋友，包括在夜店時引誘她，強迫她坐上房車，然後在車上摸她的大腿。為了避開費格遜對自己的非禮，艾巴咸絲加速駕駛，途中更因此爆胎。到達酒店時費格遜更邀請她上酒店喝咖啡，又問之後可否再和她見面。艾頓警告費格遜，他們準備就此事報警。費格遜也不是省油的燈，大罵艾頓所說的都是垃圾，還叫他有事找自己律師好了。結果艾巴咸絲真的報警，這個指控

很快在英國傳媒流傳。

經過南非警方調查之後，發覺幾名證人的口供前後矛盾，所以很快就決定指控不成立。後來更多的資料發現，艾巴咸絲和艾頓是收了《英國郵報》7.5 萬英鎊而編造這個故事。一個月後更發現，艾巴咸絲原來是無牌駕駛的。事件總算告一段落，還了費格遜一個清白。

M for
Management
管理

有 一位前輩說過，要管理好一盤生意，就先要管理好人。我覺得這個道理套用在足球上也適合：你想要有好成績，就要管理好球員，因為上場的就只有 11 名球員，即使領隊設計的戰術有多針對性，球賽開始之後，領隊也只能依靠場上的 11 名球員去執行戰術和隨機應變。因此，如何管理球員和職員就成為領隊的一大工作。

費格遜不以戰術先進和多變著稱，在戰術運用上也不及哥迪奧拿等領隊般被稱頌，費格遜成功靠的是對勝利的渴望，對自己信念的執着和對人的管理。我們在之前的章節「*D for Dressing Room*」，「*H for Hair Dryer*」和「*I for Iron Fist*」看過，費格遜的管理有鐵腕，有開「風筒」鬧人，也有在更衣室與球員對話的時間。在 *M for Management* 這一章，我們來看看費格遜還有什麼方法把人管得頭頭是道。

心理學大師　善於發掘潛能

首先，讓我先引用一些前球員對費格遜的管理手法的評價。

李奧費迪南：「費格遜成功的秘訣是什麼？答案並非任何一個獨立的方面，而是許多因素綜合而成。他是一位心理學大師，懂得如何發掘

每位球員的最大潛能，創造了一種無往不勝的王者之氣。」

朗尼：「戰術上可能雲高爾會比較優勝，但總的來説，費格遜還是領先其他領隊幾條街。」

約基：「費格遜是天才，他對球員的認識可能比球員自己都深刻。」

這章我嘗試將費格遜的管理手法歸納為幾個重點來講解。

團隊協作

費格遜執教球會有個信念，就是只要場上 11 名球員中有 8 名球員在狀態的話，就有機會贏下比賽。因為在漫長的球季中，球員不可能長時間處於高峰狀態，這可能是因為受傷，信心受挫和私人問題等影響，因此每名球員都要準備就緒，隨時為球隊和隊友提供幫助。因此費格遜要讓球員知道，每個人都是拼圖裏的一塊，少了任何一塊都會令整幅圖畫看起來不完整。費格遜的工作，就是要球隊時常處於一個平衡和團結的狀態。

2005 年在堅尼出走之後，費格遜委任加利尼維利任隊長，這決定也是出於對球隊團結的考量。加利仔在擔任曼聯隊長後就受傷，他覺得自己沒有為球隊做出作為一名隊長的貢獻，因此向費格遜提出辭去隊長一職的請求，但費格遜對他説：「孩子，你要繼續佩戴這個隊長臂章。你和傑斯會輪流戴上，因為如果我把臂章交給 C 朗拿度，朗尼會不開心；把臂章交給朗尼，就到 C 朗拿度會不開心；如果把臂章給維迪，李奧費迪南會不開心。」所以費格遜由加利仔和傑斯輪流當隊長那三四年間，目的是為了維繫更衣室裏面的關係，保持球隊的團結。

加利仔和傑斯就像是維持秩序的警察或和事老，讓隊長一職的人選沒有成為破壞球隊穩定的決定。

費格遜在 *Leading* 一書提過，自己在卡靈頓訓練場的辦公室裏，掛着一幅攝於 1930 年代的照片，而他就是透過這張相向球員灌輸團隊合作的重要性。

照片中的背景是 1930 年代的紐約，地點是洛克菲勒大廈的地盤，裏面有 11 名工人坐在一條離地幾百呎的鋼樑上食午飯，大家都沒有安全措施的。

費格遜透過這幅相向球員講解，當其中一位工人有危險要掉下去的時候，其他工人都一定會救他。對費格遜來說，團隊精神就是當你將生命都交給隊友的時候，你的隊友一定會幫你。因為在一支球隊裏，沒有人可以在缺乏隊友的幫助下贏得錦標。

尊重

球員每天克苦訓練，為的是可以獲派上陣。特別是一些大賽例如盃賽決賽，球員就更加希望得到落場機會。當然有人會認為，派哪些球員上陣是領隊的決定，無論如何球員都要遵守。不過遵守是一回事，是否心甘情願又是另外一回事。好像曼聯這種頂級球隊一季有五六十場比賽，後備球員總會有上陣的機會，如何保持每位球員對勝利的慾望和飢渴感，就要看領隊的功力。

球員年代的費格遜在効力鄧弗姆林期間，就試過在 1965 年的盃賽決賽前幾分鐘才被領隊告知不用上陣，本身是主力的費格遜感到非常失

望。因此成為領隊之後，他一定要好好處理這個對於領隊來說最難開口的情景。

首先，費格遜會在比賽前一天就把大軍名單通知球員，讓有份入選的球員可以提早準備，例如適當飲食、充足休息和調適心理。而落選的球員，他會在公布名單前親自解釋自己的決定。雖然解釋了，球員也一樣會很失望，但這樣做最起碼保存了球員的尊嚴，也代表費格遜對他們的一份尊重。

1999 年足總盃決賽，曼聯朝着三冠王夢想中的第二個錦標進發，在溫布萊球場對紐卡素。曼聯剛剛在 6 天前擊敗熱刺贏得聯賽冠軍，而 4 日後又要飛到西班牙巴塞羅那對拜仁慕尼黑爭奪歐聯，因此費格遜在排陣上費煞思量。

結果費格遜決定，為保留實力挑戰歐聯，足總盃決賽就先將當屆神射手約基放在後備席。然後決賽日早上，他敲打約基的酒店房門，將這個決定親自告訴他。雖然約基知道，如果費格遜早上敲你房門，就代表有壞消息要告訴你，因為這是球員間流傳有名的「敲門」（The Knock），但親耳聽到這個消息，約基還是不敢相信自己的耳朵，只能回應：「老闆，你一定在講笑吧！我來到倫敦的原因就是要參加足總盃決賽。」不過約基知道，費格遜正為歐聯決賽做準備，因此無論說什麼都改變不了他的決定。但無論如何，費格遜都盡量將這種「壞消息」盡早親自通知球員。

同樣因為歐聯決賽，費格遜也做出自己最後悔的決定之一，說的是 2008 年沒有把朴智星放入歐聯決賽最後 18 人名單之中。費格遜這個

費格遜在卡靈頓訓練場辦公室裏掛着一幅攝於 1930 年代紐約洛克菲勒大廈地盤的照片，11 名工人坐在一條離地幾百呎高的鋼樑上吃午飯，說明一人失足必獲工友救援，藉此宣揚團隊精神。

決定，讓朴智星花了很長時間才能從失落中恢復過來。

朴智星在自傳中說過，自己面對過不少的失敗和挫折，包括初到荷蘭踢燕豪芬時遭到球迷的喝倒彩，以及經過三次大手術後康復的經歷。但對他來說，費格遜決定將他排除出歐聯決賽最後 18 人名單一事，就是其球員生涯最大的打擊，因為他一直以主力身份協助球隊晉級，最後只能坐在觀眾席上。雖然費格遜親自向朴智星解釋自己的決定，其他隊友也不停安慰他，但當時的朴智星一句都聽不入耳。他的失落，除了是自己的失望外，也包括了對父親和遠道而來的南韓球迷，還有對恩師希丁克（Guus Hiddink）的自責，本以為這是個向大家證明自己的場合，結果令大家的期望落空；最後只能穿着西裝看着隊友舉起歐聯冠軍獎盃。

面對這個打擊，有人會選擇離開，好像同樣落選的碧基選擇告別曼聯返回巴塞羅那；但朴智星卻選擇留下來。面對自己的失意，朴智星首先安慰自己，每一次考驗過去都要汲取自我肯定的力量，這一次也不例外；然後如果不想重蹈覆轍，就要做出積極的改變，從那一刻開始，與過去的自己告別。並對自己講，一定要重返歐聯決賽的賽場上！

結果一年後，朴智星協助曼聯再次打入歐聯決賽，並且以正選身份上陣，雖然這次輸給了巴塞羅那，但朴智星總算實踐了自己的諾言。

到了 2011 年的歐聯決賽，費格遜又要作出一個艱難的決定。當屆貝碧托夫以 20 球成為英超神射手，不過他在歐聯決賽前狀態下滑，連續 7 場比賽交白卷。因此費格遜決定，該屆在溫布萊球場舉行的決賽由「小豆」靴南迪斯夥拍朗尼攻堅，奧雲擔任後備，而貝碧托夫則落選大軍名單。費格遜選擇在比賽前打電話通知貝碧托夫這個決定。這對貝碧托夫來說無疑是沉重打擊，因為他自信以自己的表現，必定可以為曼聯作出貢獻。為此費格遜也感到非常抱歉，並在貝碧托夫在 2018 年出版的自傳作序言時公開向他道歉。

另外，為保持球員的尊嚴，費格遜也會遵守一個鐵律，就是「醜事不出更衣室」。無論費格遜在訓練場和更衣室罵球員罵得多厲害，他都不會對外說一句球員的壞話，以免被傳媒大造文章，損害球員的尊嚴。

放權／觀察

將放權和觀察放在一起討論，是因為兩者有密不可分的關係：你要選擇什麼是自己最重要的工作，什麼事可以下放給下屬的工作。只有通

過放權,你才有時間觀察更重要的事情。

由於費格遜在蘇格蘭的小球會開始自己的領隊生涯,因此一開始他就要在資源不足的環境下工作,所有大大小小事務都由自己「一腳踢」,例如買清潔用品和為球員定餐等瑣碎事。但當你執教大球會時,很多事物你就要交給專家去處理,例如物理治療師,保養球場的園丁等。如果你不能放權,你就不能處理更重要的事。

到費格遜加盟鴨巴甸,他邀請諾斯為助教。不過費格遜仍然保持「一腳踢」的工作性格。直到有一天他和諾斯坐下來討論事情的時候,諾斯向他説:「我不知道為什麼你要請我,我在這裏根本無事可做。安排和帶領日常操練本來是助教和教練的職務,不過通通都被你做好了。」另一名教練史葛(Teddy Scott)也附和道:「是的,其實你也可以從觀察中做到更重要的事。」這次對話後,費格遜就將訓練交給諾斯和教練安排,自己不再負責這環節,只會從旁觀察。後來他發現,原來通過觀察球員的行為改變可以發現更多事情,例如球員是否隱瞞傷患,是否家裏發生了事情,是否出現了財政問題等等。原來什麼事都管會讓領袖迷失於細節之中而忽略了大局。所以費格遜後來回憶,放權給諾斯是他做過最好的決定之一。

1992 年曼聯在最後關頭失落聯賽錦標,把冠軍拱手相讓給列斯聯。結果之後一季,費格遜改變自己的訓練方式,把訓練的內容交給傑特處理,自己就從旁觀察,隊長笠臣亦留意到,費格遜比前一季變得輕鬆。而這個改變也成為曼聯贏得聯賽的關鍵,因為當季費格遜花更多的時間去觀察是否有球員承受不了爭冠的壓力,而自己就可以花更多時間去調整球員的心理,因此曼聯能夠克服上季與錦標失諸交臂的毛病,

在季尾愈戰愈勇。

費格遜的觀察，亦能夠幫助球員成長。卡域克就講過，自己在加盟曼聯的頭三四季，費格遜都不會在季初給他太多的上陣機會，因為他觀察到，卡域克經常要到進入 10 月份後才能達到最佳狀態，這可能是要到雨季，球場的草地變得比較柔軟有關。這是費格遜的聰明之處，一方面他能夠察覺到球員在什麼時候能夠達到最佳狀態，一方面又鼓勵球員不斷進步的方式。

正因為放權，費格遜才有時間留意其他影響球隊成績的細節，例如在1995 年 2 月 11 日曼聯作客緬因路球場對曼城的打吡戰，費格遜在早上就到球場觀察，發現工作人員正在修改球場的邊線讓球場變窄，這可能是曼城對付曼聯雙翼齊飛的策略。不過這是球例不容許的，因為當每支球隊在季初向足總註冊了球場的長度和寬度後就不能再更改。結果費格遜向球證投訴，讓球場回復原來的大小，結果曼聯以 3：0 擊敗同市宿敵。費格遜的觀察，為球隊帶來有利的比賽條件。

因才施教

對於激勵球員，費格遜的手法可謂多姿多彩，充滿創意。費格遜不會一本通書讀到老，雖然他有自己的原則，但會因應不同球員的性格而有不同的管理手法。他抓緊的只有兩件事：球隊最大利益和自己定下的底線。要做到這一點，需要對人性有深刻的理解，也要對心理學有一定認識。從心理學的角度來說，費格遜非常了解如何一擊即中，讓每個人發揮出最大潛力。

當蘭尼有些驕傲自滿時，費格遜會重重地打擊他，因為費格遜認識的

蘭尼，是個容易由自滿變為自大的年輕人。為了讓蘭尼老老實實地操練和比賽，費格遜要防微杜漸，防止蘭尼被自大蠶食。

2010 年 8 月，曼聯在英超聯賽作客富咸。曼聯在 84 分鐘憑着對方的烏龍球，以 2：1 領先對手，比賽末段更得到一記 12 碼。充滿自信的蘭尼從球隊指定劊子手傑斯手上搶過皮球來主射卻宴客，最後更被富咸在完場前射入追平的一球，雙方打和 2：2，曼聯痛失 2 分。

賽後在更衣室，費格遜馬上向蘭尼開火：「你以為你是誰？球會定了主射 12 碼的人選，你憑什麼搶過來主射？」不幸的傑斯亦因此遭殃。可憐的是，當日球隊坐火車回到曼徹斯特之後，由於蘭尼是費格遜的鄰居，而當日費格遜又沒有安排司機接載，結果蘭尼就負責開車送費格遜回家。蘭尼記得，費格遜全程都沒有和自己說過一句話，兩人在沉默之中各自回家。

費格遜對另一名葡萄牙球員 C 朗拿度就有另外的激勵方法。C 朗拿度是個好勝之徒，自小就已經立志成為世界最佳球員。李奧費迪南曾經講過，C 朗拿度是他遇過第一位球員投資在專家團隊去協助自己保持頂級狀態，包括廚師、營養師、物理治療師、醫生、個人訓練員等等。對於這種立志成功的球員，費格遜實在不用開「風筒」去鞭策他。

相反，在 2006 年球季開始，費格遜跟當時 21 歲的 C 朗拿度打賭，如果他可以在該季聯賽射入 15 球，費格遜就會給他 400 鎊。結果 C 朗拿度超額完成，以 17 球贏得費格遜的賭注。印象中，這是費格遜唯一一次公開承認和球員打賭。

之後 C 朗拿度欲罷不能，在 2007 年球季開始時邀請費格遜再打賭：用聯賽射入 20 球作賭注，輸的一方要剃光頭。可能費格遜見到 C 朗拿度已經在上升期而且顯得雄心勃勃，所以就覺得無需要再跟他對賭。即使沒有賭注，C 朗拿度仍然在聯賽射入 31 球，創下個人在曼聯的最佳成績。

另一個比較自負的球員有李奧費迪南，費格遜同樣有方法去「治」他。費格遜為了激起李奧的鬥心很少會表揚他，因為他知道，如果總是表揚李奧，他會得意忘形。相反，他總是讓李奧覺得自己根本看不上他的表現。費格遜總在傳媒面前談論其他球員，卻從來沒有半句提到李奧，總之就一直刺激他去提高自己的表現。

李奧記得有一次曼聯作客紐卡素，費格遜和球員一同坐隊巴前往聖占士公園球場，當時紐卡素的前鋒比拿美（Craig Bellamy）風頭正勁，因此費格遜走到李奧身邊對他說：「比拿美告訴領隊曉頓（Chris Hughton），他會把你擊敗。他認為自己的速度比你快，以你現在的實力再也無法阻擋他。」當時李奧心想：「比拿美真是個不要臉的自大狂。」於是李奧決心在球場上讓他無地自容，整場比賽他沒有獲得任何機會。在回程的隊巴上，李奧對費格遜說：「你可以問問曉頓，比拿美現在還能說什麼呢？」無人知道比拿美究竟有沒有說過那番話，但這就是費格遜的高明之處，他會在不經意間戳着你的痛處，激發球員的鬥志。

李奧後來通過閱讀費格遜的自傳，以及觀看他退休後接受的訪問，就發現這是他管理方法的一部分。費格遜察覺到李奧性格中的一些弱點是他自己不希望看到的。結果費格遜成功地讓李奧一直渴望在他面前證明自己，所以他表揚李奧的次數用一隻手都數得出來。

傑斯是另一個受硬不受軟的球員，因此費格遜也時常拿他來開刀，而這證明是有用的。傑斯自己也説：「有一次在半場時我被費格遜罵，然後我想，好！我就好好踢比你看！結果我下半場表現出色，費格遜就知道這個方法對我很有效。我好後悔。」

費格遜鼓勵的不只是已經成名的球星，對另一名自信心不足的青訓球員羅比巴迪（Robbie Brady），費格遜就要另外想方法去鼓勵。

巴迪 16 歲就加入曼聯的青年軍，司職左後衞或左翼衞，有一次在卡靈頓訓練場，年輕的巴迪在飯堂排隊時遇到當時得令的 C 朗拿度。出於禮貌，他就邀請 C 朗拿度排在自己前面。

當巴迪離開飯堂的時候，費格遜跟他説：「為什麼你要讓 C 朗拿度排在你前面？」巴迪理所當然的回答：「他是球星，我只是出於禮貌吧。」費格遜立即打斷他，嚴肅地説：「你要覺得自己比 C 朗拿度優秀，相信自己可以取代他。我不希望你覺得自己比他卑微，以後都不可以再對他禮讓！」原來費格遜知道巴迪是個乖乖仔，性格柔弱，如果不調整他的心態，去到球場就會被對手欺負，所以對他要有特別的要求。

同樣，費格遜雖然以火爆性格聞名，但他並不是對每個球員都會開火。費格遜就從來不會對貝碧托夫開「風筒」，因為他是那種承受不了壓力的球員，李奧就講過，如果費格遜對貝碧托夫開「風筒」，他可能馬上退出球壇。

另一個從沒接受過「風筒」招待的還有法國球星簡東拿，他還有特權，例如不用穿西裝出席球會活動，也可以不用準時和球隊集合。原來這

亦是費格遜的管理哲學:「簡東拿是個很神奇的人,需要不同的照顧,我每天會與他談論足球,以另一種方式教他。」收購簡東拿不久後,費格遜就發現他並不如外表看起來那麼有自信和外向,閒時簡東拿更喜歡自己畫畫和閱讀詩詞,對別人的説話非常敏感。因此費格遜知道,開「風筒」對簡東拿是沒有用的。不過,費格遜對簡東拿的厚待卻引起一些球員的不滿。恩斯和沙柏就曾經向費格遜投訴,為什麼每位球員都要被他罵,唯獨簡東拿獲得豁免,但費格遜心裏清楚,對待天才就要用不同的方法,因為天才可以為你帶來不一樣的東西。確實,簡東拿效力曼聯 5 年間就贏得 4 次聯賽冠軍,還包括兩次聯賽足總盃的雙料冠軍。

一名像「千里馬」一樣的天才,遇到伯樂的時候都會格外感恩。費格遜對簡東拿的恩待就得到他的正面回應,之後簡東拿更願意配合球隊的活動,而自己也擔起領袖的角色,場上場下更多的指導年輕球員。這個除了是伯樂遇上千里馬的故事之外,也是一個識英雄重英雄的故事。

因材施教展現了費格遜最寶貴的管治智慧。對於人性的深刻理解,或者如他所言,對於「個性」的深刻洞見,讓曼聯球員一直保持着對勝利的飢渴。

1993 年,費格遜帶領曼聯結束了 26 年的等待,收穫了英超聯賽的冠軍。球員們瘋狂地慶祝,但費格遜卻擔心這些球員在奪冠後會被衝昏頭腦。於是,他開始實行一項計劃,以確保自己擔心的事情不會發生。他讓球員們坐在一起並告訴他們:「我已經在紙上寫下了 3 個名字,並把紙放在信封裏。這 3 名球員下賽季的表現會讓我們失望。」球員

們自然不希望自己的名字出現在紙上，所以他們會努力證明費格遜的想法是錯誤的。費格遜表示之後的一個賽季他也用了同樣的手段。而他之後透露其實根本就沒有那個所謂信封的存在，這只是他激勵球員的一種辦法。「這對他們來説只是一個挑戰，因為想應對成功帶來的影響並沒有那麼容易。」

另外，對於如何掌握適合的時間去責罵或激勵球員，費格遜也有自己的見解。對於球員在比賽所犯的錯誤，費格遜通常會賽後立刻在更衣室和球員溝通和表達自己的不滿，開「風筒」和擲東西都屢見不鮮，但第二日回到訓練場費格遜又會變回平時一樣，和球員有講有笑。傑斯和朗尼就見識得最多，也是他們最佩服費格遜沒有隔夜仇的作風；但其實費格遜是有他的原因。

每次到訓練場就是球隊為下一場比賽作準備的時候，除了戰術上的演練，信心也是非常重要的。有時候信心是要靠訓練場上一點一點累積的。因此費格遜不會輕易在訓練場上對球員大發脾氣，以免影響他們在下一場比賽的信心。

保護球員

雖然費格遜對球員嚴厲，但當你有困難時，費格遜永遠會站在你的一方。李奧費迪南就講過：「這是費格遜成為最成功的主教練的一大要素：只要他相信自己的球員做得對，就會支持到底。球員們信任他，並願意在球場上為他而戰。」而費格遜對曼聯 7 號就特別保護有加。

「世人皆欲殺，吾意獨憐才」，這句話可以形容費格遜與簡東拿的關係。1995 年簡東拿因為以功夫腳踢水晶宮的球迷成為眾矢之的，更被足總

判罰停賽 9 個月之久。對於簡東拿的行為讓曼聯的聲譽受損，費格遜本着「球員不能大過球會」的原則，想過就此放棄簡東拿。當時大家都以為簡東拿在曼聯的生涯已經完結，不過費格遜後來卻有另外的想法，他清楚知道簡東拿對曼聯的重要性，因此他要想方設法去挽留簡東拿。

前法國國家隊領隊侯利亞（Gerard Houllier）就記得，在簡東拿被禁賽期間，費格遜一句批評他的說話都沒說過，只是每天或隔天打電話給簡東拿或約他喝咖啡，告訴他球會發生的事情。總之就絕口不提功夫腳事件，對他表達的就只有尊重和忠誠。

原本，費格遜已經說服簡東拿，拒絕國際米蘭開出 3 倍人工的邀請留在曼聯直到禁賽令結束。而曼聯對禁賽令的理解，是簡東拿不能參與包括友誼賽的正式比賽，為保持他的比賽狀態，曼聯因此在 95 年季初安排了奧咸等數支友會到曼聯的訓練場閉門作賽。後來由於有傳媒報道這些閉門友賽，足總就明確向曼聯指出，簡東拿連這些閉門友賽也不能參加。

足總這個決定，令原本對英格蘭足球心灰意冷的簡東拿更堅定了離開的決心。他在曼徹斯特的一間酒店和費格遜見面，告訴他自己準備回法國發展。費格遜明白簡東拿的失落和失望，因此並沒有對簡東拿強加挽留，只是開始為他離隊作準備。

當晚費格遜回到家中，和太太嘉芙提起簡東拿的情況，嘉芙就很驚訝：「這不像你！你不會那麼容易放棄的，特別是對足總！」費格遜被嘉芙一言驚醒，就決心要想盡辦法留住簡東拿。

過了兩日，費格遜飛到巴黎，通過簡東拿的律師積基斯（Jean

Jacques）約他在一間餐廳見面。為避開傳媒的追蹤，積基斯就到費格遜的酒店去接他。一見面積基斯就把一個電單車頭盔交給費格遜，然後兩人從酒店後門離開，積基斯駕駛他的哈利電單車到一間餐廳。餐廳就只有簡東拿、經理人班蘭特（Jean Jacques Bertrand）和他的秘書，原來為避免其他人的騷擾，經理人已經和餐廳的東主溝通好，當晚不做其他人的生意，就只接待他們幾個人。

晚飯間，費格遜和簡東拿就足球的所有事無所不談，費格遜也道出太太嘉芙如何改變自己的想法，從而表達了自己的決心，讓簡東拿重新穿上曼聯的球衣，包括為他準備一間屋而不再需要住酒店。而球會律師屈健士亦在向足總交涉，為閉門友賽一事為簡東拿爭取公道。簡東拿被費格遜說服願意繼續留隊，之後兩人的話題都是圍繞足球的，包括五六十年代的一些足球賽事、比數和入球球員等等，無所不談。費格遜對於簡東拿的足球知識感到驚訝，兩人在巴黎過了愉快的一晚。

後來，簡東拿回憶道，費格遜給予他很多自由去發揮，令他沒有在監獄的感覺，結果費格遜對簡東拿的信任很快就得到回報。簡東拿不單為曼聯贏得 1996 年雙冠王，更帶領一班 92 班球員例如碧咸、史高斯、畢特和尼維利兄弟的成長，為 1999 年的三冠王打下基礎。

簡東拿於 1997 年退休之後，碧咸就穿起這件傳奇 7 號球衣。不過一年之後，碧咸在 1998 年法國世界盃遇到麻煩，在 16 強對阿根廷時因為虎尾腳踢倒施蒙尼（Diego Simeone）而被趕出場，最後英格蘭在12 碼被阿根廷淘汰，碧咸成為眾矢之的，幾乎背起了這次出局的所有責任。可以毫不誇張地說，當時碧咸是全英格蘭最討厭的人。

碧咸後來回憶,賽後的第二天,費格遜就打電話給他,只是短短數句話:「孩子,回來曼徹斯特吧!你會沒事的。你是曼聯球員,我們一定會好好照顧你。」當碧咸歸隊作季前訓練時,所有職球員都歡迎他的回歸。之後費格遜就一直都保護着碧咸,不讓他接受任何的傳媒訪問,以免他承受過多的壓力。

結果,費格遜對碧咸的信任再次獲得回報,聯賽揭幕戰對李斯特城,碧咸在補時射入罰球,為曼聯扳平 2:2;之後更以主力身份,協助曼聯贏得三冠王。

就在李奧費迪南為曼聯贏得 2003 年聯賽冠軍之後,他在當年 9 月 23 日忘記了參加訓練後的禁藥測試而被足總起訴。李奧是當時曼聯的後防主力,費格遜對於愛將被無理起訴,當然是又憤怒又替李奧感到不值,所以在聆訊中為李奧做品格證人。不過經過聆訊,李奧的罪名成立,被足總判罰 5 萬英鎊和停賽 8 個月,事件令這名主力後衛缺席部分曼聯在 2003/04 的賽事和 2004 年的歐洲國家盃。曼聯在李奧缺席半季的情況下,只能以季軍完成聯賽,排在阿仙奴和車路士之後。雖然是第三名,但已是當時曼聯在英超最差的成績。

後來到 2011 年,李奧的弟弟安東在代表昆士柏流浪對車路士的比賽中,被泰利以種族歧視語言辱罵。事件後來由警方介入,結果泰利被警方起訴。雖然經過 5 天的法庭聆訊後泰利被判無罪,但足總還是對他判以停賽 4 場和 22 萬英鎊的處罰。

事件中,李奧和父母當然力挺安東,每天都陪同安東上法庭,卻因此遭到粗暴對待,包括電話恐嚇、家居的玻璃窗被人擲石頭打破。李奧

的母親因為承受不住這種壓力而病倒。當時李奧大部分時間都在曼徹斯特，未能抽出時間每日都探望母親。而費格遜知道這事後，就馬上送花給費迪南太太以示慰問，並每隔幾天都打電話給她，有時只是簡單幾句：「你好嗎？」當時李奧對這些事是不知情的，是後來母親告訴他，才知道費格遜的心意。

渴望勝利不自滿

費格遜的其中一個特性，就是對勝利的渴望。他深明職業足球是一種以成績掛帥的運動：無論你踢得多優雅場面多好看，最終你需要的是勝利。只有勝利才能保住領隊對球隊的控制，只有勝利才是生存之道。費格遜從不吝嗇向球隊上下灌輸這種對勝利的渴望。

費格遜承認，自己在球員生涯得不到任何冠軍，讓他有額外的動力要在領隊工作中彌補這個遺憾，這亦增加了他對勝利的飢渴感，即使贏得一次冠軍，就要向下一個冠軍進發，永不滿足。

他的重點從來不是已到手的冠軍，而是下一個獎盃，有球員曾經講過，奪得冠軍之後的第二天，費格遜就已經在辦公室工作，為下一屆比賽做準備。亦是這種對勝利的渴望，曼聯在 1993 年首奪英超冠軍，到費格遜在 2013 年退休，20 年間贏得 13 次英超冠軍；即使為曼聯贏得兩座歐聯獎盃，費格遜仍然覺得曼聯應該可以多幾次摘取這項歐洲最高殊榮。

首先費格遜有對勝利的渴望，而他亦成功地把這種渴望傳達到球隊當中，這個可以從他對球員和球隊訂立的標準中看到。

在執教聖美倫時，有一場比賽球隊以 5：0 擊敗對手，但費格遜仍然覺

得球隊在傳球方面做得不好，因此賽後在更衣室就批評球員的表現。當時隊長費斯比克（Tony Fitzpatrick）就反擊：「我們已經以5:0勝出，你還不高興嗎？你還想要求什麼呢？」隊長的回應惹來費格遜更嚴厲的批評：「請你們記住，我才是領隊，我才是為球隊訂立標準的人！」後來費斯比克就明白，費格遜永遠在尋找進步空間。

費格遜開始執教鴨巴甸的時候，球隊一直活在些路迪和格拉斯哥流浪之下。費格遜來到之後，首要工作就是要剔除球員的宿命主義，換上自己是冠軍的心態。後衛麥利殊記得，當時鴨巴甸如果能打入盃賽四強或決賽，就已經是了不起的成就。費格遜來到之後，就幫球隊訂立更高的標準，不得再滿足於打入四強或決賽，一定要以冠軍為目標。結果費格遜在鴨巴甸8年，就帶領球隊贏得10個冠軍。

即使你曾經為球隊建功立業，費格遜也不會因此而降低要求。約基於1998年加盟曼聯，第一季就以29球成為球隊的神射手，並協助球隊奪得史上首次三冠王這個史無前例的成績；第二季仍然射入26球，但費格遜已經對他的表現有點不滿；到第三季由於出賽次數減少只射入14球，費格遜形容約基是「失敗」的表現；結果第四季後就將他賣到布力般流浪。

即使到執教曼聯最後一季，即使知道自己即將退休，費格遜對勝利的渴望依然沒有減退。雲佩斯透露了費格遜當年的一件事，如何確保了曼聯奪得該屆英超冠軍。

在2013年4月8日，曼聯在奧脫福迎戰曼城，當時曼聯在聯賽榜領先對手15分，只要贏得這場打吡，曼聯就可以提早奪冠；但比賽輸了

1：2，惟曼聯仍然以 12 分遙領對手。

以當時曼聯的狀態，要奪冠是遲早的事，但費格遜決不就此輕鬆起來。在比賽之後的第二日，費格遜把兩位夜蒲球員的照片掛在更衣室裏，而且還寫上時間，凌晨 2 點、3 點、4 點的都有，繼而費格遜對球員們説：「如果今年我們不能贏到聯賽冠軍，就是因為這兩位球員選擇出去夜蒲！從今日開始，如果在奪得冠軍之前再有球員出去夜蒲的話，我不管你是誰，曾經贏過多少次冠軍，他都要在球隊消失！」

費格遜講話完畢，大家就出去訓練，雲佩斯形容，那次訓練是球員生涯中最辛苦的一次。結果下一場比賽，曼聯以 3：0 擊敗阿士東維拉，提早在英超封王！

管理心法

管理，説到底就是管理人才，如何用不同的方式發掘員工潛能、因材施教，將對的人放在對的位置，便是良好管理的基本。

M for

Memory
記憶力

在電影《逃學威龍》裏，曾近榮飾演的化學老師在實驗室對一眾學生講過：「記性，係好重要㗎。如果無記性就好危險啦！」費格遜在現實世界裏就證明了記性的重要性，而他驚人的記憶力對他管理球會和球員產生極大的幫助。

首先談談費格遜的記憶力有多驚人，因為其超強記憶力，他有「影印機」的外號。約基記得自己在 1998 年加盟曼聯的時候費格遜曾經對他說：「我記得你 9 年前代表千里達 U19 對曼聯的一場比賽裏射入 3 球，之後我就一直留意你的發展。」約基驚訝不已，因為 9 年前的自己只是一名寂寂無聞，在中美洲踢球的小伙子，但費格遜當時不但有留意他，還記得他的表現。

驚人的記憶力，亦大大增加了費格遜在更衣室裏和球員對話的內容。朴智星就非常佩服費格遜具有令人驚嘆的記憶力，即使上了年紀但頭腦裏依然像電腦一樣儲存着大量數據訊息。在中場休息的更衣室裏，費格遜總會說：「某年某月某日我們同某隊的比賽中……」以此為論據做出指示。根據費格遜的講話，教練團隊就像擺着當年的錄影似的，給球員說明當時的情況，作出下半場的戰術安排。足球比賽是充滿偶

然性不可複製的，上半場的比賽狀況可能是賽前無法預測和準備的，但教練可以在中場休息時重構戰術設置，球員就在他說明的事例和經驗中尋找下半場應付對手的方法。這時候朴智星會驚嘆於費格遜教練的身經百戰，他心裏有個疑問：難道費格遜把經歷過的兩千多場比賽都銘記在心？

和費格遜合著 *Leading* 一書的莫里斯爵士，同樣對費格遜的記性印象深刻。在和費格遜合作著書的過程中，他見識過費格遜可以如數家珍般對一場幾十年前比賽的細節滔滔不絕，例如比數、出場陣容、換人、入球和助攻球員等資料。

除了一隊球員，費格遜也會記得年輕球員的資料。畢特說過，他自己 12 歲的時候，費格遜就已經記得他和其他小朋友的名字，還記得他們父母的稱呼。這不限於已經成名的球員。曼聯青年隊打入 2011 年青年足總盃的決賽，決賽前費格遜特意邀請一班年輕人包括普巴、連加特（Jesse Lingard）和摩里遜（Ravel Morrison）等到自己辦公室分享和打氣，希望可以激勵他們再創佳績。當時的門將莊士東就記得，雖然大家都只是十八九歲的年輕人，但費格遜記得每一位球員的名字和資料，讓他們覺得自己很被尊重，結果他們如願以償奪冠而回。

不要以為費格遜只會記得有天份的球員，即使是發展一般的球員，費格遜也可以把他的資料印在腦海裏。巴素（Derek Brazil）是八十年代曼聯的青訓產品，費格遜在 1989 年第一次派他在一隊上陣，但他只在曼聯出場 2 次，1992 年轉會到卡迪夫城等低組別球隊。後來巴素成為卡迪夫城的大使，負責在比賽日招待嘉賓。在離開曼聯 22 年後的 2014 年，曼聯作客卡迪夫城，費格遜雖然已經退休但亦有隨隊。巴素

知道費格遜來臨，就走到董事貴賓廳主動向他打招呼。費格遜不但認得巴素，閒談幾句後，費格遜就問他：「Mick 和 Evelyn 好嗎？」巴素大吃一驚，因為 Mick 和 Evelyn 是自己父母的名字，他不能想像，這位歷史上最成功的領隊，竟然在相隔二十多年後，仍然記得一個名不經傳球員父母的名字。

費格遜記住的並不限於場上比賽的球員，他對球隊裏每一位員工都瞭如指掌。傑斯就笑説：「費格遜可以記住球會所有人的名字，包括接待員、廚師，甚至洗衣工人；他亦希望以身作則令職球員效法。」其實這並不是偶然，而是費格遜有意為之。他剛來到奧脫福的時候就跟助手諾斯提出：我們要記得這裏所有人的名字，包括雜工、廚房和洗衣房的員工。諾斯一點都不驚訝，因為費格遜在鴨巴甸時就已經是這樣做。費格遜的目的，是要讓球會的上上下下都覺得自己是球會的一部分。

費格遜的記性是全方位的，他所記得的資料不限於足球，也包括其他事物，例如他花了多少錢買入 1986 年 Petrus 和 1993 年 Sassicaia 的紅酒；用了多少錢購入不同馬匹的股份等等，他都可以了然於胸。他擁有超強的記憶力，即使再不起眼的細節也可以記住。他的興趣也非常廣泛，絕不局限於佔據他人生大部分的足球綠茵場，加上費格遜天生就是一個講故事的高手，這大大加強了和職球員溝通的資本。

費格遜讀書不多，16 歲就離開校園去打工。但他喜愛閱讀，加上驚人的記性，所以他的知識水平一點不錯：歷史、地理、政治等方面都有豐富的知識。《星期日鏡報》記者獲加（David Walker）就記得，費格遜可以一邊跟你談論足球，忽然可以轉個話題談論非洲歷史。就算

是蘇格蘭的希利斯教授（Dr. Steward Hillis）也說過，如果一起參加常識問答比賽的話，自己一定敵不過費格遜，難怪費格遜在兩次參加英國電視節目《百萬富翁》時都取得不錯的成績。

2004 年，《百萬富翁》邀請費格遜參與其中一集節目。費格遜和著名電視節目主持人和曼聯球迷的賀姆斯（Eamonn Holmes）組成一隊參賽。兩位開始得很順利，在無用過任何錦囊的情況下答對了 10 題。從社交平台重溫這集節目，費格遜很多次都可以很快說出答案，反而是拍檔賀姆斯有些猶豫。

到第 11 題價值 6.4 萬英鎊的問題是這樣的：

喜劇 *The Good Life* 裏 Tom 和 Barbara 養的公雞叫什麼名字？ A. 托洛斯基 ；B. 拉斯普丁；C. 列寧；D. 史太林

這次考起了費格遜，所以兩位決定先問現場觀眾，不過觀眾投票後也沒有一致的答案。然後費格遜選擇打電話給朋友：他的前曼聯球員蘇格蘭前鋒麥佳亞，不過麥佳亞同樣毫無頭緒，只能回答一句「Sorry Boss」，所以費格遜只好用到最後一個錦囊：50-50，然後剩下的答案是 A . 托洛斯基及 C. 列寧。結果兩位選擇錯誤的答案托洛斯基，飲恨而回，只能贏得 3.2 萬英鎊。幸好兩位並沒有拍定手講「一定係 A，拍定手先！」

雖然本身已是百萬富翁，但後來費格遜回憶這次經歷還是耿耿於懷，抱怨麥佳亞無用幫不到忙，並笑言以後也不會再問麥佳亞任何問題。

第二次上《百萬富翁》，是費格遜退休後的 2013 年 12 月，這次他再與賀姆斯拍檔。結果兩位已經答對了第八題價值 7.5 萬英鎊的問題，而第 9 題 15 萬英鎊的問題是這樣的：

一塊磚頭的裂縫通常叫什麼？ A.Newt；B.Frog；C.Toad；D.Tadpole

結果兩位答錯了只能贏得保險線的獎金，但仍然為曼聯基金會贏得 5 萬英鎊的善款。

超強記憶力助管理球隊

說了那麼多有關費格遜超強記憶力的事跡，那麼他的記憶力又如何幫助他管理球隊呢？我嘗試歸納為以下三點：

1/ 記憶力可以增加你足球知識，前英格蘭國家隊領導鶴臣就曾經形容：「如果我要參加足球知識比賽的話，我一定會邀請費格遜做我的隊友！」當你有豐富的足球知識之後，要做出任何決定就會變得容易。

2/ 除了豐富的足球知識外，費格遜的記憶裏面還包括林林總總的知識：歷史、地理、政治的。這些知識的確可以幫助費格遜在球隊講話，特別是半場休息的時候，因為半場休息只有 15 分鐘，而領隊最多只有七八分鐘的時間和球員溝通。當費格遜腦海裏有豐富的足球知識的時候，他就有更多的素材去表達自己的意思。同時間好的記性讓費格遜不用在比賽中寫筆記，可以更專心地留意比賽的發展和細節，然後在更衣室講話時提醒球員。

3/ 激發員工的忠誠。正是由於他能記住每個員工的名字、他們的家庭，令員工覺得自己被重視，徹底激發別人的忠誠，願意終身都

會完全信任他。正是由於費格遜的存在，曼聯才會每個有那麼多接待人員、後勤人員為球會勤勤懇懇工作 20 年。費格遜能讓每個人感覺到自己有多麼重要。

研究領導力的學者麥士維（John Maxwell）在 *Everyone Communicate, Few Connects* 一書中指出，溝通與連繫是兩碼子的事。兩個人可以溝通，口頭說說，耳朵聽聽，但中間可以毫無交接。而聯繫是和另一人產生關係，從而對他人產生影響力。但溝通最重要的目的，是加深與另一個人的關係。要連繫其他人的一個方法，就是提出一些與他有關而重要的事情，簡單如名字、生日和家庭是最好的例子。一句「Alex 早晨」和「早晨」就已經有好大的分別。

雖然費格遜不能每天都花很多時間在每一個員工上，但每次的接觸，都提到對員工重要的事的話，他就可以跟員工連繫上，令員工對自己產生信任，引發忠誠。這不但是他個人與員工的連繫，作為領隊，他更代表着球會與員工連繫，讓員工更加覺得自己是球會的一部分，更願意為球會傾出所有。據說曼聯的後勤員工一般都為曼聯工作很久的，包括在曼聯訓練場當接待員的嘉菲（Kath Phipps），她在蘇斯克查以球員身份加盟的時候已經任職，到 2018 年 12 月蘇斯克查回來當領隊時她還在曼聯打工。蘇斯克查也學會費格遜的一套，回到卡靈頓訓練中心見面時就為嘉菲送上一盒挪威的餅乾，表示自己一直沒有忘記她。

費格遜對曼聯職員的重視並不只是口頭上的，他還會身體力行去表達出來。如果時間許可，他定必出席職員或其家屬的喪禮。因為他知道，這是一種對同事和朋友表達支持的方法。因此有人形容，費格遜是個喪禮的常客。

A
B
C
D
E
F
G
H
I
J
K
L
M
N
O
P
Q
R
S
T
U
V
W
X
Y
Z

管理心法

> 記住員工的名字，恍似很簡單，卻足以讓公司上上下下都覺得自己是公司的一部分，更賣力共同達成目標。

M for
Mind Games
心理戰

費格遜除了對自己球員的心理熟悉，能夠運用不同的手法去激勵不同的球員之外，和對手的心理戰更是得心應手，往往收到奇兵之效。

從 1974 年展開領隊生涯開始，費格遜就已經懂得運用心理戰。當年 10 月帶領東史特靈郡在主場對福爾柯克的聯賽，費格遜賽前特意安排球隊和對手在同一間酒店食午飯，然後叫自己的球員在對手面前講笑話和大笑，以顯示球隊準備輕鬆應戰。結果費格遜策略成功，東史特靈郡以 2：0 擊敗對手。

利用心理戰製造優勢

早在鴨巴甸年代，費格遜就已經用心理戰作為備戰的一部分。1986 年足總盃決賽，鴨巴甸的對手赫斯剛剛痛失聯賽錦標，一周前的聯賽煞科戰，原本以 2 分領先些路迪，赫斯只要保持不敗就可以奪冠，最後卻以 0：2 不敵登地，而些路迪又以 5：0 大勝對手，結果赫斯以得失球差不及些路迪而失落聯賽錦標。

費格遜利用赫斯球員這個心理傷口，特意吩咐球隊的隊巴要提早到達

決賽場地，後來當赫斯球員到達時，就叫自己球員上前和對方握手，假裝安慰説：「你們上周真不幸啊！」這一舉動結果加重了對方的心理壓力，結果鴨巴甸以 3：0 擊敗對手，費格遜的心理戰得逞，為球會贏得自己任內最後一個錦標；可憐的赫斯卻成為「雙亞王」。

來到曼聯後，費格遜將心理戰的對象轉移到對手的領隊上，他有個習慣，就是觀看競爭對手領隊在賽後的電視訪問。他觀看的重點並不在於對方的説話，而是他們的面部表情，例如在 1995 年和布力般流浪的聯賽競爭去到最後階段時，費格遜就留意到布力般領隊杜格利殊開始感到緊張，和季初輕鬆自如的表現大相逕庭，所以他知道布力般流浪的球員也同樣感到壓力，曼聯球員的經驗有助他們後來居上壓過對手。不過事與願違，曼聯在最後一場聯賽對韋斯咸失諸交臂，只能逼和對手 1：1，未能反先同日輸給利物浦的布力般流浪，以一分之差失落聯賽冠軍。

要數費格遜最著名的心理戰，當然要數到 1996 年對紐卡素的奇雲基瑾（Kevin Keegan）和 2009 年對利物浦的賓尼迪斯（Rafael Benitez），這兩次心理戰都以曼聯反超前對手而奪得英超冠軍而回。1996 年 4 月，當曼聯和紐卡素在聯賽鬥到白熱化階段的時候，曼聯在倒數第三場對列斯聯的關鍵戰，由於對手門將早早就被趕離場，但曼聯在列斯聯球員負隅頑抗下只能憑堅尼在 72 分鐘的入球險勝對手，以 3 分領先少賽一場的紐卡素。賽後費格遜接受訪問時，表示以當天列斯聯的表現，足以在聯賽榜排在前 6 的位置，但他們只能排在中下游，是球員欺騙領隊的表現，他希望列斯聯在之後對紐卡素的賽事能夠表現出同樣的戰鬥力和爭勝心。其言下之意是列斯聯會因為曼聯是死對頭的關係會放水給紐卡素，目的是為了不讓曼聯奪得聯賽冠軍。

結果紐卡素同樣以１：０擊敗列斯聯，追到和曼聯同分。原本以為費格遜的心理戰無效，但當紐卡素領隊奇雲基瑾在賽後訪問中被問到對費格遜早前的言論有沒有回應時，他就瞬間爆發了，基瑾激烈回應說：「這不是心理戰的一部分。之前他批評列斯聯的時候，我保持沉默，但他所說的話我都記得。聯賽並未完結，無論如何曼聯還未勝出！」這時候費格遜知道奇雲基瑾和紐卡素球員正承受巨大壓力，曼聯因此有機可乘。果然在基瑾爆發之後，紐卡素在最後兩場聯賽只能賽和，結果曼聯從季中落後 12 分到反超前紐卡素 4 分奪得冠軍，成為費格遜奪得 13 次英超冠軍中最戲劇性的一次。

到 2009 年 1 月，爭取衛冕聯賽冠軍的曼聯以 7 分落後利物浦但少賽兩場。費格遜在訪問中，投訴賽程對利物浦有利，並預計利物浦球員會在下半季開始緊張。為此，賓尼迪斯在聯賽對史篤城的賽前記者會中，用了 5 分鐘來回應費格遜的投訴，他以一早準備好的「事實」來面對記者。首先賓尼迪斯表示自己並不想參與費格遜的心理戰，即使對方摩拳擦掌。他指出費格遜一直在投訴球證，並鼓勵自己的球員在中場休息時接近球證並試圖影響他們的裁決，但從來沒有受到懲罰；又指出緊張的是費格遜和曼聯球員，因為他們覺得利物浦不應該出現在榜首位置。結果在同一輪的聯賽，曼聯以 3：0 擊敗車路士，而利物浦只能悶和史篤城 0：0；一周後，當曼聯在聯賽連勝兩場之後得以反超利物浦排在榜首位置，最後以 4 分拋離利物浦連續 3 季奪得英超冠軍。

後來加利尼維利回憶，當曼聯球員見到賓尼迪斯的「事實」宣言後，覺得他正在承受很大的壓力，又認為他已經跌入費格遜的心理戰圈套中，這些迹象讓他們在心理上得到幫助。

即使利物浦隊長謝拉特（Steven Gerrard）也對賓尼迪斯的表現感到驚訝，一點也不像他平時斯文學者的形象而只是顯得有點情緒化。以往賓尼迪斯在記者會只會是簡單回答一下記者的問題打發過去就算，因為他不想為球員添加壓力。但當謝拉特在電視收看到賓尼迪斯在那次記者會的表現時就只感到尷尬，很想跳到梳化後面按着自己的耳朵不去聽自己領隊的發言。

他承認賓尼迪斯對費格遜的激烈回應，破壞了球隊的專注，賓尼迪斯從來沒有向球員解釋為什麼自己會這樣回應，這讓球員只會有更多猜測的空間：猜測賓尼迪斯到底想說什麼？猜測賓尼迪斯背後的動機是什麼？相信謝拉特說的都是實情，因為賓尼迪斯爆發之後，利物浦在1、2月裏的7場聯賽只取得2勝4和1負得10分，相反曼聯在同時期勝出8場聯賽全取24分。從此曼聯就一放絕塵，連續3季奪得英超冠軍；這次的心理戰就成為了該屆聯賽爭標的分水嶺。

後來當謝拉特去到英格蘭國家隊集訓的時候，曼聯球員就告訴他，費格遜在收看賓尼迪斯在記者會的表現時就一直大笑，之後又和自己的球員說：「我搞掂他了！我搞掂他了！」

可能你認為，費格遜所說的都是普通不過的說話，憑什麼會構成心理戰呢？確實這些說話都平平無奇，如果費格遜在季初時說這些話，可能激不出對手任何反應，但當你身處在聯賽競爭之中，你就會覺得費格遜所說的話都是針對自己而來，加上腎上腺素的刺激會令人容易產生激烈的反應。另外，如果費格遜引發出話題然後通過傳媒去渲染，你不回應就好像處於劣勢之中，人性的自我會令人急於證明自己，賓尼迪斯同樣想力證不受費格遜心理戰的影響而急於作出回應去反擊，

但當你回應不當時就會出現反效果，就像基瑾和賓尼迪斯一樣跌入費格遜的圈套。

對象除了敵人　還有己隊球員

其實費格遜打心理戰的對象，除了是對手之外還有自己的球員。費格遜一面批評其他人，例如足總的賽程安排如何對曼聯不公，球證如何針對曼聯而偏幫對手，其他球隊對曼聯時打得更加賣力，傳媒專門報道曼聯的負面消息等等，為的是在隊內營造一種全面受敵的氣氛，他要讓球員感到全世界都沒有人想曼聯成功，對手都以擊敗曼聯為榮，所以曼聯球員就更加要團結一致對抗這種氣氛，以證明他們是錯的。費格遜這種借力打力的方法，的確為曼聯球員提供更多的動力去訓練，提供更多誘因在每場比賽爭取勝利。這些都是費格遜心理戰的一部分。

管理心法 ❝

利用心理戰去激勵員工，讓員工團結一致，隨時取得意想不到的收穫。 ❞

N for

Numbers
數字

費格遜自 1974 年開始擔任領隊，在 1976 年贏得第一個冠軍（蘇格蘭次級聯賽冠軍），然後到 1980 年贏得第一個頂級賽事冠軍，直到 2013 年贏取第 49 個冠軍作終結。

綜觀 39 年的領隊生涯裏，費格遜在 26 個球季都有贏得冠軍。他所做出的成就，讓他成為近代足球歷史上最偉大的領隊。事實上，費格遜有多偉大呢？我們可以嘗試簡化為數字來代表他的成就。然而，一個個數字的背後，代表着他在這 39 年的努力不懈和對成功的渴望。只要有一刻想放棄，就沒有以下偉大的成就。

2131 ： 在 39 年領隊生涯裏帶隊出賽的場數
1752 ： 帶領曼聯在英超所得的積分
1500 ： 帶領曼聯的場次
573 ： 在曼聯提拔的青訓球員在曼聯的入球總數
528 ： 帶領曼聯在英超的勝仗，英超歷史上最多
210 ： 在曼聯起用過的球員總數
72 ： 帶領曼聯對陣車路士的場數，車路士也是費格遜擔任曼聯領隊對陣最多的對手

49 : 領隊生涯贏得冠軍的數目，歐洲史上最多，第二名同樣是戰前蘇格蘭人馬利（William Maley）的 46 個冠軍

38 : 為曼聯贏得的冠軍數目，是歷史上為單一球會贏得最多冠軍

27 : 奪得英超月度最佳領隊的次數，第二名是雲加的 15 次

13 : 奪得英格蘭頂級聯賽冠軍的次數，英格蘭史上最多，第二名是利物浦的披斯利（Bob Paisley）和阿士東維拉的佐治藍西（George Ramsay），兩人都贏過 6 次英格蘭頂級聯賽冠軍

11 : 奪得英超年度最佳領隊的次數，第二名是雲加和摩連奴，兩人都奪得過 3 次

10 : 為鴨巴甸贏得冠軍的數目，隊史上第一

4 : 贏得英格蘭聯賽盃冠軍的次數，與白賴仁哥洛夫，摩連奴和哥迪奧拿同為史上最多

3 : 英格蘭首位領隊連續三季奪得聯賽冠軍

0 : 從未贏得過歐洲足協盃／歐霸盃

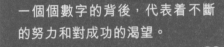

管理心法

一個個數字的背後，代表着不斷的努力和對成功的渴望。

在奧脫福的博物館內，有一幅
以紅線勾勒的費格遜頭像展
品，以紀念這位偉大主帥領軍
25年。

O for
Old Trafford
奧脫福

奧脫福球場在百多年前已是曼聯的主場，曼聯在 1910 年 2 月 19 日對利物浦的聯賽，就是他們第一場在奧脫福的比賽，可惜在 4.5 萬名球迷面前，曼聯以 3：4 僅負宿敵。在二次世界大戰中奧脫福被戰火摧殘，該段時間曼聯只能借用鄰居曼城的主場緬因路球場（Maine Road）踢主場賽事，直到 1949 年 8 月 24 日，曼聯才回到奧脫福比賽，在 41748 名球迷面前以 3：0 擊敗保頓；自此曼聯一直在奧脫福舉行主場比賽。

因為卜比查爾頓爵士在 1978 年的一次訪問中形容在奧脫福比賽的感覺，將奧脫福比喻為「夢劇場」（The Theatre of Dreams），所以後來球會在九十年代中開始用「夢劇場」來形容奧脫福。確實，費格遜在九十年代開始，讓奧脫福成為曼聯球迷夢想成真的地方。

英國第三大足球場

奧脫福能容納 74140 人，是英國第三大的足球場，僅次於倫敦的溫布萊球場和威爾斯卡迪夫城的千禧球場；是英格蘭球會級最大的球場。

早在自己入主奧脫福之前，費格遜就已經有帶隊到奧脫福比賽的

經驗。1983 年 8 月 17 日，曼聯在奧脫福為隊長布肯（Martin Buchan）舉辦紀念賽，所以邀請了由費格遜執教的鴨巴甸作對手。當時曼聯是足總盃冠軍，而鴨巴甸是歐洲盃賽冠軍盃和蘇格蘭足總盃得主，因此比賽由球僮捧着這 3 個獎盃帶領兩支球隊步入球場。

布肯本是鴨巴甸的青訓產品，20 歲就成為球隊隊長，1970 年協助球隊贏得蘇格蘭足總盃。1972 年以破球會轉會費紀錄 12.5 萬英鎊加盟曼聯，可惜他在加盟後的第二季曼聯要降落乙組，不過布肯並未想過要離隊，而是決心要帶領曼聯重返甲組，結果一年後得償所願，而布肯亦在 1975 年接過隊長臂章，並帶領曼聯贏得 1977 年足總盃冠軍，除了為曼聯帶來自 1968 年歐洲盃冠軍後首個錦標，自己亦成為首位同時贏過英格蘭和蘇格蘭足總盃的隊長。

最後布肯在曼聯効力到 1983 年，11 年間共出場 456 次，隊史排名 18 名，排在神奇隊長笠臣之後。巧合的是，布肯的隊長臂章就是交給笠臣。有這樣的功績，實在值得曼聯為他舉辦紀念賽，而邀請他的母會鴨巴甸作賽也理所當然。

這次費格遜第一次到奧脫福比賽，上半場曼聯藉前鋒史塔保頓梅開二度，令費格遜的球隊落後 0：2，但可能費格遜在中場休息時大開「風筒」，令鴨巴甸球員發揮費格遜不服輸的精神，下半場憑翼鋒韋亞（Peter Weir）連追兩球，以 2：2 收場。

3 年後，事過境遷，當晚 1.8 萬名入場觀看這場紀念賽的觀眾未必想到，客隊的領隊費格遜會取代艾堅遜接掌曼聯，得以和鴨巴甸的前下屬史特根重聚，成為奧脫福的主人。

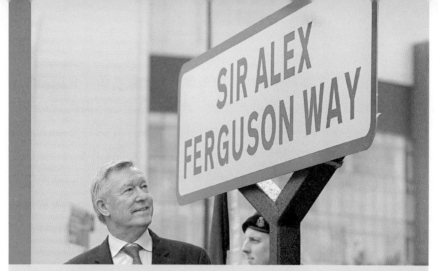

曼徹斯特市政府為表揚費格遜的貢獻,在他退休那一年,
將奧脫福附近的一條街道改名為「費格遜爵士路」。

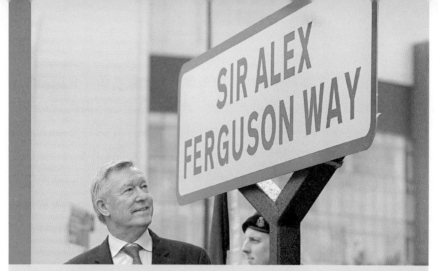

費格遜首次以領隊身份帶領曼聯在奧脫福的比賽,是 1986 年 11 月 22 日對昆士柏流浪的聯賽,在 42235 名球迷見證下迎來自己在奧脫福的處子戰,結果曼聯憑丹麥國腳史夫碧(John Sivebaek)一箭定江山擊敗對手,費格遜也取得曼聯的第一場勝仗。

不過,奧脫福除了為曼聯提供主場之利外,也為客軍提供額外的動力去爭取勝利,費格遜初來曼聯時就嘗到苦頭。1987 年的足總盃,曼聯先在第三圈擊敗曼城晉級,第四圈對手是高雲地利城。為了備戰,費格遜和諾斯在比賽前一周去觀看對手和錫周三的比賽,但當時高雲地利城踢得一敗塗地。正當費格遜以為對手不外如是時,卻得到沉痛教訓。來到奧脫福比賽的高雲地利城踢得生龍活虎,和一個禮拜前判若兩隊,結果曼聯主場以 0:1 敗陣出局。自此以後,每當曼聯在奧脫福出戰,費格遜都會當對手以最強的陣容來備戰。

到費格遜在 2013 年宣布退休，一眾球員也為費格遜在奧脫福的告別戰取得勝利，以 2：1 擊敗史雲斯。李奧費迪南射入奠定勝利的一球，也是費格遜在奧脫福領軍的最後一個入球。

費格遜第一個在奧脫福舉起的獎盃，是 1991 年的歐洲超級盃。當時他們以 1：0 擊敗歐冠盃冠軍貝爾格萊德紅星隊，因為南斯拉夫戰亂的緣故，原本兩回合的賽事改為一場過。前鋒麥佳亞為曼聯一箭定江山，助曼聯首次贏得歐洲超級盃，由隊長布魯士舉起獎盃。

草坪質素一度影響發揮

不過，當屆亦因為奧脫福的草地質素間接影響了曼聯自從 1967 年再次奪得聯賽冠軍的機會。自從進入 1992 年，奧脫福的草坪質素嚴重下滑，對於以快速推進和小組滲入為進攻手段的曼聯大受影響。踏入 1992 年後的 11 場主場聯賽，曼聯只取得 5 勝 4 和 2 負的成績，勝率不夠一半。結果曼聯被列斯聯後來居上以 4 分落後對手失落聯賽冠軍。費格遜後來反省，自己應該收購盧頓的典型英式前鋒夏福特（Mick Harford），以增加曼聯的進攻手段，如果有需要用長傳的打法時，也有個高大前鋒在禁區接應。

汲取這次功虧一簣的經驗，費格遜就要求馬上改善奧脫福草坪的質素。結果只需要等多一季，費格遜就在奧脫福舉起第一個英超聯賽冠軍。當 1993 年 5 月曼聯篤定贏得英超冠軍之後，賽會就將頒獎儀式安排在曼聯主場對布力般流浪的比賽之後進行，這次就由笠臣和布魯士一同舉起英超獎盃。

費格遜也會因應對手的特性，來調整奧脫福的草坪狀態去應付。

為紀念費格遜擔任領隊 25 年，曼聯在 2011 年 11 月 5 日把奧脫福的北看台命名為「費格遜爵士看台」。

1998 年歐聯 8 強曼聯遇到法國的摩納哥，由於摩納哥的主場路易二世球場是建造在一個停車場上的，影響了球場的去水能力，所以草地質素一般較硬。有見及此，曼聯在首回合以 0：0 悶和對手回到奧脫福決一勝負的時候，費格遜就叫球場工人在賽前大量灑水，提高草坪的柔軟度希望讓摩納哥球員難以適應。不過摩納哥由查斯古特（David Trezeguet）先入一球，曼聯雖能憑蘇斯克查追回一球，但因作客入球失利被淘汰出局；費格遜這次的計謀未能得逞。

隨着奧脫福的東西及北看台加建以增加座位，也同時增加保養草坪的難度，因為加高了的看台，讓更少的自然光可以曬進球場，也減少了風吹入奧脫福的幅度去吹乾草坪。特別是曼徹斯特的冬天日短夜長，每每影響了奧脫福在球季下半段的質素，所以曼聯每年都要為奧脫福換二三次草皮以確保草坪質素。曾經為曼聯效力 14 年的肯特（Keith Kent）專門負責照顧奧脫福草坪，他就多次因為草坪質素而遭到批評。特別在比賽日，當曼聯球員出來熱身的時候，費格遜就會走出來在眾人面前向他大罵：「這個球場究竟有什麼問題？這個草坪真是個恥辱！你也是個恥辱！」

不過，除了開心的時刻，奧脫福也為費格遜帶來痛苦的回憶。話説2002年，曼聯和阿仙奴在聯賽中鬥得難分難解，最後關鍵一戰曼聯主場對阿仙奴。如果阿仙奴贏了，就可以確定捧盃，最後韋托特（Sylvain Wiltord）的入球，粉粹了曼聯些微的奪標希望，雖然阿仙奴在自己主場贏得聯賽冠軍，但費格遜仍保持風度，賽後到客隊的更衣室恭賀阿仙奴，但揚言下季曼聯一定會捲土重來。費格遜沒有食言，一季後曼聯壓倒阿仙奴重奪聯賽錦標。

為紀念費格遜擔任領隊25年，曼聯在2011年11月5日把奧脫福的北看台命名為「費格遜爵士看台」。在2012年11月23日，費格遜超越畢士比爵士作為曼聯在任時間最長的領隊，為紀念這個歷史性的一刻，球會決定在費格遜看台外豎立了一座有9呎高的費格遜雕像，總裁基爾更邀請到費格遜太太嘉芙一同出席揭幕儀式。

除了曼聯在奧脫福的舉動為費格遜作致敬之外，曼徹斯特市政府也在費格遜退休那一年，將奧脫福附近的一條約243米長，原本叫「Waters Reach」的街道改名為「費格遜爵士路」（Sir Alex Ferguson Way），以表揚他對曼徹斯特市的貢獻。

管理心法 ⑥

就像費格遜對奧脫福球場草坪的
質素一絲不苟,好的領袖也很注
重細節,因為每一個小環節隨時
也是影響勝負的關鍵。

P for

Playing Career
球員生涯

費格遜從 16 歲踏入足球圈，到 71 歲從曼聯領隊職位上退休，將自己 55 年的光陰奉獻給足球。費格遜在這 55 年中，有 16 年是球員身份而有 39 年是以領隊身份度過的。

司職前鋒　未嘗贏得錦標

球員身份的費格遜一直司職前鋒，他以業餘身份開始球員生涯，試過效力班霸球會，但也被自己從小支持的球會貶到獨自訓練；他曾經奪得過聯賽神射手，但從未贏過頂級球會錦標。費格遜 16 年的球員生涯，在能力和心態上，有很多協助他日後成為偉大領隊的地方，值得我們在「P for Playing Career」這一章仔細回味。

由於父親是業餘球員的緣故，費格遜自小就受到父親的影響接觸足球，在家鄉加文參加青年賽，一直都司職前鋒，讀中學的時候加入校隊。由於表現出色，在 1955 年被當地一支剛成立的業餘球隊之負責人史密夫（Douglas Smith）看中，決定親自家訪費格遜，邀請當時只有 14 歲的他加盟。費格遜考慮了幾天就決定接受邀請，加入這支叫德姆查普（Drumchapel Amateurs）的球隊。之後史密夫更開着自己的越野車接載費格遜到球隊的訓練場，以示對他的重視。

這支名不經傳的德姆查普，可能沒有太多人認識，但卻為蘇格蘭球壇培養出費格遜、莫耶斯和安地格雷（Andy Gray）等名將。當時年少的杜格利殊亦想加入德姆查普，但被認為不夠出色而未獲錄用。

由於在德姆查普的表現出色，1958 年費格遜以 16 歲之齡獲邀請加入乙組的昆士柏（Queen's Park F.C.）。昆士柏成立於 1867 年，是蘇格蘭歷史最悠久的成人足球隊，也是目前唯一一支參加過英格蘭足總盃的蘇格蘭球隊。

當時費格遜以兼職身份為昆士柏効力，因為他還有一份打字機工廠的正職工作。1958 年 11 月 15 日，費格遜以 16 歲之齡為昆士柏出賽對史特韋亞（Stranraer），以右翼身份正選上陣，可惜球隊在 1650 名球迷面前以 1：2 不敵對手。由於是自己第一場正式比賽，加上出任自己並不熟悉的位置，所以費格遜記得自己在處子戰踢得一塌糊塗，完半場前還被對手後衞咬了一口。費格遜唯一的安慰是，自己在處子戰為球隊射入一球。

不過，處子戰的入球並未為費格遜帶來一個好開始，之後他並未能在昆士柏站穩正選位置，効力 3 年留下出賽 31 場射入 15 球的紀錄後，離開球隊尋求新的發展。

1960 年費格遜轉會加盟同是乙組的聖莊士東，最大的成就是在 1963 年協助聖莊士東升上甲組（當時的頂級聯賽）。

効力聖莊士東期間，費格遜亦同樣未能站穩正選，遇到自己足球事業的第一個樽頸，他試過差不多要離開球壇遠走加拿大，後來因為爸爸

費格遜的職業足球生涯不算如意,雖曾効力格拉斯哥流浪等班霸,卻未嘗獲得頂級聯賽錦標;圖為他於1967年代表格流時的英姿。

的一句話,才改變了命運。

在 1963 年的冬天,剛剛傷癒復出的費格遜代表聖莊士東踢了兩場比賽,分別大比數慘敗 0:10 和 2:11。大受打擊的費格遜不想參加下一輪作客班霸格拉斯哥流浪的比賽,結果就請弟弟馬田費格遜的女朋友假扮自己媽媽,打電話給教練布朗謊稱自己感冒;他自己還計劃離開蘇格蘭到加拿大重新做藍領的工作,從此退出球壇。

後來費格遜被爸爸知悉其詭計,被罵個狗血淋頭,他老爸更叫他親自打電話給教練布朗道歉。布朗也知道費格遜的把戲,但當時球隊正值用人之際,所以不計前嫌叫他盡快歸隊出賽。

結果出乎意料的劇情卻發生了。下半場費格遜用了 23 分鐘射入 3 球,協助聖莊士東第一次在對方主場艾布洛克斯球場擊敗流浪 3:2,自己還成為第一位客隊球員在流浪主場上演帽子戲法。一場勝仗和一次帽子戲法,就令費格遜重拾對足球的興趣,繼續自己的球員生涯。

同一個球季，費格遜在聖莊士東又有不一樣的經歷。在 1964 年 2 月主場對赫斯的一場聯賽，到 65 分鐘當比數還是 1：1 的時候，聖莊士東的門將法朗（Harry Fallon）受傷，由於當時球例並不容許換人，費格遜就被委以重任擔任門將一職；可惜費格遜被對手攻入 3 球，最後球隊以 1：4 敗陣。

這個球季的經歷改變了費格遜的命運，1964 年夏天，23 歲的他加盟甲組鄧弗姆林。當時的鄧弗姆林在前領隊史甸帶領下成為一路奇兵，是些路迪和格拉斯哥流浪外的有力競爭者。為了讓自己可以更專注在高層次的足球比賽，費格遜決定全身投入職業足球事業，不再在工廠當兼職。費格遜這個決定是正確的，因為效力鄧弗姆林的 3 年，可説是他職業生涯的高峰，他在 3 個球季都成為球隊的神射手。

成為職業球員之後一年，費格遜就決定自己在退休後往教練方向發展。因此在效力鄧弗姆林的時候，費格遜開始考取教練 B-license 的執照，一年後就考到教練資格，所以費格遜在日後成為領隊並不是偶然，而是一早計劃的。

費格遜加盟鄧弗姆林的首季就成為球隊神射手，翌季更迎來爆發期，1965/66 球季他在 51 場比賽裏面射入 45 球再次成為球隊神射手，又憑着聯賽 31 個入球和些路迪的麥比迪（Joe McBride）一同奪得聯賽金靴獎。

憑着費格遜出色的表現，鄧弗姆林也在這段時間得到球會歷史上最好的成績。1964/65 球季，鄧弗姆林在聯賽榜一直名列前茅，與基爾馬諾克和赫斯形成三頭馬車之勢，最後只是以一分之微屈居兩隊後名列

第三，但已經是鄧弗姆林歷史上最好的聯賽成績。

不過，該球季對費格遜最大的影響，可能是他第一次打入盃賽決賽的經歷。當屆的足總盃，費格遜在每一圈都為鄧弗姆林出賽，還射入不少重要入球，協助球隊打入決賽對些路迪。這也是費格遜第一次有機會感受盃賽決賽的氣氛。不過領隊根靈咸留意到，費格遜的狀態在季尾有所下滑，所以是否在決賽派費格遜上陣有所猶疑。而根靈咸要留到比賽前一小時才公布出賽名單，費格遜赫然發現自己落選，他當然感到十分錯愕和憤怒，衝着根靈咸大罵：「混蛋！」兩人要由職員分開。由於當時不設有後備名單，所以費格遜直接走上看台，看着球隊以 2：3 輸給些路迪，未能第一次感受冠軍的氣氛。經歷過這次落選決賽大軍的經驗，費格遜在成為領隊後，會在比賽前一天或盡早的時間公布出賽名單，除了使正選球員有更好的準備外，也讓落選的球員感到一份尊重。

這個賽季結束後，由於足總盃決賽的經歷，加上自己希望得到更好的待遇，費格遜決定提出轉會要求，只是球會拒絕而繼續留隊效力。

在鄧弗姆林的第三季，費格遜雖然受膝傷影響而缺陣一段時間，但仍然以 29 球再次成為球隊神射手。到季尾費格遜同樣要求離隊，這次他終於得償所願。

憑着在鄧弗姆林的出色表現，費格遜得到格拉斯哥流浪領隊西蒙的垂青，以破當時蘇格蘭本土球會之間的轉會費紀錄 6.5 萬英鎊轉會流浪，完成了自己兒時夢想。當時 25 歲正值當打之年的費格遜心想，自己可以在格拉斯哥流浪贏得多項錦標，並晉升成為大國腳。

不過好景不常，能夠加盟自己一直支持的球隊不代表有美好的收場。費格遜在格拉斯哥流浪的第一季的表現還可以，首次在主場作賽對法蘭克福的熱身賽就以一次帽子戲法作為見面禮。

不過，費格遜在格拉斯哥流浪失敗的結局在第一季就已經埋下伏線。邀請他加盟的領隊西蒙在季中被球會辭退。西蒙已經帶領了流浪 13 個球季之久，但因為成績不及當時得令的些路迪而顯得黯然，即使當時流浪排在聯賽榜首，但因為不久前在聯賽盃被些路迪淘汰出局而被辭退。代替西蒙的是副領隊韋特。當時加盟不久的費格遜就預感到自己在流浪的命運；即使在季中遇到領隊的更替，費格遜仍然以 24 球成為球隊神射手。

翌季韋特不重用費格遜，在聯賽盃再被些路迪淘汰後，流浪再次打破轉會費紀錄，以 10 萬英鎊向喜伯年收購前鋒史甸。原本流浪計劃讓費格遜成為轉會的一部分交換到喜伯年，但費格遜拒絕，因此他被貶到跟預備組甚至青年軍訓練，只能間中代表一隊上陣，結果該季只能出賽 22 場，射入 12 球。不過對費格遜最大的打擊，是在足總盃對些路迪的決賽。

由於新加盟的前鋒史甸停賽，韋特決定召回費格遜出任正選。這原本是費格遜為自己重奪正選位置和奪得自己第一個冠軍的大好機會。可惜開賽 2 分鐘，些路迪在一次角球攻勢中憑中堅麥尼爾（Billy McNeill）頂入開紀錄的一球，戰術上費格遜原本是負責防守麥尼爾的，所以大家都認為是費格遜的疏忽導致失球，最後些路迪以 4：0 擊敗流浪奪得冠軍，費格遜因此成為代罪羔羊，在球隊的地位進一步被貶。

新球季費格遜只能代表流浪次級球隊出賽一些無關痛癢的賽事，例如

和大學和工會足球隊進行的比賽。這對費格遜來説是一大打擊，因為他當時正值球員生涯的黃金時期，但卻沒有正式的訓練和上陣機會保持狀態。結果費格遜唯有另覓出路，雖然得到英格蘭球會諾定咸森林向流浪提出以 2 萬英鎊收購，如果成事費格遜可以從中得到轉會費中的 10% 作為報酬，但他因為太太嘉芙不想南下英格蘭而拒絕。最後在1969 年免費轉會到由前鄧弗姆林領隊根靈咸帶領的第二組別球隊福爾柯克。費格遜成為國腳和贏得冠軍的美夢就此幻滅。

費格遜離開格拉斯哥流浪不久，韋特就被流浪辭退領隊的職務；如果費格遜能留在流浪多一點時間，他的命運會否不一樣？

効力福爾柯克 4 年間，費格遜首次得到擔任教練的機會，以球員兼教練的身份協助領隊的工作。在 1972-1973 年的球季，費格遜由於膝傷要休息一段時間，教練根靈咸就叫費格遜去觀看對手的比賽然後回來滙報，後來費格遜得以參與更多球隊訓練的工作。

在福爾柯克的日子，費格遜除了有機會嘗到教練工作外，也有重操故業從事工會工作的經歷。1970 年費格遜被選為蘇格蘭職業足球員協會的主席，一做就 3 年，但這個身份卻讓他有機會和自己的球會對抗。

1972 年 8 月 23 日，福爾柯克在聯賽盃作客 1：6 不敵聖莊士東，賽後領隊根靈咸大怒，要求球員之後要加操，每天早上、下午和晚上都要操練，還取消了午飯和交通津貼。球員對此大感不滿，因為那些津貼是寫在合同的；而球員在第一天加操就已經吃不消，一日三操確實消耗了球員的體能。因此，作為球員工會主席的費格遜就代表球員向根靈咸表達不滿，希望領隊可以收回成命，但根靈咸拒絕屈服。球員

們因此發起罷工，表示不會出席周末對蒙查斯（Montrose）的比賽。結果在比賽 2 小時前董事會和球員見面，取消了加操和恢復津貼，球員亦決定繼續比賽。

在自己成為領隊後再去回想這段經歷，費格遜更明白根靈咸當時的難處。他雖然覺得不應該以罷工的方式威脅球會，但由於不希望其他球員覺得自己是根靈咸的左右手而沒有做好球員工會主席的工作，因此才不得已走出這一步，表現出自己一直以來不怕權力的一面。

福爾柯克在球季結束前把根靈咸辭退，球會主席委任費格遜擔任臨時領隊的工作，前領隊根靈咸鼓勵費格遜去申請成為正式領隊。但由於費格遜有和球會對抗的前科，福爾柯克的董事會因此另有想法，最後委任前蘇格蘭國家隊領隊佩迪斯（John Prentice）成為新領隊，由於他希望邀請自己的團隊擔任教練的職務，所以一直沒有跟費格遜商討過新的崗位，即是變相免除費格遜教練的職位。本來費格遜一心想在球員生涯末期可以慢慢過渡到領隊或教練的工作，因此費格遜決定離隊加盟艾爾聯（Ayr United），以兼職身份簽約兩年。

由於傷患的緣故，費格遜只效力艾爾聯一季，出賽 24 次射入 10 球。1974 年 4 月 13 日，費格遜最後一次以球員身份上陣，作客對舊球會福爾柯克。在自己球員生涯的最後兩間球會的對賽中作為自己的告別戰，對費格遜可說是別有意義。

費格遜在 16 年的球員生涯中，一共參與了 432 場比賽，射入 222 球，作為一個前鋒是不過不失的成績。不過作為前鋒，費格遜也錄得一個不尋常的紀錄：共 6 次被趕出場，以當時的標準是比較罕有的，足見費格

遜火爆的性格及場上充滿侵略性的踢法。另外，雖然費格遜後來以領導力聞名於世，但他在効力 6 間球會期間，卻從未有被委任為隊長。

遺憾未曾代表國家隊

除此之外，費格遜的球員生涯還留下兩個遺憾，第一是從未贏得過球會錦標，最接近一次只是代表格拉斯哥流浪出戰足總盃決賽，但不敵些路迪而功敗垂成。這遺憾反而加強了費格遜在成為領隊之後對錦標的飢渴。

第二個遺憾是，費格遜從沒得到蘇格蘭國家隊的徵召，最接近的一次在 1967 年，當時蘇格蘭國家隊領隊是布朗，他曾經在聖莊士東執教過費格遜。1967 年 4 月作客溫布萊對英格蘭的比賽，由於曼聯傳奇前鋒丹尼士羅受傷，費格遜以替補身份被徵召。球員時代的費格遜一直視丹尼士羅為偶像，這次費格遜就有希望代偶像從軍。不過最後丹尼士羅能及時復出，還射入一球協助蘇格蘭以 3：2 取得勝利，這是英格蘭在奪得 1966 年世界盃冠軍後第一次敗陣，但費格遜得到「Cap 帽」的機會就此落空。

不過費格遜在 1967 年夏天代表過蘇格蘭 B 隊，到以色列、亞洲、澳洲和北美洲打一系列表現賽，其中還在香港「梅開二度」！

當年夏天，費格遜入選蘇格蘭 B 隊參加巡迴賽，協助蘇格蘭在 9 場賽事全部勝出。首站在以色列勝出 2：1 之後，費格遜就跟大隊來到第二站香港。

不過，當時香港令費格遜留下印象的，並不是球場上的表現，而是當

時的社會環境，因為 1967 年 5 月，正是香港暴動發展得如火如荼的時候。當蘇格蘭 B 隊抵達香港啟德機場的時候，就需要由英軍護送下抵達位於跑馬地的酒店，所有人在沒得到批准下不得離開。話雖如此，剛好費格遜的隊友加拉瑾（Willie Callaghan）的鄧弗林姆同鄉在香港政府任職，所以他們兩位得到邀請去高官的府上吃晚飯。

1967 年 5 月 25 日在香港大球場對香港選手隊的比賽，蘇格蘭 B 隊以 4：1 勝出，當時在場的 7000 名觀眾見證了費格遜梅開二度。

除了入球，費格遜還有助攻，以撞牆的形式協助加拉瑾射入一球，但因為這次射門，加拉瑾在倒地時導致手腕骨裂，所以在餘下巡迴賽的旅程，費格遜都需要為加拉瑾寫明信片給太太。

比賽後的第二天，社會的氣氛沒有那麼緊張，費格遜和隊友獲准出外。結果他們選擇去淺水灣暢泳，還花時間去購物。費格遜買了一對黃金造的袖口釦送給父親，當父親去世後這對袖口釦就歸到費格遜手上了。

費格遜在退役後就馬上成為領隊，但當球隊有需要時，他還會在表演賽中粉墨登場。在擔任曼聯領隊期間，費格遜曾經在一場友誼賽中派自己出場出任前鋒，還協助球隊取得勝利。

1987 年 11 月，曼聯跑到加勒比海島國百慕達集訓，跟百慕達國家隊和當地的勇士隊（Somerset Trojans）進行兩場友誼賽。

第一場友賽曼聯以 4：1 擊敗百慕達國家隊，一場輕而易舉的勝利，曼聯卻要付出代價，因為有幾名球員勇戰受傷，要缺席下一場友賽。

到 12 月 1 日，曼聯在一個板球場對勇士隊。後衞布力摩亞（Clayton Blackmore）因為在當地捲入一宗性侵案而缺席，加上上一場比賽中受傷的球員，令原本薄弱的陣容更為捉襟見肘，只有剛好 11 名球員可以上陣。不過這場友誼賽一點都不友誼，年輕門將華殊（Gary Walsh）的頭部遭對手踢中，傷勢被費格遜形容為要休養數年才能康復，令當年 40 歲的助教諾斯激動到要走入球場向對手還以顏色。

賽事到 65 分鐘的時候，曼聯分別由年輕中場威爾遜（David Wilson）、前鋒麥佳亞和丹麥翼鋒奧臣（Jesper Olsen）入球以 3：1 領先勇士隊。這時候費格遜決定派上自己和諾斯上場；費格遜代替迪雲樸（Peter Davenport）擔任前鋒，而諾斯任右後衞。當時費格遜已經 45 歲，並結束了球員生涯十多年之久。然而費格遜寶刀未老，還差點以頭槌攻入一球。最終諾斯在 85 分鐘以一球 30 碼遠射直入龍門左上角破門，為曼聯奠定勝局，取得 4：1 的勝利。

雖然只是一場名不經傳的友誼賽，但卻為雙方都帶來很多回憶。諾斯就記得費格遜對自己的入球不太高興，因為他可以在返回英國的旅程上不斷提及自己的入球。而勇士隊門將西蒙斯（Llewellyn Simmons）則回憶，隊友在賽後都在取笑費格遜，因為大家都可以輕易推過這位身材有點發福的中年人。費格遜這次以球員身份的出現，確實為大家帶來不同的歡樂。

管理心法

費格遜在球員年代已為日後做教練鋪路，領袖也應該未雨綢繆，積極籌劃未來的發展。

P for

Protégé
門生

一個好的領導人除了自己厲害之外，也要具備培訓人才的能力。

費格遜擔任領隊 39 年，在他麾下出戰的球員不計其數。據統計其後共有超過 40 位當上領隊。我們不知道多少人是因為費格遜的原因而執起教鞭，但相信他們多多少少都一定受到費格遜的感染和影響。費格遜自己在二十多歲就擔任助教的工作，因此他明白教練工作對球員場上的表現和日後自己的發展有幫助；而且領隊工作的滿足感和球員不一樣，那是直接營運一個團隊而獲得的成就，所以他常常鼓勵自己的球員盡早考取教練牌。

費格遜執教曼聯 26 多年裏，一共起用 210 名球員為一隊上陣，當中有 36 人跟隨他的步伐成為領隊。費格遜第一個門生是門將端納（Chris Turner），他在 1986 至 88 年跟費格遜在曼聯共事，1988 年離開曼聯之後投效其他球隊。然後 1994 年開始執教當時第四組別球隊萊頓東方（Leyton Orient），展開自己的領隊生涯，十多年間帶領過 4 支低組別球隊出戰 400 多場比賽。

毫無保留提供協助

費格遜除了鼓勵球員盡早參與教練工作之外，當自己執教過的球員成為領隊後，他也毫不吝嗇地提供協助，尤其是弟子收到球會的邀請擔任領隊，他還會毫無保留地提出自己的意見。

2012 年 10 月，布力般流浪的印度班主炒掉領隊史提夫堅尼（Steve Kean），並在接洽前布力般和曼聯中堅貝治（Henning Berg）接班。當貝治向費格遜請教的時候，費格遜直接警告他，布力般的班主並不容易應付，他要好好考慮這一點，但剛被挪威球會利尼史特朗（Lillestrøm）辭退的貝治急於重返球壇，很快就答應布力般流浪的條件，簽約 3 年，可是 57 日之後他就被辭退，最後得到 220 萬英鎊的賠償。

類似的情況亦發生在蘇斯克查身上。2014 年 1 月，費格遜在報章中看到，卡迪夫城的老闆陳志遠把領隊麥基（Malky Mackay）辭退，並正在斟介蘇斯克查。費格遜知道執教英超球隊一直是蘇斯克查的目標，但以他對陳志遠的認識，這份領隊工作是個噩夢，所以他立刻發短訊給蘇斯克查，強烈建議他不要急於簽約，相反簽約前的一天要把所有可以保護自己的細節寫入合約裏，因為這一天是他最有談判條件的時刻，一旦簽約之後，領隊就往往處於不利位置。果然，9 個月後卡迪夫城護級失敗，陳志遠就把蘇斯克查辭退，幸好當初簽訂的合約條款讓蘇斯克查得到充足的賠償。

2015 年 12 月，加利尼維利中途接手西甲球隊華倫西亞；接掌球隊不久，他就發現有些球員的心思已經不在球隊，所以他向費格遜請教，得到極具費格遜色彩的建議：「孩子，把他們全部趕走吧，一定要好好保護自己，保證更衣室裏的人和你站在一起。」可是加利仔並

沒有費格遜的鐵腕手段，相反他試着用自己三寸不爛之舌去説服那些有離心的球員，然而那些球員並沒有捍衛他的位置。僅僅4個月之後，加利仔便從華倫西亞離職，自此再沒有擔任過領隊工作。

除了提出建議，費格遜也為弟子提供實質的幫助。即使堅尼在 2005 年和自己因為官方電台的訪問鬧翻而被逐出球隊，惟當堅尼在 2006 年成為新特蘭領隊後，費格遜就建議堅尼：「你需要一名中堅。」結果他把青訓球員伊雲斯借給新特蘭。雖然只効力半季，但伊雲斯仍然協助堅尼擔任領隊第一年帶領新特蘭升上英超。

眾多弟子當中，最受費格遜影響的可能是現任曼聯領隊蘇斯克查。如果沒有費格遜，蘇斯克查不會走上領隊這條路，當年蘇斯克查在曼聯退休的時候，費格遜就邀請他留在一隊教授前鋒射門技術，當年的 C 朗拿度和朗尼都有向他學習；後來蘇斯克查調任預備組教練。如果沒有費格遜，蘇斯克查可能不會當上曼聯領隊一職。直到現在，他仍然不斷向費格遜請教領軍之道，所以蘇斯克查説過：「處理人際關係的方式，作為教練管理球隊的方式，如何讓 25 名球員及員工始終保持快樂和飢餓感，這些地方費格遜都是我的老師。」從領軍風格來看，蘇斯克查是立心要將費格遜之前建立的文化重新注入曼聯當中。

巧合的是，費格遜執教聖美倫、鴨巴甸和曼聯的球員中，都分別有球員衣錦還鄉，成為自己過往効力球會的領隊。聖美倫的隊長費斯比克在退役之前的一個球季已經兼任領隊，最後一共以領隊身份帶領聖美倫 6 季的時間。鴨巴甸隊長米拿於 1990 年退役後，兩年後獲邀成為球隊領隊，帶領鴨巴甸 3 個球季。曼聯球迷對蘇斯克查的故事就最耳熟能詳，2007 年在曼聯退役後，時隔 11 年以臨時領隊身份重返曼聯，

並在 2019 年 3 月坐正，成為費格遜唯一弟子擔任正式曼聯領隊。

論成就，費格遜眾多弟子中每個人的成績各有不同，有高有低，其中有 5 位奪得過當地頂級聯賽冠軍，包括白蘭斯（法甲）、史特根（蘇超）、蘇斯克查（挪超）、麥利殊（蘇超）和貝治（波蘭甲組）。

36名曼聯門生任領隊

最後列出費格遜執教曼聯期間的 36 名弟子兵和他們首支執教的球隊（排名以姓氏的英文次序排列）：

安德遜（Viv Anderson）：班士利

艾普頓（Michael Appleton）：西布朗

貝治（Henning Berg）：挪威連恩（Lyn）

布力摩亞（Clayton Blackmore）：威爾斯班哥城（Bangor City）

白蘭斯（Laurent Blanc）：法國波爾多

布魯士（Steve Bruce）：錫菲聯

加斯柏（Chris Casper）：伯里

佐迪告魯夫（Jordi Cruyff）：以色列特拉維夫馬卡比

戴雲樸（Peter Davenport）：馬格斯菲特（Macclesfield Town）

戴維斯（Simon Davies）：車士打

達倫費格遜（Darren Ferguson）：彼德堡

科蘭（Diego Forlan）：烏拉圭彭拿路

傑斯（Ryan Giggs）：曼聯

希利（David Healy）：北愛爾蘭連菲特（Linfield F.C.）

軒斯（Gabriel Heinze）：阿根廷葛度爾古斯（Godoy Cruz）

曉士（Mark Hughes）：威爾斯國家隊

恩斯（Paul Ince）：馬格斯菲特（Macclesfield Town）

簡察斯基（Andrei Kanchelskis）：俄羅斯莫斯科魚雷 ZIL
（FC Torpedo-ZIL Moscow）

堅尼（Roy Keane）：新特蘭

拿臣（Henrik Larsson）：瑞典蘭斯哥拿（Landskrona BoIS）

麥基邦（Pat McGibbon）：北愛爾蘭盧根些路迪（Lurgan Celtic F.C.）

加利尼維利（Gary Neville）：西班牙華倫西亞

菲臘尼維利（Phil Neville）：英格蘭女子國家隊

柏加（Paul Parker）：燦斯福特（Chelmsford City F.C.）

費倫（Mike Phelan）：諾域治

羅賓斯（Mark Robins）：洛特咸

笠臣（Bryan Robson）：米杜士堡

朗尼（Wayne Rooney）：打吡郡

史高斯（Paul Scholes）：奧咸

舒靈咸（Teddy Sheringham）：史提芬拿治（Stevenage F.C.）

蘇斯克查（Ole Gunnar Solskjear）：挪威莫迪（Molde）

史譚（Jaap Stam）：荷蘭施禾尼（PEC Zwolle）

史塔保頓（Frank Stapleton）：巴拉福特

史特根（Gordon Strachan）：高雲地利城

端納（Chris Turner）：萊頓東方（Leyton Orient）

韋伯（Neil Webb）：韋茅斯（Weymouth F.C.）

管理心法

> 偉大的領袖除了自己厲害外,也
> 應該用心培訓後晉,他們隨時是
> 你的一大助力。

Q for
Quotes
語錄

位成功人士，總會留下一些經典語錄傳頌後世，讓後人可以好好細嘗他的想法。以下收集了 10 句費格遜的經典語錄讓我們了解費格遜的性情和智慧。為保留原汁原味，語錄都先以英文呈現，再輔以中文翻譯。

"I can't believe it. I can't believe it. Football, bloody hell. But you never give in, that's the winner" (1999)
（我不能相信，我不能相信。足球，他媽的！但只要你不放棄，那就是贏家。）

時值第一次帶領曼聯打入歐聯決賽，球隊在落後一球的情況下，在補時 3 分鐘內連追兩球反勝拜仁慕尼黑，為自己首奪夢寐以求的歐聯冠軍。賽後接受訪問時費格遜也情不自禁，用粗鄙的説話流露出這經典的一句話。

其實也難怪費格遜那麼激情，因為曼聯同時間創造歷史，成為首支奪得三冠王的球隊。對上一次最有機會贏得三冠王的正是死敵利物浦。1977 年利物浦贏得聯賽和歐冠獎盃，足總盃亦打入決賽，可惜以 1：

2 不敵對手而功敗垂成。這位破壞利物浦三冠王美夢的對手正是曼聯！

"My greatest challenge is not what's happening at the moment, my greatest challenge was knocking Liverpool right off their f***ing perch. And you can print that." （2002）
（我最大的挑戰並不是這一刻發生的事，我最大的挑戰是把利物浦從他們他媽的寶座上踢下來，你可以把這句話印出來。）

費格遜在 2002 年初收回退休的決定，繼續執教曼聯。當時曼聯落後阿仙奴 6 分，前利物浦名宿漢臣（Alan Hansen）在報章專欄寫道：「如果費格遜可以贏得當屆聯賽，將會是他最大成就，因為上屆阿仙奴以 10 分拋離曼聯奪冠。」當記者獲加（Michael Walker）訪問費格遜時引述漢臣這番話，費格遜就以這經典的一句回應。

最後曼聯果然後來居上贏得聯賽冠軍。漢臣對曼聯的預言又再一次落空。

"I have never played for a draw in my life."
（我一生中的比賽都不是為了和波）

雖然不知道出處，也不知道費格遜是在何時說出這句話，但這語錄卻能表達費格遜對勝利的渴望和對失敗的討厭。即使是帶領曼聯對着皇家馬德里和巴塞羅那等強隊，費格遜仍然是想着如何去取勝，而不是打和或「輸少當贏」。這也是費格遜灌輸給曼聯球員的精神。

"When an Italian tells me it's pasta on the plate I check

under the sauce to make sure. They are the inventors of the smokescreen."

（當意大利人告訴我碟上有意粉，我會翻開醬汁往下看看才能確定，因為他們是烟幕的發明者。）

1999 年曼聯衝擊三冠王，在歐聯半準決賽作客對意大利國際米蘭前對記者所說的話。賽前對手聲稱有巴西射手朗拿度（Ronaldo）受傷不能上場。當費格遜被記者問到的時候，他就這樣以意粉作比喻，聲稱自己不會相信意大利球隊的話，賽前先打一場心理戰。結果曼聯 1：1 逼和對手，兩回合以 3：1 晉級。

"There has been a lot of expectation on Manchester City and with the spending they have done, they have to win something. Sometimes you have a noisy neighbor and have to live with it. You can't do anything about them."

（曼城花了錢收購球員後，人們會對他們有期望。他們要贏得錦標。有時候你會有個吵鬧的鄰居，你必須習以為常，因為你不能對他們做什麼。）

2008 年，阿聯酋富豪曼蘇爾（Sheikh Mansour）從泰國富豪他信（Thaksin Shinawatra）手上收購曼城，在新班主的財力支持下，曼城開始有能力招兵買馬，和曼聯爭一日之長短。費格遜對於同市球會的忽然壯大，以嘈吵的鄰居形容之。

"That whole experience was more painful than my hip replacement."

（整個經驗比我進行臀部手術還要痛苦。）

2008 年夏季轉會窗臨結束前最後一刻，曼聯終於從熱刺簽下前鋒貝碧托夫。不過費格遜在與熱刺主席利維（Daniel Levy）的談判實在痛苦，他只能以自己早前進行臀部手術的痛苦來作比較。

"Jose is very intelligent, he has charisma, his players play for him and he is a good looking guy. I think I have most of those things too, apart from his good looks."
（荷西非常聰明，他有個人魅力，球員願意為他效勞，人又生得好看。以上的特質我大部分都有，除了他的英俊的外表之外。）

雖然摩連奴帶領的車路士是曼聯英超場上的死對頭，但相比起對雲加，費格遜對他還算客氣，稱讚他有智慧、有魅力、有球員為他拼命，還自嘲自己不及他英俊。

"You don't think we'd get into a contract with that mob, do you? Jesus Christ. I wouldn't sell them a virus. So that's a no, there is no agreement between the clubs."
（你不會認為我們會跟那幫流氓簽署合同，是嗎？天啊，我不會把病毒賣給他們，所以不存在，兩間球會之間的合同是不存在的。）

這是 2008/09 球季歐聯淘汰賽抽籤前，費格遜被記者問到傳聞 C 朗拿度加盟皇家馬德里一事的回應。當時皇馬對 C 朗拿度表達濃厚的興趣，雙方眉來眼去。費格遜也知道加盟皇馬是 C 朗拿度的夢想，自己

也阻止不了，但他知道自己和曼聯起碼不能在傳媒面前認低威，不能讓球迷覺得曼聯是一間要靠出售自家頂級球星的球會，所以說出「連病毒也不會賣給皇馬」的宣言。最終 C 朗拿度在 2009 年以破世界紀錄的 8000 萬英鎊轉會皇馬。

"It is the only industry where you can't tell the truth."
（足球是唯一不能說真相的行業。）

2011 年費格遜因為批評球證艾堅遜（Martin Atkinson）而被足總判罰 5 場後說出的心底話。

"Not just big, it's magnificent. Magnificent. I've seen some whoppers in my time, but Dion's is something else."
（不只是大，簡直是巨大，好巨大。我一生人都見過不少不尋常的巨物，但杜布連的是與別不同的。）

費格遜與高雲地利城的主席李察臣（Bryan Richardson）談起前曼聯球員杜布連的時候，將話題轉移到杜布連的那話兒上。

管理心法

只要你不放棄，那就是贏家。

R for

Referees
球證

一場足球比賽裏，除了雙方球員之外，最能夠影響球賽的進行和結果的還有球證。因此費格遜和球證的互動一直都很多，他用不同的方法試圖影響球證的決定，而我們見到的都是費格遜批評球證的一面，並因此多次遭到足總的懲罰。費格遜在剛退休時也承認，他有用不同的方法去影響球證，為的是希望對自己球隊有利。但私底下，他對球證也有友善的一面，只是鮮有被報道而已。

對勝利的渴望，加上自身暴躁的脾氣，一但遇到對曼聯不利的局面，費格遜就會向球證開刀。加上費格遜有個管理原則，就是不會在公開場合批評自己的球員，因此一但遇到對曼聯不利的境況，他如果不是指摘對方球員和領隊，就會選擇向球證開刀，很多著名的球證都不能倖免。費格遜這種性格，從他第一年當領隊開始就從未改變。

屢因批評球證被罰

費格遜對球證火爆的性格早已聞名於蘇格蘭球壇。早在自己當領隊初期執教聖美倫時，在 1974 年 11 月 16 日球隊在主場對萊夫流浪（Raith Rover）的賽事以 0：1 敗陣；賽後費格遜用粗言穢語辱罵球證，被足總判罰 10 英鎊。

後來在 1977 年 2 月 26 日，聖美倫在足總盃作客馬瑟韋爾（Motherwell），費格遜在賽後闖入球證休息室，對球證沒有好好保護自己的球員表達不滿。費格遜這次也逃不過懲罰，被足總判罰 25 英鎊，並要簽下一份保證書，保證自己兩季內都不會在球場上跟球證和旁證説話。

不過，以費格遜炮仗頸的性格，又怎會信守這個承諾呢？轉會到鴨巴甸後，在 1979 年 2 月對老東家聖美倫的比賽，上半場領先兩球下，費格遜在中場休息時再次衝入球證休息室批評他的判決。之後不幸的事情接踵而來，這一天注定不屬於費格遜的一天。首先下半場鴨巴甸有隊長米拿和另一名球員被逐離場，而球隊亦喪失了上半場的領前優勢，被對手追和 2：2。就在完場後不久，費格遜接到父親離世的消息，令他大受打擊。賽後蘇格蘭足總決定對費格遜採取行動，由於他早前簽下兩年內不會接觸球證的保證書仍然生效，因此他被足總重判：罰款 100 英鎊和在 1979 年內不能在場邊督師。

費格遜受過最大的懲罰，也是在執教鴨巴甸時遇到的。當時是 1979/80 球季，鴨巴甸和些路迪在聯賽爭標路上叮噹馬頭。1980 年 5 月 3 日，鴨巴甸作客喜伯年（Hibernian），這是一場決定鴨巴甸能否奪得聯賽冠軍的比賽，只要勝出就篤定奪冠。上半場鴨巴甸以 2：0 領先，但中場休息時費格遜向球證麥堅尼（Brian McGinlay）投訴，覺得自己的前鋒阿治波並沒有得到球證的保護。

比賽以鴨巴甸取勝 5：0 結束，而爭標對手些路迪只能打和 0：0，結果鴨巴甸贏得聯賽冠軍。心情輕鬆下來的費格遜帶着兩瓶香檳到球證休息室，希望可以緩和一下和球證之間的緊張關係，但當他知道球證

會就他中場時闖入休息室一事向足總投訴時，他就氣沖沖拿着兩瓶香檳離開。最後費格遜被足總罰款 250 英鎊和禁止在場邊督師一年，這禁令包括歐洲賽。可能是這個原因，鴨巴甸在 1980/81 球季只能四大皆空。

費格遜不但親自向球證施加壓力，也會通過球員去影響球證。在執教鴨巴甸時，當時最大的對手就是些路迪和格拉斯哥流浪。每次和這兩支班霸對旅，費格遜都會鼓勵球員去質疑球證每次作出對些路迪和流浪有利的決定。他向球員灌輸一個很明確的訊息：球證偏幫這兩支班霸，因為他們的球員會利用本身的背景向球證施壓，所以最好的方法就是以眼還眼，用同樣的方法去對待球證，這是源於他在球員年代效力流浪的親身體驗。

來到曼聯後，費格遜和球證的互動一直沒有停過。而曼聯球員在費格遜的耳濡目染下，也學習到向球證施壓之道。

英格蘭著名國際球證普爾（Graham Poll）縱橫英超聯賽多年，和費格遜擦出不少火花，譬如他於 1996 年球季聯賽第二輪在奧脫福執法曼聯對愛華頓的賽事，曼聯在上半場落後 0：2 的情況之下連追兩球扳平 2：2。即使普爾在下半場補時 5 分鐘，但費格遜仍然不滿意，賽後一直追着普爾來問責，幸好助手傑特一直拉着費格遜的衣袖才避免衝突的發生。

2003 年 11 月，曼聯作客對利物浦，雙方上半場悶和 0：0。下半場開始前，李奧費迪南問普爾：「下半場你有什麼可以給我們？」普爾回答：「李奧，是你領隊教你這樣說的嗎？我知道你自己不會問這些

問題的。」當時費格遜正好在兩人旁邊，偷聽到兩人的對話，然後向普爾報以微笑，好像奸計得逞一樣；結果下半場曼聯憑傑斯梅開二度，以 2：1 擊敗對手。

2000 年，曼聯在聯賽對米杜士堡，這是球證迪烏素（Andy D'Urso）首次在奧脫福執法。比賽一直呈膠着狀態，下半場當比數還是 0：0 時，史譚在禁區內踢跌祖連奴（Juninho Paulista），迪烏素判罰曼聯 12 碼，以堅尼為首的曼聯球員一直追着球證激烈地爭論，堅尼更要由碧咸拉着才避免跟球證衝突。雖然米杜士堡的球員射失 12 碼，而曼聯在最後時刻由碧咸射入一球以 1：0 擊敗對手，但費格遜賽後仍然批評迪烏素的執法。高爾後來回憶，其實費格遜也認為是自己球員不對，只不過對外要維護球員，因此他選擇向迪烏素開刀。

1997 年 5 月 5 日，曼聯在奧脫福對米杜士堡的聯賽，由球證加拉查（Dermot Gallagher）執法。這時曼聯在聯賽爭標直路上和利物浦鬥得難分難解，比賽前只是以 3 分領先死對頭。惟對着身處降班漩渦的米杜士堡，曼聯在上半場以 2：3 落後。由於當日大雨，球場積水甚深，所以中場休息時費格遜就向加拉查提議取消比賽，加拉查當時未有理會。下半場曼聯憑蘇斯克查射入追和 3：3，到賽事末端，曼聯後衛艾雲在禁區被踢跌，加拉查判對方的龍門球，曼聯失去反勝的機會，未能在聯賽榜拉開與利物浦的距離。賽後費格遜當然向球證開火，追着加拉查問：「你今晚有約人食晚飯嗎？」加拉查回答：「沒有。」「哪你為什麼那麼早就結束比賽！」

另一位前國際球證韋比（Howard Webb）常常被認為是曼聯的球迷，被指多次偏幫費格遜的球隊。外間有個印象，只要是韋比執法的比賽，

曼聯得到 12 碼的機會就大得多，但其實韋比也多次遭到費格遜的不禮貌對待。

向球證施壓以取得優勢

2009 年 12 月曼聯作客富咸的英超賽事，韋比是當日的主球證，當韋比準備在比賽前檢查卡雲農舍球場（Craven Cottage）的場地時，他發現費格遜已經在球場等候自己，費格遜一見到韋比就對他說：「我已經檢查過球場了，你不用看了，根本不適合比賽，我們改期吧！」韋比當然要盡球證的責任，按既定程序檢查球場，他發覺球場根本沒有什麼特別，適合進行比賽，所以比賽就如期上演，結果曼聯慘敗 0：3。其實費格遜想比賽延期的最主要原因是曼聯當日陣容不整，所有中堅包括李奧費迪南、維迪、奧沙（John O'Shea）和伊雲斯都未能出戰，最終費格遜要派費查和卡域克出任中堅，曼聯慘敗也可預料。因此，費格遜嘗試在賽前影響韋比，希望比賽能延期舉行，讓幾名中堅能及時傷癒，可惜這次計劃就未能得逞。

到 2010 年 3 月，曼聯在主場迎戰利物浦，比賽由韋比執法。上半場韋比就否決了一次曼聯的 12 碼爭議。費格遜因此在中場休息時在球員通道等候韋比，當韋比接近球證休息室時，費格遜就向他大叫：「我有看過那條片，我見到你在唱『You Will Never Walk Alone』，當時韋比下令費格遜進來球證休息室對話，這也是唯一一次韋比在中場休息時讓對方領隊進入自己的休息室。「你知道那段片不是真的，那首歌也不是真的，那根本和利物浦完全無關。你是知道的！」費格遜淡淡回應：「OK，明白了！」然後費格遜在離開前，單着眼對韋比說：「不過我知道你是洛達咸的球迷！」其實，費格遜也只是找個理由向韋比施加壓力，希望他在下半場做出對曼聯有利的判決。

總括費格遜在曼聯 26 年多的領隊生涯，他因為批評 5 名不同球證而被停賽最少共 15 場次，包括以下事件：

2003 年 8 月 23 日，在作客擊敗紐卡素 2：1 的英超賽事，由於不滿球證蘭尼（Uriah Rennie）的判決，在場區外把皮球踢走，又對第四球證雲達（Jeff Winter）抗議，被罰款 1 萬英鎊及停賽 2 場。

2007 年 11 月 24 日，在作客不敵保頓 0：1 的英超賽事後，因批評球證卡頓堡（Mark Clattenburg）縱容對手粗暴的踢法，被罰款 5000 英鎊及停賽 2 場。

2008 年 11 月 1 日，在擊敗侯城 4：3 的英超賽事中，因為不滿球證執法不公，包括給予對手 12 碼，又沒有把侵犯卡域克的侯城球員趕離場，賽後以粗言穢語責罵球證甸恩（Mike Dean），被罰款 1 萬英鎊及停賽 2 場。

2009 年 10 月 3 日，在打和新特蘭 2：2 的英超賽事，因批評球證韋利（Alan Wiley）的體能狀態，被罰款 2 萬英鎊及停賽 4 場，其中 2 場緩刑執行。

2011 年 3 月 1 日：在作客不敵車路士 1：2 的英超賽事，因賽後批評球證艾堅遜執法不公，被罰款 3 萬英鎊及停賽 5 場，其中 2 場緩刑執行。

其中，因為 2009 年批評韋利的體能不足惹來裁判委員會的極大反應，因為當日韋利所跑的距離其實比 7 名曼聯球員都多，後來費格遜為免被足

總起訴，2 次公開向韋利和足總道歉，雖然最後仍然逃不過被罰的命運。

不過，這不是費格遜第一次向球證道歉。早在 1991 年曼聯在聯賽盃作客高貝利球場以 6：2 大勝阿仙奴的賽事後，費格遜賽後抨擊球證馬田（John Martin）沒有好好保護大演帽子戲法的沙柏，任由阿仙奴球員踢傷自己的球員。在翻看錄影帶之後，費格遜覺得自己對馬田的批評不公，決定收回自己的言論，並向馬田道歉。

就像對待記者一樣，只要離開了球場，自己和球證再沒有比賽關係的時候，費格遜可以變成另一個人，對球證的態度也會變得南轅北轍，就像對待朋友一樣。

九十年代著名球證艾拿利（David Elleray）曾多次作出對曼聯不利的判決，包括 1999 年對利物浦的關鍵聯賽一戰中以紅牌驅逐後衛艾雲離場，間接導致曼聯被逼和 2：2，而艾雲也因此要在足總盃決賽停賽。費格遜當然怒不可遏，賽後的訪問中毫不掩飾自己的不滿：「我們不會讓艾拿利褫奪聯賽冠軍的！」

話雖如此，艾拿利還記得費格遜對他友好的一面。有一次他到奧脫福執法曼聯的比賽。他和朋友戴維斯（Bill Davies）一早就到奧脫福參觀，在比賽前 3 至 4 個小時，兩人碰到費格遜，艾拿利就向他介紹：「我朋友戴維斯是忠實曼聯球迷。」結果費格遜親自接待戴維斯，並花了超過一個小時帶他參觀奧脫福球場，令他賓至如歸；這完全是超出了艾拿利的意料。

在艾拿利心中，每次在球場外遇到費格遜，他都會變成另一個人似的，

並不是傳媒描述的一樣霸道和獨裁。而在費格遜心目中，他會選擇艾拿利去執法曼聯的賽事，因為他清楚知道，艾拿利是一個會保護球員的球證。兩人可能在球場上針鋒相對，但球場外卻是惺惺相惜。

管理心法

即使有人會對你的工作產生不利
的影響,除了據理力爭之外,也
可以嘗試公私分明地看待。

S for
St. Mirren
聖美倫

聖美倫是一支蘇格蘭中游球隊，成立於 1877 年，奪得過 3 次足總盃冠軍和 1 次聯賽盃冠軍，卻從來與聯賽冠軍無緣。球隊主場處於蘇格蘭其中一個大城市佩斯利（Paisley）。在費格遜的年代，球隊的主場是路夫街球場（Love Street），2009 年將主場搬到現在的位置，並改稱為聖美倫公園球場（St. Mirren Park），後來在 2018 年在冠名贊助下再改稱簡單數碼球場（The Simple Digital Arena）。球隊有兩個外號：老友記（The Buddies）和聖徒（The Saints）。

費格遜第二支執教的球隊正是聖美倫。1974 年 10 月，費格遜得到在効力鄧弗姆林和福爾柯克時擔任領隊的根靈咸的推薦，從東史特靈郡轉投同是乙組的聖美倫。不過這是個燙手山芋，因為聖美倫在過去 4 年已經炒掉 5 名領隊。

得到根靈咸的引薦，費格遜有機會和聖美倫的主席居利見面。原本費格遜打算當面拒絕居利的，原因是雖然聖美倫身處蘇格蘭最大的城市之一的佩斯利，但聖美倫長期也是處於兩大勁旅些路迪和格拉斯哥流浪的身影下，而入場人數更是少的可憐，費格遜特意打聽，聖美倫主場的平均入場人數只有 1200 人，加上自己只執教了東史特靈郡 3 個

月，所以他不想在這個時候離隊而去。

不過，費格遜與居利見過面後，被主席的一個問題改變了想法：「如果你是一位有野心的領隊，那你覺得東史特靈郡有機會成為強隊嗎？」

費格遜決定打電話給前輩史甸徵詢他的意見。史甸只是問他一個問題：「你去聖美倫的主場路夫街球場，站在觀眾席最高的位置觀看四圍的環境；然後再回到東史特靈郡的主場做同樣的動作。之後你就會有答案。祝你好運！」當時的路夫街球場可容納 50000 人，結果費格遜就做出決定，加盟聖美倫。

初時，費格遜同樣是以兼職的身份執教聖美倫，晚上就去經營自己的酒吧。雖然只是兼職，但費格遜可算是一腳踢，從準備訓練細節；為球員準備賽後的薄餅，購買清潔用品和廁紙，下雪時去球場剷雪等等都一手包辦。有一次，正當還有 10 分鐘就開賽而費格遜正在和球員進行賽前講話時，有名員工衝進更衣室和費格遜說：「老闆，洗手間的廁所塞了，怎麼辦？」

領隊生涯唯一一次被炒

與初到東史特靈郡只有 8 名球員的遭遇相反，當來到聖美倫時他就有 35 名球員供他調配，可見兩間球會規模的不同。當時 32 歲，只有 4 個月執教經驗的費格遜去帶領這支規模更大的球會時，他也犯了一些錯誤，包括急於證明自己就是領隊而太急於做決定，自己什麼想法都想落實等等。最後執教 3 年半後被聖美倫董事會辭退，成為自己唯一一次被炒的經歷。

雖然手上有 35 名球員，但費格遜帶領聖美倫的頭 5 場比賽只得 2 分，在聯賽榜排名節節向下。費格遜很快就知道，很多球員不符合自己的要求，所以上任 6 星期後，費格遜就決定要清洗部分球員，並開始起用球會的青訓產品，並加強球探的人數去加快尋找有潛質的年輕球員。

儘管球員都是兼職為聖美倫效力，周薪一般只有 12 英鎊，但費格遜對他們在紀律上的要求就沒有因此而放鬆。因為費格遜對聖美倫有自己的計劃：成為些路迪和格拉斯哥流浪以外第三支強隊。對於當時只是身處次級聯賽下游的聖美倫，球員開始時都以為新教頭只是癡人說夢，惟相處一段時間後，他們就知道費格遜是認真的。

從執教聖美倫開始，費格遜對球隊的管理理念和風格逐漸成型，包括進攻足球、對青訓的重視、對紀律的要求。

從幾件事件中可看到費格遜對紀律的執着。初到聖美倫時，有位《每日快報》（*Daily Express*）的記者來為球隊影大合照。隊長列特（Ian Reid）在合照的時，將自己的兩隻手指放在費格遜的頭上做出兔子形象。後來費格遜在報章看到這張照片，就把列特叫到自己的辦公室，稱自己要求隊長能成熟地帶領球隊，而不是做出「小學雞」的行為，結果列特被開除隊長的職責。之後又有球員因為自行開車到作客球場而不跟大隊坐隊巴而被解僱；有球員因為要陪女朋友看演唱會而缺席訓練，費格遜就叫他以後都不用回來。

踏進 1975 年，聖美倫在大勝布利金城（Brechin City）6：1 後，球隊的成績開始改善，慢慢爬上聯賽榜中上游的位置，並在 2 月到 3 月打出 8 連勝的佳績，讓聖美倫得以在費格遜第一季帶領下在聯賽排名第

六，得以留在第二組別的甲組聯賽（註：因為 1975/76 球季蘇格蘭足總成立超級聯賽，所以乙組的前 6 名球隊可以留在新一屆的甲組聯賽，即是第二組別聯賽）。當年暑假費格遜要做的，就是清除球隊的冗員，一個夏天他清洗了 17 名球員，令球隊有更健康的陣容。

到第二個球季，費格遜的目標是要帶領聖美倫升班上頂級聯賽。不過由於聖美倫只能夠為他開出兼職合約，因此為了生計費格遜就開了一間酒吧，令生活忙得不可開交：上午到球會打點一切後，11 點就離開到酒吧工作至下午 2：30。休息一會就返回球場帶隊訓練，然後晚上再到酒吧直至打烊，有時還因為酒吧有醉酒鬼鬧事而要帶着傷痕回家。

在這個工作狀態下，費格遜還可以在第二季帶領聖美倫排在聯賽榜第五，成績好像沒有進步，但聖美倫開始打出費格遜的進攻風格。

1976 年季初，由於球隊主席居利的洋酒生意與中美洲等地有業務來往，所以費格遜有機會帶聖美倫到加勒比海小國法屬圭亞那進行季前集訓，這也是他作為領隊第一次帶球隊外訪，當中包括與當地球隊進行友誼賽。不過有一場友誼賽就一點都不友誼，因為對方的後衛不斷侵犯自己的前鋒托蘭斯（Robert Torrance），費格遜多次向球證投訴不果，結果他決定派自己上場，教訓那名後衛。據費格遜回憶，那名後衛被自己踢得在地上動彈不得，而費格遜就被趕出場。賽後費格遜叫球員保守秘密，不要把自己被趕出場的事告訴別人。

費格遜執教聖美倫第三季就帶領球隊奪得 1977 年甲組聯賽冠軍（當時的第二組別），聖美倫得以升班，費格遜為自己贏得領隊生涯第一個錦標。在作客擊敗登地 4：0 的比賽後，聖美倫確定奪得甲組聯賽冠

軍，也贏得升班的資格。當隊巴準備駛回路夫街球場讓大家解散，費格遜在中途叫隊巴停在一間酒店外，然後請一眾職球員到酒店吃晚餐慶祝。這時候這支年輕又有動力的聖美倫被當地傳媒譽為「費格遜火焰」（Fergie's Furies）。

這一刻除了球員們覺得雀躍之外，費格遜自己也初嘗擔任領隊成功的滋味。這時候，鴨巴甸聯絡上費格遜，希望他可以加盟接替離隊執教蘇格蘭國家隊的麥尼奧特（Ally MacLeod）。不過由於剛剛才帶領聖美倫升上蘇超，因此費格遜不想在這個時候離開球隊而婉拒了鴨巴甸的好意。

該季球隊的平均年齡只有 20 歲，而隊長費斯比克更只有 19 歲，這位昔日的年輕隊長後來成為聖美倫的領隊和總裁。當季費斯比克連同史達克（Billy Stark）、麥加菲和列特（Robert Reid）一同入選蘇格蘭 21 歲以下國腳。

費格遜對球隊的管理並不限於球場和訓練場上。他覺得太少球迷入場觀看聖美倫的賽事，當地人寧願坐車到格拉斯哥觀看流浪或些路迪的比賽。因此他決定在周六早上自己開車，帶上擴音器在市中心的巴士站附近，宣傳聖美倫的比賽。這招的確有用，加上球隊的成績有改善，聖美倫主場的平均入場人數上升到一萬以上，而一些重要的比賽，例如對些路迪或流浪，入場人數更超過兩萬。費格遜這樣做，除了增加入場人數之外，還要打破球員們的自卑心態，不要覺得自己永遠活在格拉斯哥流浪或些路迪的的陰影之下。費格遜一直都在玩這種心理戰。

為了拉近與球迷的距離，費格遜還為球隊創辦官方雜誌《聖徒》（*The*

Saints）。而費格遜想方設法去討好球迷，除了入場人數提升之外，也有其他收穫。就在執教第二季結束，費格遜想收購身價達 1.7 萬英鎊的登地聯的中堅確蘭，不過當時球會沒有足夠資金，最後球迷會向聖美倫貸款 1.4 萬英鎊，讓費格遜得以購得心頭好。

從執教聖美倫的經驗，費格遜得到全方位的機會從上到下去經營一間球會。這亦培養了費格遜一個信念：我來不只是建立一支球隊，我來是建立一間球會的。

這時候雖然球隊的成績大大改善，但內部卻同時出現矛盾，費格遜與新主席托特的關係開始出現裂痕。董事會裏有人支持費格遜，有人就支持托特因而形成兩幫力量。原本托特認為，球會裏沒有人比費格遜更勤力工作，他亦向費格遜表示，自己一直頂着其他董事的壓力來支持他。

不過費格遜一直認為托特和他那一幫的董事不懂足球，有一次托特的副手、副主席哥臣（John Corson）在球員面前問費格遜：「誰是費斯比克？」其實當時費斯比克已經擔任隊長兩年的時間，因此費格遜認為球會的事務他們最好就不要過問。然而，托特卻認為自己對足球有深入的了解，所以他覺得費格遜自把自為，兩人常常因為球隊事務而意見相左。到季中，托特決定全職從事主席的事務，兩人因此在球季的最後幾個月更加到了水火不容的地步。有一次在主場對格拉斯哥流浪的賽事，聖美倫以 3：3 賽和班霸，取得不錯的結果。不過有部分流浪的球迷在比賽中衝入球場，令比賽要暫停一段時間。賽後，托特急不及待就向傳媒表達自己對事件的看法，表示聖美倫會禁止搞事的球迷再次踏足路夫街球場，並邀請流浪主席華度（Willie Waddell）去討

論流浪球迷的問題。費格遜雖然不認同托特的做法，但仍然幫托特約到華度對話，可惜托特忘記了這次約會。經過這次事件，費格遜和主席就不再對話，兩人關係的裂痕已經到了無可修補的地步。

不過在這種環境下，費格遜仍然能帶領球隊護級成功留在蘇超，總算完成了基本任務。

後來董事會覺得費格遜的權力愈來愈大，到了有點失控的地步，加上托特知道，費格遜準備離開聖美倫加盟鴨巴甸，還會帶走幾名球員一同轉會，因此托特在 1978 年 5 月 31 日，叫費格遜到自己的辦公室，向他列出 15 宗罪，包括以粗言穢語對待球會女秘書蘇莉雲（June Sullivan）；每周收取球會 25 英鎊（這是雙方都同意的薪酬一部分，並有聖美倫的信件確認）；向一名在賭博公司工作的朋友麥亞里士打透露聖美倫將會擊敗艾爾聯；將未授權批出的款項發放給球員；未得球會同意到溫布萊球場觀看 1978 年由利物浦對布魯日的歐冠決賽（雖然一切都是費格遜自費的）；借出路夫街球場作為蘇格蘭青年盃準決賽的場地而不收取任何費用等。綜合這 15 宗罪，托特認為費格遜違反了雙方合同的條款而將他辭退。這也是費格遜領隊生涯執教 4 間球會中唯一一次被解僱。

就在托特差不多讀完這 15 宗罪時，費格遜最後忍不住大笑，要主席命令下才停止。惟費格遜只是回應道：「我實在忍不住笑了。如果你要辭退一名領隊，你只需要一個理由，就是這位領隊做的不夠好。」

費格遜後來回憶道，這次失敗的經歷源自於自己對政治的無知。他以為只要做對的事，是以球會的利益為依歸就可以改變主席的決定，甚

至可以凌駕主席，結果他發現，主席始終是手握球會大權的人，而主席的權威並不是可以被挑戰的。這個教訓讓費格遜明白到，主席與領隊的關係是一間球會中最重要的部分。

同時間，剛好史甸離開些路迪加盟列斯聯，由鴨巴甸領隊麥尼爾（Billy McNeill）代替。因此鴨巴甸再打費格遜的注意，而這次則水到渠成，因為剛好費格遜被聖美倫辭退，鴨巴甸不用對聖美倫作出任何賠償。

後來費格遜覺得聖美倫對待自己不公，決定訴諸法律，向仲裁處提出控訴，指聖美倫無理解僱自己，要求賠償剩餘 3 年合約的價值 5 萬英鎊，這在蘇格蘭足球歷史上是史無前例的。其實事前費格遜曾詢問過蘇格蘭職業足球員協會和新球會鴨巴甸的法律意見，兩者都認為費格遜的勝算很低，建議他不要提出訴訟，但費格遜為了自己的名譽卻一意孤行。仲裁審訊在 1978 年 11 月和 12 月中的 4 日舉行，由 3 人組成的委員會進行聆訊，最後仲裁處在聖誕前作出裁決：費格遜敗訴。

雖然裁決費格遜打輸官司是意料中事，不過委員會在裁決書中記錄了托特的一句評語：「費格遜根本沒有做領隊的才能。」這句話，就像阿倫漢臣的名句：「你不能靠年輕人贏得什麼」一樣，成為被費格遜狠狠推翻的預言。

管理心法

老闆的權威不能被挑戰，縱然自
己做的事是對的，是以公司的利
益為依歸也好，也不能罔顧老闆
的尊嚴行事，如何有技巧地讓老
闆按自己的意思去做，便是關鍵
所在。

T for

Transfer
轉會

轉 會，可分為兩部分：買入和賣出；亦可以叫做招兵買馬，是建立團隊一個重要部分，轉會過程牽涉到眼光、人際關係網、球探網絡、談判技巧、球會的資金運用，當然也包括運氣。

跟商業團隊一樣，管理人需要因應生意的需要，招攬合適的人才；但足球跟商業運作的不同，在於無論球隊多厲害，觀眾和收入有幾多，領隊也只能在一場比賽派出 11 名球員上陣，費格遜說過，要令邊緣球員高興是一件極困難的事，因此賣出球員對一支足球隊的平衡來說就變得重要。

在曼聯 26 年裏，費格遜共收購 110 名球員，共花費了 5.6 億英鎊轉會費（註：包括借用，或收購後未有在一隊上陣的球員）；從出售球員中則收回 3.2 億英鎊，淨支出約 2.4 億英鎊，即是平均一季花費了曼聯不足 1000 萬英鎊在收購球員上。在「T for Transfer」這一章，我們回顧一下費格遜在曼聯時所做的幾宗經典收購和出售球員的轉會交易，從中認識費格遜處理轉會事務的手法。

第一宗收購

費格遜在曼聯第一宗收購，是在 1987 年從阿仙奴簽下黑人後衛安德

遜（Viv Anderson）。

安德遜出生於諾定咸市的一個牙買加家庭，但學童時代安德遜卻在曼聯度過，以學徒身份在曼聯受訓，但後來就遭放棄，唯有回到諾定咸森林繼續自己的足球事業，並得以嶄露頭角，是球隊在 1979 年首次奪得歐洲冠軍球會盃的功臣之一，之後一年更協助球隊成功衛冕。

在諾定咸森林的生涯中，安德遜首次得到英格蘭國家隊的徵召，在 1979 年 11 月友賽出戰捷克，是第一位英格蘭黑人國腳。這對當時的黑人球員來說一點都不容易，以安德遜為例子，每次他隨隊作客的時候，都受到不禮貌的對待，除了言語侮辱外，球場上被對方球迷擲香蕉和蘋果是平常事。不過安德遜克服種種困難，為英格蘭上陣共 30 次，並參加過 1982 及 86 年的世界盃。

後來安德遜轉會阿仙奴並效力了 4 年，到 1987 年的夏天，費格遜希望安德遜的經驗可以幫助球隊的重建。曼聯主席馬田愛華士最初提出以 25 萬英鎊收購安德遜，阿仙奴還價 50 萬英鎊。最終其轉會費須仲裁，曼聯得以 25 萬英鎊把他收購過來，安德遜可算是「衣錦還鄉」，重新回到自己學徒時受訓的球會。雖然他加盟曼聯時已經 31 歲，但仍能在第一季協助曼聯在聯賽排名第二，只是屈居利物浦之下，但成績已經大大改善。

在曼聯的訓練場上，安德遜也造就了傑斯的橫空出世。1990/91 球季的一個早上，費格遜安排了預備組和一隊打練習賽。傑斯代表預備組，打的是左翼，正好對着打右後衛的安德遜。當時安德遜見到瘦弱的傑斯就叫他不要上場，快點去食個早餐算了。結果卻是，傑斯在練習賽

中把安德遜扭得頭暈轉向，並射入一球世界波，搞到安德遜要喘着氣去追問他是誰。自此之後，不少一隊成員就一直追問費格遜，什麼時候可以提拔傑斯到一隊；安德遜可算是為曼聯成就了一代傳奇。

後來艾雲的加盟，大大壓縮了安德遜的上陣時間，最終在 1991 年 1 月以自由身加盟當時乙組的錫周三，並在同季帶領球隊升班。

最後一宗收購

從 2013 年球季的冬季轉會窗以 1500 萬英鎊從水晶宮收購翼鋒沙夏（Wilfried Zaha），然後再借回水晶宮半季。到他在夏天到曼聯報到的時候，費格遜已經退休，因此沙夏從未為費格遜上陣，後來被雲高爾（Louis van Gaal）賣回給水晶宮。

馬田愛華士任內最佳收購

舒米高，1991 年以 50.5 萬英鎊轉會曼聯，被主席愛華士譽為他主理曼聯期間最好的收購。

當年費格遜是怎樣簽到舒米高的呢？ 1990 年的暑假，曼聯到西班牙集訓，剛好與丹麥球隊邦比共用同一間酒店和訓練設施。因此費格遜得以派他的守門員訓練員、前英格蘭國腳鶴建臣近距離觀察舒米高。鶴建臣很快就向費格遜滙報，舒米高要適應英格蘭足球是完全無問題的。

曼聯曾經在 1990 年向邦比提出收購舒米高，但當時邦比的要價極高而未能成事。舒米高也因此深感失望。據他形容那是他一生的一個低潮。後來有一日，舒米高獲經理人邀請到他助理的家，竟發現費格遜已在那裏，原來費格遜當日早上坐飛機由曼徹斯特飛去哥本哈根，為

的就是見舒米高一面，然後同日就坐飛機返回曼徹斯特。

費格遜向舒米高保證，曼聯一定會想方法收購他，請他好好訓練保持狀態。費格遜的一席話，令舒米高得以重新專注在訓練上，因為他知道曼聯和費格遜決心會得到自己。

後來曼聯知道舒米高和邦比的合同在 1991 年 11 月到期，而舒米高沒有續約的意願，所以曼聯得以用 50.5 萬英鎊這個低價收購到這位丹麥門神，後來證明這是曼聯史上一宗最佳收購之一。

奧脱福皇帝

簡東拿在 1992 年 11 月加盟曼聯，不過他跟曼聯的淵源早在上一季就開始。在 1991 年球季，曼聯在足總盃第三圈作客列斯聯，比賽中列斯聯的正選中鋒卓文（Lee Chapman）在一次射門後落地傷了手腕，需要養傷一段時間。為彌補卓文的空缺，領隊韋堅遜（Howard Wilkinson）就簽下當時在錫周三試腳的簡東拿。由於當時簡東拿不滿錫周三要他試腳多一個禮拜而毅然加盟列斯聯。有了簡東拿的列斯聯愈戰愈勇，最後超越曼聯奪得英超成立前最後一屆甲組聯賽冠軍。

到 1992 年球季，費格遜和當時法國國家隊領隊侯利亞見面，對方向自己極力讚賞簡東拿。侯利亞認為，雖然簡東拿紀律問題多多，當時與列斯聯亦鬧得不愉快，但他是一個對自己能力充滿信心並喜歡訓練的球員。侯利亞希望這位法國前鋒可以離開列斯聯，在其他球隊有更多出場機會，因此費格遜就開始留意簡東拿。

一周後的聯賽，曼聯在主場以 2：0 擊敗列斯聯。賽後費格遜沒有去辦

公室與對方領隊韋堅遜飲紅酒，反而少有地走進更衣室跟球員一起沖涼，目的是偷聽布魯士和巴里斯達的對話。結果他聽到兩位後衛都對簡東拿讚口不絕，認為他難以應付，費格遜就知道只差一個時機了。

這個時機不久就來了，有次費格遜在愛華士的辦公室，討論收購愛華頓前鋒比士利（Peter Beardsley），剛好列斯聯的主席科特比（Bill Fotherby）致電愛華士，詢問可否出售後衛艾雲，就在愛華士拒絕對方的時候，靈機一觸的費格遜在紙上寫上簡東拿的名字，着愛華士反問對方可否出售簡東拿。科特比猶豫了一會，表示會詢問一下領隊韋堅遜的意見再答覆。收線後，莫名其妙的愛華士問費格遜：「為什麼要買簡東拿？是什麼令你想起他？」半小時後，愛華士收到科特比的答覆：簡東拿可以加盟曼聯。

簡東拿在參與曼聯第一課操練後，球員都走去更衣室沖涼準備離開，但簡東拿卻向費格遜要求兩個球員留下，協助他練習傳中窩利射門。雖然費格遜有點驚訝，因為這要求在當時曼聯是前所未有的，但他很樂意答應簡東拿的要求，還加多一名年輕門將加入訓練。不久，加操就成為曼聯球員的習慣。

結果簡東拿為曼聯帶來立竿見影的貢獻，幾個月後，簡東拿帶領曼聯事隔 26 年再奪得聯賽冠軍。正是簡東拿精益求精的精神，把曼聯帶上稱霸英格蘭足球之路。

娃娃臉殺手

英格蘭前鋒舒利亞（Alan Shearer）在 1992 年拒絕加盟曼聯造就了「奧脫福皇帝」簡東拿的加盟；當舒利亞在 1996 年再次拒絕曼聯，又造

就了另一位曼聯傳奇的誕生，他就是蘇斯克查。

1996 年，曼聯派球探去觀看挪威國家隊對阿塞拜疆的比賽，主要考察的目標是後衛朗尼莊臣（Ronny Johnsen），不過年輕的蘇斯克查梅開二度，包括一記窩利入球，令球探留下深刻的印象。最後費格遜同時把朗尼莊臣和蘇斯克查帶來曼聯。

後來，蘇斯克查乘坐私人飛機到曼徹斯特作進一步的洽談，他記得當時在奧脫福的一間餐廳，自己點了魚與薯條。費格遜對他說：「你先在預備組打半年，適應一下英格蘭足球的節奏，然後明年 1 月開始我會給你上陣機會。」

飯後，曼聯安排了蘇斯克查去奧脫福參觀，當時的導遊見到這位名不經傳的年輕人就問：「你是來做什麼的？」「我是來簽約的。」結果那位導遊就送他一支筆，而蘇斯克查就是用那支筆和曼聯簽約。

在新球員發布會上，費格遜帶着蘇斯克查、朗尼莊臣、祖迪告魯夫、普波斯基（Karel Poborsky）及雲迪古（Raimond van der Gouw）見記者。當時傳媒的注意力都集中在祖迪告魯夫和普波斯基身上，幾乎沒有記者向蘇斯克查提問，大家都以為他只是一個青年隊球員，但其實這位「娃娃臉殺手」當時已 23 歲。

後來曼聯斟介舒利亞失敗，加上高爾受傷令費格遜在季初就起用蘇斯克查。他不用等 6 個月，只需要 6 分鐘就在處子戰對布力般流浪射入為曼聯的第一球，助曼聯以 2:2 逼和對手。之後蘇斯克查以 18 個入球，加盟曼聯第一季就成為球隊的神射手。

1998 年約基加盟曼聯，熱刺也為蘇斯克查送上 500 萬英鎊的報價。費格遜向蘇斯克查表示：「我不想你走。如果你留下的話，我會給你足夠的比賽時間。」「老闆，有你這句就夠了！」結果費格遜沒有食言，而蘇斯克查亦用歐聯決賽補時的經典入球報答了費格遜的信任。

奧脫福導遊的那支筆，除了讓蘇斯克查簽名在合同上，也為蘇斯克查在曼聯譜寫了一個傳奇的故事。

世界足球先生

另一宗轉會收購的代表作，是 2003 年向葡萄牙士砵亭買入 C 朗拿度。當時 18 歲的 C 朗拿度在葡萄牙已經薄有名氣，皇家馬德里和阿仙奴等球會都有意收購他；但他們的方案都是先收購然後把 C 朗拿度租借回士砵亭，結果並未能打動 C 朗拿度。

其實費格遜一早就知道 C 朗拿度的厲害，2002 年球季，助教基洛斯已經向費格遜極力推薦 C 朗拿度，然後費格遜通過球會互助計劃，派出青年隊教練賴恩到士砵亭協助他們的訓練，有機會近距離考察 C 朗拿度。結果賴恩給予 C 朗拿度高度的評價，費格遜知道，自己要開始做準備了。

2003 年夏天，士砵亭邀請曼聯進行一場為球會新主場揭幕的表演賽，這令費格遜有機會親眼目睹 C 朗拿度表現的機會。結果他將奧沙玩弄於股掌之中，搞到奧沙要中場休息時以氧氣筒協助呼吸。賽後費格遜馬上就叫總裁簡朗立即收購 C 朗拿度，並警告簡朗，如果收購不成功曼聯全隊都不會返回曼徹斯特。

費格遜沒有食言，C 朗拿度在加盟曼聯後就馬上安排他加入一隊，並贈

與7號球衣。費格遜一個果斷的決定，造就了曼聯又一個經典7號傳奇。

2008年，C朗拿度憑藉自己在曼聯出色的表現，包括為曼聯贏得歐聯和英超雙冠王，在年底贏得自己首座世界足球先生的殊榮，他也是唯一一位在費格遜帶領下贏得世界足球先生的球員。

唯一購入過兩次的球員

費格遜收購的球員當中也不是每次都成功。收購失敗的例子裏面，有一個是費格遜唯一在曼聯簽了兩次的球員，他就是保斯尼治（Mark Bosnich）。

1989年保斯尼治以17歲之齡加入曼聯，在費格遜手下獲得3次上陣機會，後來在1991離隊，輾轉加盟阿士東維拉並在那裏成名。1999年夏天，由於三冠王功臣舒米高離開曼聯加盟士砵亭，費格遜決定免費簽回保斯尼治取代其位置，但要代替三冠王功臣的壓力實在不小，加上受傷患困擾，結果他該球季只代表曼聯35次。翌季法國世界盃冠軍門將巴夫斯（Fabien Barthez）加盟，保斯尼治更淪為後備，半年後免費轉投車路士。

除了場上的表現不濟之外，保斯尼治的紀律問題令人頭痛。費格遜在自傳My Autobiography裏形容保斯尼治為「差勁的職業球員」（terrible professional），他的事跡包括在剛加盟曼聯前的6月，自己的結婚前一天在脫衣舞場外和記者鬧事被帶回警署，幸好在婚禮前被釋放出來，趕得上參加自己的婚禮。到費格遜再度與保斯尼治共事後就發現每次比賽之後，他都會叫大量外賣回家，有漢堡包、牛扒和中餐等等一應俱全。費格遜知道，保斯尼治在自我管理方面出了問題。果然在効力

車路士時被發現吸毒而被禁賽 9 個月，自己更被球會解約。

後來費格遜在自傳中解釋，當自己知道有機會簽下祖雲達斯的雲達沙，就馬上向愛華士提出收購，可惜當時愛華士已經與保斯尼治達成加盟協議。這個說法，可能是費格遜為自己開脫的一個藉口。

最差收購

費格遜親口承認的最差收購，就是 1988 年買入米尼（Ralph Milne）。

1988 年，費格遜以 17 萬英鎊從當時丙組的布里斯托城簽下蘇格蘭球員米尼，希望這位可任左右兩翼的球員為麥佳亞和曉士提供彈藥，但酗酒和賭博阻礙了米尼的發展。後來費格遜也承認，米尼是他執教曼聯時期一個失敗的收購，自己從未能夠將正確的態度灌輸給米尼。所以一年後，費格遜就收購丹尼華萊士取代米尼的位置。

米尼則認為，自己本身擔任前鋒或右翼，但費格遜卻要自己擔任左翼，位置的錯配影響了自己的表現。結果米尼在 1991 年結束紅魔鬼的生涯，決定外闖，在土耳其試腳失敗之後，米尼決定接受香港球隊星島班主伍忠先生的邀請，穿起星島 10 號球衣。打了一季後，雖然星島有意與米尼續約，但他卻選擇回英國，但未能落班，結果在 32 歲之齡結束球員生涯。

米尼在 2015 年因肝病與世長辭，終年 54 歲。

出售史譚

除了買人之外，清除多餘的球員也是建立團隊重要的一環，費格遜在

一場比賽只能派出 11 人作正選，球隊的陣容一定要建設在一個健康的規模下。如果能夠在球員剛剛過高峰的時候以高價賣出，更加可以為球會帶來收益。

費格遜在 *Leading* 一書中承認，2001 年出售史譚是一個錯誤的決定。當時他認為史譚已經 29 歲，經過腳筋腱手術後表現有所下滑。最初曼聯先收到羅馬的 1200 萬英鎊的報價，但費格遜不為所動。後來拉素提出 1650 萬英鎊的報價，加上有機會免費簽下自己心儀已久的法國後衞白蘭斯（Laurent Blanc），費格遜就覺得不能拒絕了。為加速轉會的進行，費格遜親自開車到油站告訴史譚這個決定。

結果離開曼聯之後，史譚多踢了 6 年；在拉素效力了 3 年，在 AC 米蘭效力了兩年，並帶領球隊打入 2005 年歐聯決賽，只是在經典的伊斯坦堡之夜以 12 碼不敵利物浦。最後在阿積士踢了一季後退休。這 6 年裏史譚共踢了 170 場比賽，並有 5 個入球。曼聯則在史譚離開後的一季失落了英超冠軍，要等到李奧費迪南在之後一季加盟後，方重奪英超。

究竟為什麼閱球員無數的費格遜會犯下這次錯誤呢？如果參考安達臣（Chris Anderson）和沙利（David Sally）合著的 *The Numbers Game* 一書，可能為費格遜找到答案。

前鋒的工作是入球，後衞的工作則是防止入球。理論上兩者的重要性是相等的。但作者卻指出，人類會對有發生過的事情的重要性凌駕於無發生的事情，並引用心理學家靴斯（Eliot Hearst）的解釋：人類對運用無發生過的事情的資訊是有困難。因為一般來說，無發生的事是

不顯著，難以令人留下記憶的。因此，預防問題發生的努力和工作都會被忽略，而解決問題的工作都會得到讚賞。雖然俗語有話「預防勝於治療」，但人類的認知系統卻有相反的反應。

作者引用 AC 米蘭的馬甸尼（Paolo Maldini）為例子，馬甸尼擔任後衛20年，無論踢左後衛或中堅都一直維持高水平的表現，但數據顯示，他每兩場比賽才作出一次攔截。馬甸尼更多的是用經驗和閱讀比賽能力去讓自己在適當的時候出現在適合的地方。我們都知道馬甸尼厲害，但要數出他在防守上的經典畫面可能不多。能讓球迷留下印象的後衛，特別是英超球迷，都是那些鐵血型並勇於攔截如泰利和維迪等，他們都是主動出擊去化解對方攻勢的例子。

另一個例子，就要數中場卡域克。卡域克一直被低估，大家更多記得的是他的傳球，特別是長傳，但他更厲害的是卡位，每當對手準備打反擊的時候，他都會出現在對手傳球路線的中間，因而減慢對手傳球和打反擊的速度。但亦因為這種預防性踢法不起眼，結果卡域克在英格蘭國家隊只能活在善於入球的林伯特和謝拉特之下。

的而且確，史譚在曼聯後期的攔截數目有所下降，但這是否代表他的防守能力下降呢？可能隨着經驗的累積，史譚更多用企位的方法去減低對手的威脅，只是我們會很容易忽略這方面的貢獻。經驗老到的費格遜也不例外。

可能費格遜也認識到這個錯誤，所以在一年後簽下踢法優雅的李奧費迪南，隨即在 2003 年重奪英超冠軍。而李奧効力曼聯 12 季中出賽442 場，只領過 1 張紅牌和 35 張黃牌，即是一季只有 3 張黃牌。後

來維迪的加盟，跟李奧組成一剛一柔的組合，為曼聯贏得 5 次英超、1 次歐聯、3 次聯賽盃冠軍和 1 次世界冠軍球會盃。費格遜知道自己在出售史譚一事上犯了錯誤後就立刻糾正，鞏固了曼聯在 2008 年贏得歐聯冠軍的基礎。

管理心法

招攬合適的人才固然重要,如何
令團隊人員達致平衡,同樣重要。

U for

UEFA Champions League

歐冠／歐聯

先在這裏作解釋，這項賽事在 1992 年之前我們稱之為「歐冠」，1992 年球季歐冠改制後則稱之為「歐聯」。

歷史上，費格遜奪得兩次歐聯冠軍，已經是僅次於皮斯利、安察洛提（Carlo Ancelotti）和施丹（Zinedine Zidane）之後奪冠次數最多的領隊之一。可惜的是，2009 年和 2011 年曼聯遇到如日中天的巴塞羅那，不然費格遜絕對可以成為其中一位歐冠最成功的主帥。

費格遜第一次和歐冠的接觸是以球迷身份體驗的，當時是 1960 年5 月 18 日，第五屆歐冠決賽在蘇格蘭格拉斯哥市的咸頓公園球場舉行，18 歲的費格遜是 135000 名現場觀眾的一分子，一起見證了皇家馬德里以 7：3 擊敗西德的法蘭克福。當時兩大球王迪史提芬奴和普斯卡斯（Ferenc Puskas）分別射入 3 球和 4 球，成就了皇馬歐冠五連冠。

在費格遜踢球的年代，只有聯賽冠軍才可以參加歐冠，所以從未贏得過頂級賽事冠軍的費格遜，即使在効力班霸格拉斯哥流浪的時候，都和這項歐洲最頂級賽事無緣。

費格遜第一次參加歐冠賽事，要到 1980 年以領隊身份帶領鴨巴甸，當時他們贏得 1980 年蘇格蘭聯賽冠軍也贏得歐冠的參賽資格。1980 年 9 月 17 日，是費格遜第一次參加歐冠的日子，他帶領鴨巴甸對奧地利的曼菲斯（Memphis），結果憑麥基（Mark McGhee）在主場首回合一箭定江山，兩回合以 1：0 擊敗對手；麥基的入球亦成為費格遜在歐冠的第一球。

費格遜第二個歐冠對手就是利物浦，結果兩回合以 0：5 完敗，從利物浦腳下上了一課。費格遜亦感受到這支當時英格蘭班霸的威力，他深深明白到，要成為英倫三島最成功的球隊，就一定要達到利物浦的實力。

相隔 4 年，在 1984 年費格遜再次帶領鴨巴甸踏上歐冠的大舞台。當年鴨巴甸在第一圈遇上東德的 BFC 戴拿模（Berliner FC Dynamo）。兩隊兩回合打成 3：3 平手需要以 12 碼決定勝負。一向在 12 碼對決都運氣麻麻的費格遜見證自己球隊以 4：5 敗陣，於首圈出局。

翌季，費格遜第三次參加歐冠，這次鴨巴甸的成績大有進步，整項賽事中未逢敗績。第一二圈分別淘汰冰島和瑞士的球隊，打入 8 強遇上瑞典勁旅哥登堡，首回合主場 2：2 跟對手打和，但次回合只能以 0：0 打和對手，最後因作客入球不及對手被淘汰出局。之後，費格遜要等 8 年後才能和歐冠重聚，這項賽事亦已經改制度變成為歐聯。

到九十年代中曼聯開始稱霸英超的時候，費格遜就開始以歐聯冠軍為目標。因為他知道，如果未有贏過歐聯，後世不會稱他為偉大的領隊，因此他開始改造球隊的打法，並以當時的祖雲達斯為目標。

外援限制削弱實力

不過，當年曼聯的歐聯之路一點都不容易，最主要的原因是制度上的限制。當時歐洲足協規定，英格蘭球隊只能派出 5 名外援球員出場，而外援的定義包括蘇格蘭、威爾斯、愛爾蘭和北愛爾蘭的球員。這對費格遜來說是一大難題，因為當時曼聯的主力除了簡東拿、舒米高和簡察斯基等外援，還包括傑斯、艾雲、麥佳亞、曉士和堅尼等英倫三島的球員。5 名外援的制度限制了費格遜在歐聯上的調配，大大削弱了曼聯的實力。

1993 年曼聯重回歐聯後有個好開始，首圈以總比數 5：3 淘汰匈牙利漢佛隊（Kispest Honvéd），次圈面對土耳其的加拉塔沙雷，首回合主場的比賽本來形勢大好，早早就 2：0 領先。但歐洲賽經驗不足的曼聯反被對手連追 3 球，以 2：3 落後，最後只能憑簡東拿完場前的入球逼和對手 3：3。當作客土耳其著名的「地獄球場」時，曼聯只能以 0：0 賽和對手，兩回合以作客入球不及對手下被淘汰，未能打入 8 強小組賽。

1994 年的歐聯在新制度下，曼聯直接參加分組賽。對着同組的巴塞羅那、哥登堡和加拉塔沙雷，曼聯本應有力爭取到出線席位，但由於簡東拿在上屆領到的紅牌要停賽 4 場，加上外援人數的限制，曼聯的表現並不穩定，特別是作客的比賽只取得 1 和 2 負的成績，結果曼聯只能以第三名完成小組賽，再次未能打入 8 強。

當歐洲足協在 1996 年取消歐洲賽的外援限制之後，曼聯在歐聯的成績也大有改進。到 1996/97 球季，曼聯雖然於分組賽中兩度對祖雲達斯的比賽都以 0：1 落敗，但仍然以小組次名出線 8 強；然後，用極

有說服力的表現以 4：0 擊敗葡萄牙波圖，晉身 4 強。這是費格遜和曼聯最接近歐聯冠軍的一次，因為 4 強的對手「只是」德國的多蒙特，球迷以為曼聯可以輕鬆再下一城。可惜兩回合均以 0：1 輸給對手，未能打入決賽。雖然這是曼聯參加歐聯以來最佳的成績，而且曼聯當年也衛冕英超成功，但簡東拿有感於球隊未有足夠實力挑戰歐聯冠軍而萌生退休的想法。就在曼聯被多蒙特淘汰的翌日，簡東拿和費格遜見面，表達了自己希望在季後退休，發展其他事業的想法。費格遜只能勸他好好再考慮一下，特別是和簡東拿爸爸再談一下。

到賽季結束，簡東拿並沒有改變退休的想法。他向費格遜解釋有兩個原因：第一，他一心只是想踢好足球，不想花太多時間在推廣曼聯商品上；第二，他覺得曼聯的野心不足，未有收購足夠好的球員挑戰歐聯。費格遜對簡東拿的處境只能表示理解和同情。

1998 年，曼聯在歐聯小組賽有個好開始，分組賽以 5 勝 1 負得以小組首名出線，當中包括在奧脫福以 3：2 擊敗假想敵祖雲達斯，成為球隊進步的有力明證。淘汰賽 8 強的對手是法國的摩納哥，曼聯大有機會再進一步。首回合作客的賽事，費格遜受到上屆被多蒙特淘汰的影響，打得比較保守，最後只能以 0：0 言和。回到主場奧脫福，論實力曼聯本應可以擊敗對手，可惜踏入 2 月後球隊卻不斷受到傷兵困擾，次回合的賽事，費格遜就失去了舒米高、巴里斯達、傑斯，加上季初就要缺陣的堅尼，只能以副選和年輕球員應戰。禍不單行的是，上半場曼聯就有加利尼維利和史高斯傷出，令曼聯實力進一步削弱，最終只能以 1：1 逼和對手，以作客入球被淘汰出局。費格遜再一次飲恨歐聯。

自從 1993 年開始參加歐聯以來，曼聯最好的成績只是 4 強，而且每

次曼聯都不是被強隊淘汰，反而是不敵摩納哥、加拉塔沙雷和多蒙特等二線球隊。費格遜因此很困惑：到底曼聯在歐洲球壇算不算是一流勁旅呢？

99年逆轉拜仁首捧歐聯

費格遜這個問題，終於在一年後得到答案。1999 年曼聯終於打入歐聯決賽，對手是德國的拜仁慕尼黑。這是費格遜首次參與這個歐洲賽事最高的舞台。比賽前他的心情如何？他是如何準備呢？比賽當日的中午，當費格遜對球員作出出發前最後一次訓話之後，他獨自在酒店露台思考，歐聯冠軍會不會是自己永遠得不到的獎盃呢？自己已經以領隊身份參加過 8 屆的歐聯比賽，最好的成績也只是去到 4 強，如果這次決賽失利，他仍然會對自己在領隊生涯的成就感到滿足。最重要的是得到次子積遜的鼓勵：「爸爸，無論你今晚是否奪得歐聯並不會改變一切，你仍然是偉大的領隊，我們所有人都愛你！」

上半場曼聯以 0：1 落後，中場休息時費格遜曾向他的球隊傳遞了一次最重要也最有影響力的訓話。「比賽結束，你們和歐聯冠軍獎盃只有 6 碼的距離。如果你輸了你就永遠摸不到它。對你們當中很多人來說，這是距離贏得歐聯冠軍最近的一次機會。我只希望你們在比賽結束後不要因為在球場上沒拚盡全力而感到後悔。」

傑斯對費格遜這番話特別印象深刻，當他下半場步入球場時就特意對獎盃望多兩眼，感受這種看得到但觸不到的感覺，然後叫自己一定要盡全力去避免這種遺憾。結果一眾曼聯球員們都不用後悔，因為他們拚到最後一分鐘，在補時 3 分鐘連入兩球反勝拜仁奪得冠軍。確實除了傑斯之外，其餘球員就只有這一次奪得歐聯的機會，結果他們把握

到了，將歐聯冠軍獎牌牢牢握在自己手裏。

不過，費格遜要等 9 年的時間才有機會打入歐聯決賽。在這中間 8 屆的歐聯裏，曼聯的表現也反反覆覆，試過被 AC 米蘭、皇家馬德里和拜仁慕尼黑等強隊淘汰，也試過在 2005 年的分組賽中敬陪末席，連轉戰歐洲足協盃的資格都爭取不到。

終於到 2008 年，費格遜得到第二次參與歐聯決賽的機會。這一屆曼聯在 C 朗拿度、朗尼和迪維斯（Carlos Tevez）的攻堅下，小組賽以 5 勝 1 和的成績在同組羅馬、士砵亭和基輔戴拿模中脫穎而出，以首名出線。淘汰賽中再擊敗法國里昂、羅馬和巴塞羅那打入決賽，在莫斯科的決賽對英超對手車路士。

2008 年正好是慕尼黑空難 50 周年和曼聯首奪歐冠 40 周年的時間，所以出發去莫斯科前，費格遜邀請了慕尼黑空難的生還者卜比查爾頓爵士向球員分享自己的經歷，包括畢士比爵士如何與球員一起浴火重生，克服空難後的種種困難而奪得 1968 年的歐冠冠軍。費格遜還準備了有關慕尼黑空難的片段播放給球員觀看。卜比查爾頓爵士記得當時球員們都屏息靜氣留心自己所說的每句話，如果會議室跌了一口釘在地上都一定會聽得到。之後球會邀請了所有慕尼黑空難的生還者一同前往莫斯科觀看決賽，除了表達對歷史的尊重，也希望將他們當年克服困難的精神傳承下去。

費格遜出發前的安排，讓曼聯球員帶着不同的使命去迎戰這場決賽。到決賽當日，費格遜有兩次向球員講話的機會，他分別帶出兩個訊息。

第一次是在出發到球場前在酒店的講話，費格遜用了 30 分鐘的時間談論貧苦大眾。朗尼記得當時的內容：「你們會在這裏踢一場 90 分鐘甚至 120 分鐘的比賽，然後你們就會回到自己的豪宅、享受自己的名車，但有些人他們工作只為了活下去，是為了生存，為了得到生存的最低需求。」

費格遜在酒店的講話，讓球員在去球場的隊巴上會有思考的時間。朗尼於是在車輛駛向球場時，透過車窗向外看到球場映入眼簾，看到聚集的球迷們，看到那些保安人員，他們戴着俄羅斯特有的大帽子。這些都給他不一樣的感覺，不一樣的動力。

到了盧日尼基球場（Luzhniki Stadium）的更衣室，艾夫拿就記得費格遜一進入更衣室，一眾球員把音樂關掉然後安靜下來，靜候費格遜的訓話。費格遜一進來就向大家説：「我已經贏了，我已經贏了，我們不用打這場比賽了！」當時大家你眼望我眼，因為想不到費格遜在表達什麼。然後他指向艾夫拿：「艾夫拿有 24 個兄弟姐妹，你想他的母親要怎樣準備食物放上餐桌？」然後他指向朗尼：「朗尼在利物浦最貧窮的地區長大。」然後就指向朴智星：「他來自遙遠的南韓。你們是來自世界各地，有不同的文化，種族和宗教。現在你們一起在莫斯科，為同一個目標努力。你們不只是一支球隊，你們是一伙同伴。藉着足球你們成為兄弟，這就是我的勝利！」

結果在莫斯科的大雨下，曼聯憑 12 碼擊敗車路士，第三次站在歐洲足球的頂峰。費格遜亦憑着這次勝利，讓自己成為僅次於安察洛提和施丹後贏得最多歐聯冠軍的領隊。

跟 1999 年奪得歐聯後的情況不一樣，2008 年奪冠之後，曼聯仍能保

持在歐聯的穩定表現，並打入 2009 年及 2011 年的決賽，可惜他們兩次均遇上當時得令的巴塞羅那，兩次都被對手技術性擊倒。後來費格遜回憶，當時的巴塞羅那是他領隊生涯裏遇過最強的對手，也是唯一他領導下的曼聯未能克服的勁敵。

費格遜最後一場的歐聯賽事，就是 2013 年 2 月在奧脫褔以 1：2 被皇家馬德里擊敗。費格遜在歐聯最後一個入球是對方拉莫斯（Sergio Ramos）的烏龍球。上半場曼聯形勢大好，可惜下半場蘭尼被土耳其球證趕出場而改變了局面。最後皇馬連追兩球，曼聯以總比數 2：3 被淘汰出局，16 強止步。賽後費格遜因為球證對蘭尼出示紅牌而拒絕出席記者會，只派副手費倫出席以示不滿，因為他知道這是他最後一次奪得歐聯的機會；未能以歐聯冠軍身份結束領隊生涯，可能是費格遜一個小小的遺憾。

管理心法

準備再充足，要達致成功，還需
一點運氣；但當失敗時與其慨嘆
走運，不如再做好另一次準備。

V for

Vision

願景

作為一位領導人,其中一個工作就是要帶領團隊在未來往更好的方向去發展,因此他不能只看現在,更要看未來。曾經有位前輩講過,蘋果的前總裁喬布斯(Steve Jobs)的工作,就是想像 7 年後的世界是怎樣,需要什麼產品,從而為蘋果釐定發展方向。

從「*V for Vision*」這一章,我們希望從青訓和外援球員、訓練設備和目標設定三方面,探究費格遜建立球會的願景,如何協助他在足球壇取得成就。

青訓和外援球員

費格遜從第一天執教東史特靈郡開始,就以「建立球會,不但是建立球隊」為價值觀。這個想法,對於一個討厭失敗的費格遜來說更顯得難能可貴。要知道由青訓工作做起是需要以年計方知道有沒有結果,但如果球隊眼前的成績不好,卻要立刻面臨被炒的風險,所以很多領隊都認為,栽培年輕球員只為下一任領隊做好工作,在任領隊未必能享受到青訓的好處。

即使足球界人士對青訓的好處耳熟能詳,例如減省轉會費投入;將球

會的價值觀注入年輕球員;年輕球員會對球會更忠誠;球隊將來的發展會更穩定及有可預見性。但同時青訓也是一個長時間投入才能帶來長遠好處的投資,很多領隊都為了追求眼前的勝利轉而收購新球員,這也是可以理解的。

因此每次執教新球會,費格遜都會改造青訓和球探系統,為的是球會未來的發展,而不只是眼前一季的成績。費格遜執教 3 間球會的第一季(東史特靈郡只執教 117 天而不足一季)都沒有贏得冠軍,最好的只是在鴨巴甸的第二季贏得聯賽錦標,費格遜在鴨巴甸 8 年多贏得 10 個冠軍,有 2 個是在頭 4 年贏得,其餘 8 個是在第二個 4 年贏得的。到了曼聯之後,費格遜更花了 3 年半的時間才贏得第一個冠軍足總盃,花了差不多 7 年才贏得第一個聯賽,更花了 13 年才贏得歐聯。

不過,亦正是費格遜這個理念,讓他度過在曼聯開始時最艱難的時刻。當 1989 年底,曼聯經歷 11 場聯賽不勝,只錄得 5 和 6 負的時候,球迷和傳媒要炒掉費格遜的呼聲不絕於耳,很多人都以為,1990 年足總盃第三圈作客對諾定咸森林的比賽將會是費格遜的死線。不過,當時的主席愛華士和卜比查爾頓卻向費格遜派下定心丸,即使對森林的比賽結果怎樣,費格遜的職位也是安全的。他們對費格遜的信心,來自於他為球會做的青訓,兩人知道很多有潛質的年輕人將會脫穎而出,因此願意多給費格遜時間。最終費格遜的理念在九十年代開花結果。

費格遜在 *Leading* 一書提到,他會對曼聯一隊的構成分為 3 個層次:30 歲或以上的球員,23 至 30 歲,以及 23 歲以下的球員。根據他的經驗,一支球隊的循環大約是 4 季,因此他的工作是考慮曼聯在 3 至 4 年後的構成:目前的球員是否有能力在 3 至 4 年留在曼聯效力,然

後有沒有適合的年輕球員可以上位到一隊的位置。他要確保曼聯有源源不絕的年輕球員提供新血。這亦是他對曼聯的遠景：提供一個地方讓年輕球員可以好好發展。

除了著名的 92 班外，費格遜對年輕球員的耐心，可以從 C 朗拿度和朗尼身上看到。當費格遜分別在 2003 和 2004 年收購兩人時，他們都只是 18 歲而已，但費格遜就已經打算將曼聯的未來建立在這兩位年輕球員上。

就算曼聯在 2004 到 2006 年 3 季未贏過聯賽冠軍（已經是當時曼聯在英超未贏過冠軍最長的紀錄）；即使 2005 年四大皆空；即使當家射手雲尼斯特萊與 C 朗拿度發生衝突，他都站在兩位年輕人的一邊。

結果 C 朗拿度和朗尼不負費格遜所託，在 2007 年為曼聯重奪英超冠軍，並在 2008 年再次奪得歐聯冠軍，帶領曼聯重上歐洲頂峰。雖然後來 C 朗拿度轉會皇家馬德里，但仍然為曼聯賺得當時最高的轉會費達 8000 萬英鎊；而朗尼繼續留在曼聯，打破卜比查爾頓的入球紀錄，以 253 球成為新紀錄保持者。

從 1974 年開始執教，到 2013 年退休，費格遜的領隊生涯可説是橫跨了 5 個年代。在這 40 年間，球場內外都有巨大的變化，場外由收音機年代轉為手機上網，場內由沒有贊助商到變成過度泛濫的商業化。費格遜之所以沒有被時代淘汰，最大的原因是他並沒有一成不變，抱殘守缺。反而在上世紀八十年代開始捧盃捧到新世紀的 2013 年，當中對新事物的適應和追求是其中一個關鍵。費格遜就講過，自己其中一個工作，就是要管理變化。基爾也形容，和費格遜合作期間，見證

他展現出巨大的能力去適應比賽的演變。

近代英國足球其中一個最大的變化，可算是八十年代開始引入外援，費格遜一生人都在英國本土踢球和執教，直到加盟曼聯之後，才有機會和其他國家的球員合作。費格遜第一個合作的外援，是在 1986 年加盟曼聯就在隊中的丹麥國腳施夫碧，他也是第一位為費格遜入球的曼聯球員。

引入外援先鋒

不過，這並沒有構成費格遜和外援球員合作的阻礙，在外援開始泛濫的九十年代，費格遜在 1991 年已經簽入當時叫獨聯體的翼鋒簡察斯基，成為自己第一位收購的外援，加上丹麥門將舒米高和法國前鋒簡東拿，組成了費格遜在曼聯的第一代王朝。要知道 1992 年英超元年開始的第一周比賽只有 13 名外援，曼聯的 3 名外援已經佔了 23%；費格遜可説是英超重用外援球員的先鋒。

隨着英超在全球的普及化，加上九十年代中出現的《波士文條例》*Bosman Ruling* 和取消歐盟球員在英格蘭踢球的限制，外援的引入愈來愈多。費格遜也一直與時並進。直到自己在 2013 年退休，費格遜就派出過來自 34 個國家和地區的球員在一隊上陣，這些球員來自歐洲、北美洲、南美洲、非洲、亞洲和大洋洲共六大洲。如果從商業上的角度看，費格遜就像由管理一間十多人的本地公司，到管理過一間員工過百人並來自世界各地的跨國公司。

以下就記錄曾經在費格遜領導下在一隊出場的球員的國家或地區：

Angola 安哥拉	Argentina 阿根廷	Australia 澳洲
Belgium 比利時	Brazil 巴西	Bulgaria 保加利亞
Cameroon 喀麥隆	China 中國	Czech 捷克
Denmark 丹麥	Ecuador 厄瓜多爾	England 英格蘭
France 法國	Holland 荷蘭	Ireland 愛爾蘭
Italy 意大利	Japan 日本	Mexico 墨西哥
Northern Ireland 北愛爾蘭	Norway 挪威	Poland 波蘭
Portugal 葡萄牙	Russia 俄羅斯	Scotland 蘇格蘭
Senegal 塞內加爾	Serbia 塞爾維亞	South Africa 南非
South Korea 南韓	Spain 西班牙	Sweden 瑞典
Trinidad and Tobago 千里達和多巴哥		Uruguay 烏拉圭
USA 美國	Wales 威爾斯	

訓練設備

球場外，費格遜也不斷改進自己去提高球隊的表現，而且是全方位的為球隊增值，例如由於曼徹斯特的天氣，特別是冬天的時候陰天多雨，日照時間又短，所以費格遜就在訓練場上添置補足「維他命 D」的地方，讓球員在冬天的時候仍然可以補充足夠的維他命 D。

費格遜也是英格蘭第一個聘請視光師協助訓練的領隊。在 1995/96 球季，曼聯的作客球衣是灰色。一名利物浦大學的視光學教授、曼聯的死忠球迷史提芬遜（Gail Stephenson）就寫了封信給費格遜，以自己的專業告訴費格遜，灰色的球衣讓球員難以辨認隊友。結果在作客對修咸頓的比賽，當曼聯穿上灰色球衣在上半場落後 3 球之後，費格遜在半場下令換上另一套藍白作客球衣，雖然追回一球，但仍然以 1：3 落敗。自此費格遜就決定曼聯不會再穿上這件球衣，球會亦因此損失

了 20 萬英鎊球衣的收入，但費格遜堅持一切要以足球為先，結果曼聯卻贏得那一年的聯賽冠軍。

後來費格遜邀請史提芬遜加入自己的教練團隊，每周 2 次來到訓練場協助球隊，讓球員可以有更廣寬的視野，加快對看到事物作出的判斷。即使費格遜在 2013 年退休，史提芬遜教授仍一直為曼聯効力，直到 2015 年離世為止，可見他對曼聯的貢獻。

現在流行以 GPS 設備去分析球員的表現，早在費格遜執教曼聯年代已經使用，可以在球員訓練後 20 分鐘得到分析數據，讓教練團可以思考如何改善球員的表現。

費格遜被問及他最偉大的簽約是那一位，他就自豪地回覆是在千禧年落成，投資了 2200 萬英鎊而建成的卡靈頓訓練中心（Carrington Training Centre），而不是任何一名球員。這個卡靈頓訓練中心，是費格遜在九十年代開始構思的。他有感於當時球隊自 1938 年就起用的克里夫訓練場已經不足以應付英超新時代和歐聯備戰的需求，特別是保安方面，記者和對手很容易在附近刺探軍情，因此他參考了巴塞羅那的訓練基地而設計出卡靈頓訓練中心。中心內除了球場和健身室之外，還有醫療室、牙醫診所和足部治療室，應付球隊一站式的需要。另外，新球員可以在自己的訓練中心進行醫療檢查而不用到外面的醫院，球隊因此可以將簽署新球員保密。

除了確立培訓球員的系統和完備球場上的訓練設施，費格遜的目光亦放在對手身上。費格遜在 *Leading* 一書中講過，他自己會從對手身上學習，而最重要的是提升自己的實力，達至一個可以與對手匹敵的水

平，甚至要超越對手。

目標設定

費格遜執教過 4 間球會，在接手之時都不是當時的勁旅：東史特靈郡在費格遜加盟前一季只排乙組第 16 名，短短 3 個月後就曾經進佔聯賽排名第三；然後季中加盟同是乙組但排名在東史特靈郡後的聖美倫，3 年後就贏得甲組聯賽冠軍並得到升班資格；1978 年加盟的鴨巴甸，是一支 23 年未有贏過聯賽錦標的球隊，但費格遜兩年後就將鴨巴甸變為聯賽冠軍。到 1986 年 11 月 6 日來到曼聯，當時曼聯只是一支在聯賽 22 支球隊排名 19、深陷降班漩渦並且 19 年未贏過聯賽的球隊，不過費格遜來到奧脫福之後，這些就成為歷史。

可見費格遜一直都是以處於弱勢開始，然後一步一步挑戰假想敵，最終把球隊帶上更高層次。

費格遜在執教鴨巴甸開始，就視些路迪和格拉斯哥流浪為假想敵，誓要打破兩隊壟斷蘇格蘭足球的局面。

到 1986 年加盟曼聯，當時英格蘭足球的霸主是利物浦。其實在執教鴨巴甸的時候，費格遜就見識過利物浦的厲害。1980 年他帶領鴨巴甸出戰歐冠，在次圈被利物浦以 5：0 淘汰出局。因此他很清楚，利物浦是當時英倫三島，甚至是歐洲最好的球隊。

雖然費格遜在英格蘭一直以利物浦為假想敵，但當對手出現危難的時候，他卻是第一個伸出友誼之手。1989 年 4 月，利物浦在希斯堡球場對諾定咸森林的足總盃 4 強賽中，由於球迷的騷亂引致 96 名球迷身

亡。費格遜在事情發生後不久，就打電話給利物浦領隊杜格利殊慰問，他也是除利物浦職球員外第一位拜訪晏菲路表示悲痛和支持的公眾人物，而在媒體不知情的情況下，他還向基金會捐助了巨額支票，所以球場上的敵對關係，對費格遜來說只是用來提升自己球隊的一種手段。

費格遜每到球季結束，都會審視曼聯與當時歐洲的頂級球隊的實力距離；例如九十年代的祖雲達斯，到千禧年代的皇家馬德里，他會與教練團隊研究在戰術上和球員補充上如何拉近與這些球隊的距離。他的目標永遠是要讓曼聯成為歐洲最頂級的球會。

到曼聯開始稱霸英格蘭，費格遜就將目光轉到歐聯上。曼聯在 1994 年開始參加歐聯比賽，當時意大利球隊是歐聯決賽的常客，例如 AC 米蘭打入了 1993 至 95 年的決賽並奪得 1994 年冠軍；然後到祖雲達斯打入 1996 至 98 年的決賽而在 1996 年奪標。當時費格遜就視祖雲達斯為曼聯在歐聯的目標和假想敵，他自己曾經講過，在 1997 年客場出戰祖雲達斯時，自己站在球員通道的時候，費格遜深深感受到，對方球員讓曼聯球員顯得很渺小，所以他決心要克服這差距。結果，曼聯終於在 1997 年歐聯分組賽，主場以 3：2 擊敗祖雲達斯，首次擊敗這個假想敵。

終於，曼聯在 1999 年的歐冠淘汰賽，先後淘汰了意大利的國際米蘭和祖雲達斯晉身決賽。當時在 4 強賽客場擊敗祖雲達斯 3：2 的比賽，是曼聯 8 次在意大利出戰歐冠首度擊敗主隊。最終曼聯奪冠而回，印證了費格遜以祖雲達斯為目標是正確的。

管理心法 ⁶⁶

領袖必須帶領團隊向更好的方向
去發展，因此不能短視，只看現
在，眼光要放遠，要看見未來。

W for
Wine
紅酒

對 於酒精，費格遜有相當矛盾的態度，我們在「A for Alcohol」一章看到，費格遜是多麼討厭他麾下球員飲酒，甚至因為酗酒而清洗了不少球員。不過紅酒在費格遜手裏，卻又會變成自己的嗜好，甚至是一件有用的工具，還締造了不少有趣的故事。我們現在藉着「W for Wine」這一章，回顧一下費格遜在酒精面前的另一個面。

費格遜雖然生於蘇格蘭，但對當地聞名於世的威士忌卻不感興趣，他喜愛的是紅酒，特別是法國紅酒。

愛好紅酒源於作客法國
費格遜喜愛法國紅酒，源於 1991 年一次前往法國觀看歐洲盃賽冠軍盃對手蒙彼利埃的比賽時，得到當地一位酒店東主的介紹，認識到波爾多 1982 年和 1985 年紅酒的韻味。後來在認識一位紅酒商阿密特（John Armit）後，開始建立自己的收藏作投資之用。

高峰時費格遜曾收藏了超過 800 箱紅酒。而曼聯董事會亦知道費格遜這個愛好，在 2011 年費格遜擔任曼聯領隊 25 年的時候，為他送上一

箱 1986 年的 Latour，因為 1986 年正好是費格遜上任曼聯領隊的年份。

費格遜可能算不上是一個紅酒專家，但他對紅酒就一定有基本的認識，起碼分得出哪些是好酒，哪一年是好酒。紅酒也提供了一個費格遜與香港結緣的機會。2014 年 5 月，費格遜將自己 257 箱的紅酒收藏在香港會展拍賣，結果賣出 229 箱獲得 226 萬英鎊。可見費格遜的收藏甚有份量。

飲紅酒除了成為費格遜的嗜好之外，亦成為了他與其他領隊建立關係的一種工具。

無論比賽有多激烈，賽果是贏是輸，費格遜在奧脫福主場比賽後都會邀請客隊領隊把酒言歡，這代表對同行的一種尊重，也為自己提供一個與同行溝通，建立關係和收集消息的一個機會。無論費格遜在比賽中怎樣對球證大發雷霆，賽後如何對球員大開「風筒」，他都能確保營造出與對方無所不談的氣氛，無論是有關剛結束的比賽或球員的情況，但盡量不在這個時候批評球證，以免自己在這個時刻發脾氣。

雖然費格遜喜愛的是法國紅酒，但他的紅酒卻未能吸引阿仙奴的法國領隊雲加（Arsene Wenger）。每次阿仙奴作客奧脫福，賽後雲加都不會跟費格遜飲紅酒，只派出助手懷斯（Pat Rice）代表自己。但當 2004 年曼聯在奧脫福打破了阿仙奴 49 場的不敗紀錄後，懷斯也再沒有與費格遜飲紅酒了。直到 2018 年，雲加最後一次以領隊身份帶領阿仙奴到奧脫福作賽，賽後雲加終於和已退休的費格遜以酒相聚。

費格遜在 1991 年起愛上蒐集紅酒，他更有一個習慣，就是在主場賽後邀約對方領隊把酒談天。

落敗照請對手領隊飲紅酒

費格遜這種習慣，也改變了一位同行，這位就是摩連奴。當摩連奴帶領的波圖在 2004 年歐聯 16 強在奧脱福逼和曼聯 1：1 而晉級之後，費格遜邀請了這位第一次相遇的領隊到自己辦公室享受一杯紅酒，並祝福摩連奴和波圖。初來英格蘭比賽的摩連奴對費格遜的邀請留下深刻印象，因為如果你勝出然後請對方飲紅酒就容易，然而輸球之後還有如此氣量去請對方飲紅酒就很困難，起碼摩連奴在葡萄牙從未得到這種待遇。因此自己決意在下次和費格遜對陣的時候好好回饋對方。兩人除了球場上的競爭，賽後也有一番競爭，比較誰準備的紅酒較好。

兩人很快就在 2004 年的英超球季再碰頭，以車路士領隊登陸英格蘭的摩連奴曾經答應費格遜會以葡萄牙的名酒 Barca-Velha 相待。不過摩連奴忘記了這個承諾，只是買了一支普通紅酒，結果被費格遜取笑。一向狂傲的摩連奴也只好在下次乖乖的為費格遜準備好一支 Barca-Velha。

車路士的班主阿巴莫域治在 2003 年入主後，大灑金錢收購球員和改善球隊設施，但可能忽略了紅酒的質素。費格遜有次作客史丹福橋，喝到了主隊極為難喝的紅酒，結果他忍不住向阿巴莫域治發牢騷：「你們的紅酒就像除油劑一樣難喝！」結果一個星期後，他收到阿巴莫域治送來的一箱意大利 Tignanello，這款紅酒總算讓費格遜滿意。

另一位和費格遜在紅酒上結緣的領隊，有保頓的高尼（Owen Coyle）。當他在 2009 年帶領般尼贏得升班附加賽，取得升上英超的資格後，他收到費格遜的短訊：「恭喜你這一年有這麼好的表現。下次我們見面時，記得準備好兩支紅酒。」

剛好般尼第一場的英超主場比賽就是對曼聯。賽前高尼花了 300 多英鎊買了兩支紅酒留待賽後和費格遜享用。結果般尼爆冷以 1：0 擊敗這支衛冕冠軍，賽後費格遜不但沒有不高興，還兌現自己的承諾，帶同幾位教練到高尼的辦公室談了一個多小時才離開，還飲了不少紅酒，總算沒有浪費高尼的一番心意。

當艾拿戴斯（Sam Allardyce）在 2001 帶領保頓升班英超後，他就開始和費格遜有對壘的機會。雖然兩人一直以對手的身份在球場上出現，但私底下兩人的關係甚好，並因為紅酒鬧出不少笑話。

有次曼聯作客韋斯咸，艾拿戴斯賽後準備好一杯紅酒在自己的辦公室恭候費格遜，不過韋斯咸的清潔工人不知所以，將那杯紅酒倒了。結果艾拿戴斯匆忙中找到另一支紅酒，才得以款待這位好友。

另一次費格遜在自己的生日當天以紅酒整蠱艾拿戴斯，為自己的生日

增添歡樂。

2005 年 12 月 31 日是費格遜 64 歲生日，同日曼聯在奧脫福有聯賽對保頓的賽事。賽前保頓領隊艾拿戴斯特意買了一瓶波爾多紅酒送給費格遜作為生日禮物，並叫助手賀堅（Matt Hockin）把紅酒送到費格遜的辦公室，留待賽後和他慶祝一番。

賽事沒有什麼懸念，曼聯輕鬆以 4：1 擊敗保頓，一眾球員為費格遜送上一份最好的生日禮物。賽後費格遜也不需要對球員有什麼訓話，直接到辦公室恭候艾拿戴斯。

當艾拿戴斯到辦公室後就向費格遜説：「我們飲杯紅酒好好慶祝你生日吧！」

「好的，就飲你送給我的紅酒。」費格遜就在艾拿戴斯面前打開那瓶波爾多紅酒。當費格遜飲了一啖後就皺眉頭。艾拿戴斯不以為然，以為費格遜覺得味道不好：「我還以為波爾多紅酒是出名的好酒。」但費格遜的回答卻令人意想不到：「這瓶不是波爾多紅酒，是利賓納。」

這一刻艾拿戴斯非常尷尬，面色比紅酒還要紅。他馬上衝出辦公室喝罵助手賀堅。一臉無辜的賀堅表示自己沒有做任何手腳。正當艾拿戴斯大惑不解時，他見到曼聯的門將訓練員高頓（Tony Coton）在大笑，而費格遜就掩着嘴，艾拿戴斯就知道自己被費格遜整蠱了。

原來費格遜在收到波爾多紅酒之後，去餐廳拿一瓶利賓納用來偷龍轉鳳，準備好賽後整蠱艾拿戴斯。相信為了費格遜 64 歲的生日，艾拿戴

斯不會介意，只是可憐了他的助手賀堅。

除了對手的領隊，費格遜也有和對手球迷在紅酒有互動的經歷。2007
年曼聯在歐聯 8 強第二回合主場以 7：1 潰擊羅馬。拉素球迷見到同
城死對頭被打得落花流水當然喜不自勝，一班拉素球迷更為費格遜送
上 7 箱有名的 Chianti 紅酒，以紀念曼聯對羅馬射入 7 球。為表示謝意，
費格遜還親自回信給拉素球迷以答謝他們的好意。

管理心法

從費格遜身上看到，好好培養並
利用自己的嗜好，就有機會為自
己的事業帶來幫助。

W for

World Cup
世界盃

以　往，4年一度的世界盃賽事，是足球界最高榮譽的盛
事，也是足球員的最高舞台。很多球員都以代表國家
出戰世界盃賽事為榮。球王比利（Pele）和馬勒當拿（Diego
Maradona）以奪得世界盃冠軍奠定自己的球王地位。而美斯
（Lionel Messi）雖然為巴塞羅那奪標無數，但仍然為沒有得過
世界盃而留下遺憾。

費格遜的球員生涯，從沒有代表過蘇格蘭國家隊在正式賽事上陣，當
然也沒有以球員身份參加過世界盃。不過他卻意外地以領隊身份帶領
蘇格蘭參加1986年的墨西哥世界盃。

帶領蘇格蘭征86世盃

說是意外，因為費格遜在1984年開始以兼職身份擔任蘇格蘭國家隊
的助教，協助主教練和自己的恩師史甸的工作。當時史甸是蘇格蘭球
壇響噹噹的人物，球會方面，他帶領些路迪在1967年歐冠決賽擊敗
國際米蘭，成為第一支英國球會贏得此項賽事冠軍，所以當年史甸在
球壇的地位就有如今日的費格遜一樣，因此當史甸提出邀請的時候，
費格遜就馬上答應了。

當時他們最大目標，就是要打入 1986 年的墨西哥世界盃決賽周；但一場世界盃外圍賽卻改變了史甸和費格遜的命運。

1985 年 9 月 10 日，在威爾斯卡迪夫城，蘇格蘭在世界盃外圍賽作客威爾斯。賽前，費格遜已經覺得史甸有點不妥，當日在酒店史甸就已經要吃藥，而費格遜以為他只是有感冒而沒有多問。到比賽時，史甸的臉色變得面青口唇白。雖然最終蘇格蘭逼和威爾斯 1：1，可以晉身下一圈的附加賽，但史甸卻未能見證這個時刻。比賽未結束，史甸就已經同對方領隊英倫（Mike England）握手，然後自己就由其他人抬返更衣室，最後因心臟病離世。蘇格蘭的世界盃旅程，就要由助手費格遜帶領下繼續走下去。

費格遜擔正之後，第一個挑戰，就是要帶領蘇格蘭在兩回合制的附加賽中晉級，他們的對手是大洋洲冠軍澳洲。這也是費格遜第一次帶隊到歐洲以外的地方參加正式賽事。蘇格蘭首回合主場以 2：0 取勝，次回合作客雖賽和 0：0，但這成績足以晉身決賽周。費格遜總算不負所託，完成了史甸的遺願。

費格遜下一個挑戰，就是要帶領蘇格蘭走上世界足球的最大舞台：世界盃決賽周。蘇格蘭一直有個宿命，就是從未曾在世界盃決賽周晉級第二圈，費格遜就準備為蘇格蘭打破這個宿命。

當季球會的賽事結束之後，費格遜就着手準備 22 人參賽名單。其中最爭議性的決定，是關於兩個利物浦球員的。

第一個是中堅漢臣，他就是 1995 年在電視節目中批評曼聯「你不

能靠小朋友贏得什麼！」（You can't win anything with kids）的前利物浦名宿。以漢臣的能力和在利物浦的經驗絕對是蘇格蘭國家隊所需要的，理論上他是球隊的必然正選。不過由於漢臣多次借故缺席國家隊的賽事，包括世界盃外圍賽對威爾斯的決定性一戰，已經令時任領隊史甸不滿。而在 4 月尾對英格蘭的友賽，漢臣臨時對助教史密夫抱怨膝蓋不適，需要返回利物浦治療。因此費格遜認為他對國家隊的承擔不夠，所以他已經下定決心不帶漢臣到墨西哥。

令費格遜猶豫的原因，是另一名利物浦球員杜格利殊的感受，當時杜格利殊是蘇格蘭的中場主力，他和漢臣除了是隊友，也是好友，因此漢臣落選的決定必然會影響到杜格利殊。果然，當費格遜告訴漢臣落選的消息時，漢臣處之泰然，只是淡然回應：「好的！我知道這是個艱難的決定，你不能帶上所有球員的。」但當費格遜將消息告訴杜格利殊，他的反應就比較大。就在大軍準備出發墨西哥之際，杜格利殊卻聲稱要做膝部手術而申請退隊。

最後費格遜帶上 4 名鴨巴甸的球員，加上一名利物浦球員：後衛尼高（Steve Nicol），而最多國腳來自登地聯（Dundee United），共有 5 名。這可見費格遜的技巧，未有留下偏幫自己鴨巴甸球員的話柄。

蘇格蘭在決賽周與西德、丹麥和烏拉圭同組，可算是當時的「死亡之組」，西德和烏拉圭曾經是世界盃冠軍，而丹麥是當時冒起的黑馬，蘇格蘭要打破從未在決賽周小組賽出線的宿命可說甚有難度。可惜首仗對丹麥雖然表現不俗，卻有入球被判「詐糊」，結果出師不利以 0：1 敗陣。第二仗對勁旅西德，蘇格蘭由史特根先拔頭籌，但西德由禾拉（Rudi Voller）和阿羅夫斯（Klaus Allofs）的入球後來居上反勝。蘇

格蘭連敗兩仗,令出線形勢變得被動。分組賽第三場對烏拉圭,對手只要打和就可以出線,蘇格蘭就只有大勝對手才有一線生機。

當屆烏拉圭以暴力聞名,一直以殺傷戰術打擊對手。這次巴迪斯達(Jose Batista)在開賽 56 秒就鏟跌史特根,球證毫不猶豫出示紅牌把他驅逐離場。這成為世界盃歷史上最快被趕出場的紀錄,一直保持到現在。

雖然在餘下 89 分鐘打少一個人,但烏拉圭中場法蘭斯哥利(Enzo Francescoli)表現出色,幾乎以一人之力在前場牽制幾名蘇格蘭後衛。而蘇格蘭無法取得入球,只能與烏拉圭打成 0:0。

除了場上暴力外,烏拉圭球員亦不停騷擾球證,包括臨完場前推撞球證和拉扯他的球衣。球證在受到影響下,並未有補足時就鳴笛完場。雖然烏拉圭能夠晉級,但因為暴力行為被國際足協罰款 2.5 萬瑞士法郎,並警告如果再不好好控制球員的行為,就會被逐出餘下的世界盃賽事。賽後,費格遜拒絕和對方領隊保拉斯(Omar Borras)握手。

最終蘇格蘭只取得 1 和 2 負的成績於分組賽出局,費格遜未能為蘇格蘭打破宿命,他的世界盃之旅,以及國家隊教練的生涯也同時結束了。費格遜共執教蘇格蘭 10 場賽事,錄得 3 勝 4 和 3 負入 8 球失 5 球的成績。本來蘇格蘭足總有意與費格遜提出續約,但他以專注在球會發展為由而拒絕。

雖然世界盃的成績不如人意,但這 10 個月的兼職國家隊領隊的生涯也給費格遜上了一課。首先,費格遜以往都在資源貧乏的小球會打出成

績，現在有整個蘇格蘭足總在背後支持下，費格遜學習到如何充分利用資源。另外，費格遜在蘇格蘭國家隊真正有機會與世界級球員，或起碼是英倫三島的頂級球員例如杜格利殊、桑拿士和漢臣等合作。費格遜因此也作出改變，不用自己在鴨巴甸家長式的一套對待國家隊球員，反而更多是聆聽他們的意見去調整訓練和比賽內容，所以在 10 場國家隊的比賽中，蘇格蘭只射入 8 球，但卻有 7 場錄得清白之身。這種謹小慎微的踢法從來不是費格遜的風格。

球場外，國家隊的賽事總會吸引整個蘇格蘭的目光，所有傳媒都會來追訪費格遜和國家隊的消息，這情況跟費格遜總是抱怨傳媒不愛報道鴨巴甸的消息大相逕庭，而費格遜借此學習到如何應付大批不同機構的傳媒。這些經驗，都為費格遜後來執教曼聯提供一次熱身機會。

擔任曼聯領隊後，費格遜也有機會再出任蘇格蘭國家隊領隊。2007 年由於麥利殊離職，新上任的蘇格蘭足總主席史密夫（Gordon Smith）需要尋找代替人選。當時他有一份候選人名單，第一位就是費格遜。所以他親自致電費格遜，邀請他以兼職的形式擔任蘇格蘭領隊。不過費格遜以當時曼聯工作太繁忙而拒絕，但仍然和史密夫討論誰能勝任這職位，最後兩人同意當時的修咸頓領隊貝利（George Burley）是適合人選，而貝利亦在這崗位工作了 1 年半的時間。

管理心法

費格遜在國家隊不會用球會那種家長式風格管理，好的領袖就是要因事制宜，去處理不同問題，不會一本通書用到老。

X for

Xmas Party
聖誕派對

聖誕節本是普天同慶的日子,但因為英格蘭足球的傳統,賽會在聖誕節時大開快車,由聖誕節到新年期間安排 3 至 4 場比賽。因此球員在聖誕節不能放假,最多只是舉行派對聯誼一下。派對有球會官方舉辦,也有私人舉辦的。每到這個時候,費格遜就要金睛火眼留意着球員的情況,以免在聖誕快車賽期脫腳,影響球隊爭奪冠軍的機會。

如果是曼聯舉辦的派對,通常會這樣安排:上午和下午如常練習和開會,結束後大家留在卡靈頓食聖誕大餐,而費格遜和教練團會化身成服務員,為球員送餐和服務。然後有年輕球員做天才表演,通常是模仿當年領隊或一隊球員有趣的事件來取笑一番。

07年派對樂極生悲

球員私下舉辦的派對就精采得多,不過 2007 年的聖誕派對卻樂極生悲,事後一眾球員都遭到費格遜的懲罰。

原本費格遜不贊成球員私下舉辦大規模的派對,因為年輕人醉酒後就容易出事。但因為當年曼聯的表現不錯,加上在資深的球員例如傑斯

和隊長加利尼維利求情下，這一年費格遜就網開一面，容許球員開派對。

當年的聖誕派對在下午開始，除了C朗拿度要出席國際足協在瑞士蘇黎世舉辦的頒獎典禮而錯過外，其他球員包括朗尼、布朗、傑斯、李奧費迪南和年輕球員森遜（Danny Simpson）和伊雲斯等有份出席，而外援球員艾夫拿、安達臣和董方卓也來體驗一下英國聖誕派對的氣氛。

搞手是隊長加利仔和李奧，加利仔負責定場地，他選擇了曼徹斯特一間賭場的餐廳，李奧負責向每人收取4000英鎊的費用，這費用包括場地、食物酒水、保安和模特兒。的確李奧請模特兒公司安排了100名年輕貌美的女子參與這次長達15小時馬拉松式的派對，不過這些模特兒都要先交上手提電話不能帶入餐廳內。球員們同時聘用了8名保鑣守住門口以防外人進入。

大約晚上9時半，外援球員先行離開，留下的就繼續到附近約翰街大酒店（The Great John Street Hotel）尋歡作樂。

派對結束後，並不代表事件就此結束。由於有記者假扮成模特兒混入派對中，第二日就有很多花邊新聞流出。

前鋒朗尼就調戲兩名女大學生：「我打賭你們在大學一定很壞的。你們有試過3P嗎？即是兩女一男。」

後衛森遜在舞台上與其他人發生衝突，需要保安護送離開。

最麻煩的是伊雲斯。派對後有名 26 歲女子到醫院驗傷,聲稱被伊雲斯強姦,因此他被警察拘捕以協助調查,不過一晚後就被釋放。

費格遜知道後當然大怒,西班牙後衛碧基記得第二日的情況:「上午的訓練課,費格遜一早已經在更衣室等候大家訓話。當然出口的都是罵人的話,剛巧更衣室有張鋁質椅子,費格遜激動起來就一腳踢上去,可惜他的小腿踢中那張椅子導致脛骨骨折,只能一拐一拐的步出更衣室。」不過費格遜並未因此而放過球員,每名參與者通通被罰一周的薪金,又禁止球員再私下舉辦聖誕派對,並警告如果再有球員這樣放肆的話,他就會毫不猶豫把他逐出球會。

作為隊長和搞手,加利仔覺得這樣的懲罰對很多球員都不公平,所以他多次向費格遜爭取,只罰他一個人的周薪就可以了。然而費格遜已經下定決心給球員一個教訓,並沒有收回成命。

即使不是開派對或飲醉酒,如果有球員違反了費格遜的聖誕禁令也會遭到懲罰。2011 年拆禮物日曼聯在主場大勝韋根 5:0 後,朗尼、伊雲斯和傑遜(Darron Gibson)帶同他們的太太和女朋友出外食晚飯慶祝,違反禁令而被球會罰一周的薪金,並取消翌日的休假而要他們加操。雖然曼聯在之後除夕對布力般流浪的賽事受傷兵困擾,有經驗的主力如傑斯、李奧、維迪和費查都因傷未能出戰,但費格遜仍然將朗尼、伊雲斯和傑遜排除在大軍名單。曼聯也因此付出代價,爆冷以 2:3 敗陣;最後該屆曼聯以得失球差不及曼城而失落聯賽錦標。

可能你會以為費格遜太不近人情,普天同慶的佳節也不讓球員和家人出外食飯,但聖誕賽期有 3 至 4 場聯賽,牽涉共 9 至 12 個聯賽積分,

如果中間稍有差池，一整季的努力就會白費。費格遜要球員知道，要成為頂級球員，你就要付出這種代價。

管理心法

成功，要經過長時間的努力，是有代價的，因此必須令員工嚴守紀律，避免前功一夕盡廢。

Y for

Youth
青訓

電影《白面包青天》裏包龍星説過:「我一定要好好教育下一代,因為兒童就係未來嘅主人翁」。如果費格遜有機會聽到這句話,他一定會非常同意。在「Y for Youth」這一章,我們從以下幾方面探討一下費格遜在青訓上的工作,包括:

1/ 重視青訓的原因;
2/ 發掘年輕人才;
3/ 培養他們的能力和正確的價值觀;
4/ 為年輕人提供機會;
5/ 總結成績。

1/ 重視青訓的原因

費格遜對青訓的重視當然有其客觀的原因,他初執教的 3 間蘇格蘭球會在資源方面並不豐富,既然沒有足夠資金收購心儀球員,費格遜就只好從內部發掘年輕人才。

主觀的原因,則源於費格遜對建立球隊的價值觀,包括紀律、勤奮工作和腳踏實地等。這些特質並不一定可以收購回來,而更可靠的方法

是從小培養，將自己的價值觀灌輸予年輕球員，希望他們可以在成長後發揮出來。相反，從其他球會收購的球員則未必有自己所需要的價值觀，更可能有一些改變不了的壞習慣，隨時變成球隊的一個隱患。

另外，青訓更可以培養出球員對球會的忠誠。一位年輕球員在球會得到培訓，得到具備成為職業球員的能力，然後再有機會獲提拔上一隊展現才華，這種情況下年輕球員總會對球會有一種感恩之心，有機會就會回報球會的栽培之恩。

基於以上種種原因，作為球會的領袖，費格遜相信培養下一代是建立團體未來和持續成功的基礎。因此一直以來他的願景，都是為球會建立一個可以讓年輕球員發展的地方。

正因為費格遜對年輕球員的栽培，特別在鴨巴甸的青訓工作做得有聲有色，吸引了曼聯的注意。曼聯本身也是一支注重青訓的球隊，在1930年代，由於球隊缺乏資金，因此當時的主席羅頓先生（G. H. Lawton）就建議多培養自己的球員，以減少轉會市場上的支出。自此，曼聯到 2019 年 12 月就創造了連續 4000 場比賽都有自家青訓球員參與的紀錄。這個紀錄到今天也一直延續下去。

到 1946 年畢士比爵士執教曼聯開始，他就加快青訓發展的步伐，為日後曼聯培養出佐治貝斯（George Best）、卜比查爾頓、鄧肯愛華士（Duncan Edwards）等世界級球星。在 1968 年曼聯首奪歐洲冠軍球會盃時，在決賽以 4：1 擊敗葡萄牙賓菲加的比賽中入球的 3 名球員卜比查爾頓、佐治貝斯和傑特，便全都是曼聯的青訓產品。畢士比爵士在曼聯留下的哲學，是耐心地培養年輕球員，當他們躋身一隊的時

候，領隊就已經對他有了深入的了解，所以曼聯青訓球員可以完全融入了球會的文化，從比賽的風格到敬業精神，擁有曼聯所有的特質。不過畢士比爵士退休之後，接任的曼聯領隊就再沒有做好青訓工作。

因此，當費格遜在 1986 年加入理念和自己如此相近的曼聯後，他有更大的空間去發揮青訓的工作。

2/ 發掘年輕人才

費格遜第一次當領隊的時候，就已經為東史特靈郡建立培養年輕球員的想法，雖然在球會只待了 4 個月的時間，他已經邀請球會主場附近的年輕球員到球會操練，希望從中挑選有潛質的年輕人加入球隊。

執教鴨巴甸之後，為增加發掘人才的機會，費格遜擴大球探工作的範圍不只限於鴨巴甸市。由於有外區的年輕人加入，球會因此需要為年輕人安排宿舍，所以球會就邀請市內的家庭去幫忙照顧和提供住宿。費格遜會親自到那些家庭家訪，詢問他們年輕球員的私生活是否檢點，並要求他們不要包庇球員，否則之後不會再安排球員到他們的家。費格遜之所以這麼親力親為去做家訪，是因為他知道，只要有一個球員違反紀律，就會影響到他的隊友，甚至連累整間球會。

費格遜執教曼聯之後，首要目標除了清除球隊的酗酒文化之外，另一樣要立刻建立的就是重建青訓系統。不過，來到曼聯後費格遜就驚訝地發現，這間以青訓聞名的球會，竟然只有 4 名球探，覆蓋地區只限於曼徹斯特和英格蘭的西北部，相比起費格遜在鴨巴甸有 13 名球探，曼聯的青訓基礎顯得相形見絀，怪不得當時的年輕球員都選擇到曼城發展而不到曼聯。

有見及此，費格遜馬上作出改變，首先他將球探的人數增加，單是曼徹斯特區就多加 4 人，並多聘請 2 名球探覆蓋的地方擴大到英格蘭中部；另外又加強曼聯和當地足球學校的聯繫，即使那些學校的少年並不符合標準，費格遜也會召入曼聯的青訓系統，以表示對該校的重視。

除了人數增加外，費格遜亦加強對球探的要求。球探不但要觀察年輕球員日常的表現，還要觀察他們在雨中作戰時的能力，以及球隊落後時的應對和表現。有要求也有獎勵，如果球探能夠發掘年輕人並加入曼聯青訓系統，然後獲擢升上一隊或得到國家隊的徵召，球探就會得到不同級別的獎金；如果球員能夠留在曼聯一段時間，球探也會有額外的獎金。

除了靠球探外，每當遇到有天賦的年輕球員，費格遜都親自上陣，例如傑斯和戴維斯（Simon Davies），皆是費格遜親自家訪並說服他們的父母讓兩人加盟曼聯的。不過數到少年時期名氣最大的，就不得不提 1988 年說服科尼（Ben Thornley）。當時科尼在青少年球壇已經薄有名氣，13 歲的時候就已獲法國歐賽爾邀請加盟。如此有天份的年輕球員，費格遜是怎樣促使他加盟的呢？一切都源自 1988 年冬天的一次家訪。

1988 年，科尼只有 13 歲。當時費格遜的助手傑特致電他的父母，表示自己想跟他們談一下孩子的發展。初時大家都以為只有傑特會到來，但當門鐘響起，令人意想不到的是費格遜也一同出席。費格遜直接跟科尼的父母說：「我喜歡你們的孩子，我想要科尼加盟曼聯。」後來費格遜承諾當科尼 16 歲的時候，會為他提供一份 4 年的合同。

那一晚，科尼的同學卻福特（Jeff Kerfoot）剛好在他家中作客。正當費格遜要離開的時候，科尼的媽媽向他介紹說：「這位小朋友是卻福特，不過他是曼城的球迷！」費格遜笑着回答：「我會將你送去醫院做輸血手術，讓你的血液由藍色變回紅色！」

科尼原本是費格遜最被看好具潛質在一線隊成名的球員，但他在 1994 年 4 月一次對布力般流浪的預備組賽事中被對手鏟跌，傷及右膝。當科尼接受膝部手術後，費格遜不斷和主診醫生盧保（Jonathan Noble）溝通，了解科尼康復的進度。盧保醫生覺得，當時費格遜對科尼的關心，就好像一位叔叔多過像一位領隊。可惜這次傷患令科尼從此不能再發揮自己的潛能，最後只為曼聯出場 9 次，之後在 1998 年離隊加盟哈特斯菲爾德。

後來費格遜提到，他喜歡家訪年輕球員的其中一個原因，先想親自看看他們的父母有多高，身材有多健碩，這樣他就可以更深入地評估該年輕球員的潛力。另外，相比起父親，母親會更加關心和着緊自己兒子的發展，因此家訪可以讓女士們更放心將兒子交給球會。其中費格遜就是通過說服前曼聯中場費查的母親，才獲得他繼續留效。

當費查 15 歲的時候，獲得紐卡素的邀請。紐卡素是英格蘭東北的大球會，比起曼徹斯特更接近自己在愛丁堡的家，費查更有感於曼聯中場已經人才濟濟，自己很難打上一隊佔一席位，所以那時準備轉投紐卡素發展。費格遜得知這個消息，就馬上打電話到費查家，很激動地游說說他留下。當費查聽到是費格遜的聲音後面色當堂變白，他媽媽也大吃一驚，搶過電話對費格遜說：「請你不要這樣對我兒子說話！」之後就掛斷電話。費格遜馬上再打電話來，這次客客氣氣地說：「真

對不起費查太太，但我們真的很喜歡你兒子，希望他留在曼聯。不如我現在就坐飛機來愛丁堡向你當面解釋。」費查媽媽看看自己凌亂的大廳，不適合有訪客到訪，所以就回答費格遜：「不用了，等我們來曼徹斯特見你吧。」結果大家都知道，費查繼續留在曼聯，並為曼聯上陣 342 次。他後來回憶這是自己做過最好的決定。

費格遜重視青訓不只是口講，他是真的親力親為去發掘年輕人才。

3/ 培養他們的能力和正確的價值觀

發掘到人才並把他們招攬到自己球會，只是費格遜對青訓工作的開始。有潛質的年輕人來到曼聯之後，費格遜仍然花很多時間在他們身上，目的是提高他們成才的機會。費格遜來到曼聯的一個動作，就是委任曼聯名宿傑特為青訓主管，希望通過他和畢士比爵士共事的經驗和在球會一步一步成長的經歷，全面提升訓練的質素和強度。

費格遜初來曼聯之後讓球會職員最留下深刻印象的地方，就是他親力親為去處理青訓事務。每個星期六上午只要他在曼徹斯特，他必定會去觀看青年隊的訓練和比賽。就算自己不在曼市，他也會打電話回球會，打聽年輕人的表現和誰人的表現比較出色，這個習慣一直到退休那天都沒有改變。曾經是曼聯 16 歲以下青年隊教練的布力摩亞記得，自己根本不用向費格遜滙報球員的進度，哪些少年人再進一步，費格遜也瞭如指掌，因為只要費格遜在曼徹斯特，他就會觀看青年隊在黃昏 6 點半到 8 點的訓練。據說退休前的費格遜就已經對格連活（Mason Greenwood）留下深刻印象。要知道費格遜早在上午 7 點已經到卡靈頓訓練場上班，即使工作了 12 小時，他仍然在黃昏花時間在年輕人上。現任曼聯領隊蘇斯克查也採用同樣的方法。

曾經在艾堅遜和費格遜的執教下効力的青訓球員比斯摩亞，就最體會到費格遜帶來的分別。他有 6 個月的時間在艾堅遜麾下訓練，但艾堅遜只和他打過一次招呼。不過，費格遜來到曼聯三四天後，就已經找比斯摩亞聊天，希望多了解這名具潛質的青訓產品。

另一樣和艾堅遜不同的是，費格遜會邀請有潛質的青訓球員間中和一隊一起訓練，讓他們感受到一隊訓練的強度，從訓練中得到實戰的經驗。費格遜自己亦有機會近距離觀察哪些年輕人有條件適應一隊比賽。

除了訓練上的內容，費格遜亦願意為年輕球員提供更好的環境去訓練。在他執教鴨巴甸的時候，為了讓年輕球員有更好的營養，費格遜向主席當奴建議在訓練場上加設飯堂，讓年輕人在訓練後有熱騰騰的食物去補充體力和營養而不用吃冷冰冰的漢堡包和三文治。

出生自蘇格蘭一個小鎮的工人家庭的費格遜，不單止培養年輕人的球技和身體，更希望培養他們有良好的品格和正確的價值觀，即使名成利就也要腳踏實地地做好球員的本份。費格遜的目標不只是單純為自己贏得冠軍的球員，而是希望即使他們離開球壇也是一個自律的人。其中的代表作是傑斯。

傑斯 14 歲前是參加曼城青訓的，費格遜決定親自拜訪傑斯的媽媽，游說她讓傑斯加盟曼聯。

傑斯 17 歲首次為曼聯出賽，18 歲就已經站穩一隊的位置。費格遜為保護傑斯以免他重蹈「壞孩子」佐治貝斯和加斯居尼（Paul Gascoigne）的覆轍，禁止他在 20 歲前接受傳媒訪問。而傑斯第一次

訪問，也是費格遜交由自己的記者朋友，為他寫自傳 *Managing My Life* 的麥艾雲尼（Hugh McIlvanney）去安排，並在《星期日時報》刊登。同時為免傑斯過度曝光，費格遜也不允許他跟任何運動牌子簽訂球靴贊助合約，須知道以傑斯當時的名氣，他隨時可以簽訂一份 25 萬英鎊的合約。

傑斯初出道時由於球技出眾、外表又吸引，當然成為球隊的萬人迷，受到很多粉絲的追捧。在 1992 年球季，曼聯跟列斯聯在聯賽鬥得難分難解，但屢次在關鍵時刻失諸交臂，當曼聯在周三作客輸給韋斯咸 0：1 後，便將爭冠的主動權拱手相讓給列斯聯。正當費格遜在懊惱之際，當晚他還要出席足總的一個活動，席間有位足總的職員向費格遜說，他在前晚見到沙柏和傑斯出現在黑池的夜店中。費格遜覺得沒有可能，可是那位職員非常肯定，還指出自己見到沙柏開著 Land Rover 房車。這一刻費格遜再也忍不住，就算穿著「踢死兔」也要立刻開車到沙柏的家。一去到費格遜就見到沙柏家門口泊滿汽車，播放著強勁的音樂。當費格遜走入屋內就怒不可遏，因為他見到有 20 人在開派對，費格遜馬上叫所有人離開，然後大叫「5 號」和「11 號」到大廳，把兩人大罵一輪。最後他再打電話回家，查清楚兒子達倫是在自己家還是在沙柏家。

費格遜感到憤怒和失望，是因為沙柏和傑斯選擇在聯賽頻密的賽程期間開派對而不好好休息，除了影響自己的表現之外，也讓其他隊友失望，因為這大大影響了曼聯贏得聯賽的機會。

傑斯的女朋友費靴絲（Joanna Fairhurst）想起費格遜曾經威脅要打電話給球員的母親：「當我第二天打電話給傑斯時，他說自己被罰了一個月

的工資。」用心良苦的費格遜知道，自從那次事件之後，他就不需要再擔心傑斯，因為他已經成長為一個優秀的年輕人，傑斯可說是費格遜在曼聯青訓引以為傲的代表作。不過沙柏就沒有那麼幸運，漸漸失去曼聯的正選位置，最後在 1996 年被費格遜賣到列斯聯。

雖然傑斯年紀輕輕就成為曼聯的一線主力，18 歲就已經為曼聯上陣25 場，費格遜仍然要用不同方法去提醒他腳踏實地的重要。有一次，隊長笠臣慫惠他向費格遜申請一部球會私家車用來代步，因此傑斯就走到費格遜的辦公室提出要求，結果被費格遜一口拒絕，還稱球會連一輛單車都不會給他，要他馬上離開自己的辦公室，否則就把他從窗口擲出去。當傑斯悻悻然走出辦公室的時候，就見到有半隊一隊成員在走廊偷聽和大笑，因為曼聯球員都清楚費格遜會對傑斯的要求有什麼反應。

另一名青訓球員布蘭迪（Febian Brandy）回憶道：「我 13 歲的時候，李察遜（Kieran Richardson）剛剛升上一隊，有天他開着開篷跑車播着音樂來到卡靈頓訓練場，認為自己很有型。不幸的是費格遜剛好也在停車場，見到李察遜就對他說：『關掉音樂回家去吧，你今天不要來訓練了。』」

隊長朗尼就記得費格遜下了一條不成文的規定，凡是 25 歲以下的球員都不容許開跑車，另一名隊長卡域克就指出，在卡靈頓訓練場的停車場，你只會見到一些很平實的房車，費格遜不會讓球員「未學行先學走」。他要球員清楚知道，自己要先踏踏實實賺到錢之後方學會花錢。很多球員即使成名已久，亦秉承着費格遜的教訓，不會開跑車到訓練場。

到現在曼聯仍然保留另一條費格遜留下來的規矩，就是 18 歲以下青年隊的球員只可以穿着黑色的球靴訓練和比賽。即使同城宿敵曼城也採納同樣的規矩。

就算一個年輕人協助曼聯奪得冠軍，但沒有遵守紀律，一樣會被費格遜以「風筒」侍候。2011 年曼聯青年隊奪得青年足總盃冠軍，一眾青年球員例如普巴、連加特和摩利遜等協助曼聯在兩回合的決賽以 6：3擊敗錫菲聯，相隔 8 年再次奪得這項冠軍。為表示對年輕球員努力的肯定，球會特別安排他們在曼聯主場的比賽前，在奧脫福舉起獎盃並繞場一周接受球迷的致意，但前鋒葛菲（John Cofie）卻忘記帶球隊的西裝只穿着運動服到場，費格遜馬上禁止他踏上奧脫福的草坪，之後更把葛菲召到辦公室訓話。費格遜要年輕球員知道，即使你為球會奪得錦標也不代表你有特權，你仍然要勤勤勉勉地在球會工作，因為這是曼聯的 DNA。

4/　為年輕人提供機會

經過球會的栽培後，年輕人需要的就是上陣機會。為貫徹自己對青訓的重視，費格遜開創先河，在聯賽盃大量起用年輕球員，讓他們有實戰經驗。當時這個決定引起爭議，因為足總規定，球隊需要在每場比賽派出最精銳的陣容應戰，更有國會議員投訴，費格遜這樣收起主力，是剝奪了當地居民欣賞球星的機會。不過，費格遜仍然堅持自己對年輕人的信任。

雖然曼聯也因此付出代價，例如在 1992 年贏得聯賽盃之後，曼聯要事隔 14 年，才憑着朗尼和 C 朗拿度的冒起而贏得 2006 年聯賽盃；但藉着聯賽盃的實戰經驗，年輕球員卻可以在聯賽和歐聯為曼聯帶來

好成績。

費格遜承認，自己對曼聯的遠景就是為年輕球員提供一個地方讓他們好好發展，他亦貫徹這個理念，任內 26 年半期間給予 87 名青訓球員首次代表曼聯出賽的機會，即平均每季就有 3.3 名年輕球員首嘗一隊上陣的滋味。

除了著名的「92 班」外，費格遜對年輕球員的耐心，可以從 C 朗拿度和朗尼身上看到。當費格遜分別在 2003 和 2004 年收購兩人時，他們只是 18 歲而已，但費格遜就已經打算將曼聯的未來建立在這兩位年輕球員上。

即使曼聯在 2004 至 2006 三季未贏過聯賽冠軍（已經是當年曼聯在英超最長未贏過冠軍的紀錄）；即使 2005 和 2006 兩季四大皆空；即使當家射手雲尼斯特萊與 C 朗拿度發生衝突，費格遜都站在年輕人的一邊。

結果 C 朗拿度和朗尼不負費格遜所託，在 2007 年為曼聯重奪英超冠軍，並在 2008 年再次奪得歐聯冠軍，帶領曼聯重上歐洲頂峰。雖然後來 C 朗拿度轉會皇家馬德里，但仍然為曼聯賺得當時最高的轉會費 8000 萬英鎊；而朗尼繼續留在曼聯，以 253 球打破卜比查爾頓的入球紀錄。

儘管未能讓自家產品在曼聯成長，費格遜也會協助年輕人在其他地方有更好的發展。前曼聯青年隊隊長卡夫卡特（Craig Cathcart）在 2007 年獲提拔上一隊後，卻從未曾在一隊上陣，只是多次被外借到其

他球隊。後來在 2010 年當他收到另一支英超球隊黑池的邀請時，他就坦白地向費格遜提出自己的想法，而費格遜亦成人之美，促成這次轉會，並從此在青訓產品轉會他投的時候加入回購條款，確保自己不會「走漏眼」。自此卡夫卡特在黑池和屈福特也能夠站穩陣腳，並成為北愛爾蘭國腳，代表國家隊出賽 52 次。

5/ 總結成績

費格遜對青訓的重視，讓很多年輕人願意對他投桃報李，成為自己在球壇取得好成績的一股重要力量。以下是費格遜的青訓工作所獲得的成績。

鴨巴甸在 1983 年歐洲盃賽冠軍盃決賽擊敗皇家馬德里的比賽中，出場的 11 名球員有 8 位是自家的青訓產品，其中在加時射入奠定勝利一球的前鋒希韋特（John Hewitt），就是在費格遜提拔下，在 1979 年以 16 歲之齡首次代表鴨巴甸上陣；3 年後，希韋特以最好的方式去回報費格遜對他的信任。

費格遜在鴨巴甸 8 年，贏得 10 個冠軍，但只簽下 14 名球員（不包括免費加盟的球員），球隊的骨幹成員都是由自家青訓球員組成。很難得費格遜一方面為球會奪得歷史上最多冠軍；另一方面又做到主席當奴的要求，每年都為球會帶來盈利，8 年來簽下的 14 名球員花了 188 萬英鎊，而從出售球員就收回 226 萬英鎊。

當費格遜加盟曼聯的頭 3 年，球隊成績反反覆覆，球會內外都有對他不滿的聲音。到 1990 年初，當時曼聯聯賽成績不濟，費格遜更深陷水深火熱之中，有傳言如果未能在英格蘭足總盃第三圈擊敗諾定咸森林的話，費格遜就會被辭退。但正是年輕前鋒羅賓斯射入奠定勝利的一球，

協助曼聯晉級，也為費格遜帶來多一點的時間。到了足總盃決賽重賽，曼聯更憑另一位青訓球員李馬田（Lee Martin）一箭定江山奪冠而回，總算平息了當時不滿的聲音。總結曼聯在該屆足總盃的晉級歷程，曼聯在 8 場比賽中射入 15 球，其中有 7 球是曼聯青訓球員射入的。正是這個費格遜為曼聯贏得的第一個冠軍，奠定了自己日後的江山。

到 1999 年歐聯決賽 18 人的大軍名單中，有 6 人是曼聯的青訓產品，其中加利尼維利、碧咸、傑斯和畢特擔任正選，菲臘仔和布朗任後備，而史高斯則因為停賽而缺席。正是這些青訓力量一圓費格遜的夢想，登上歐洲之巔。

自從在 1974 年設立英格蘭最佳年輕球員的獎項以來，曼聯球員就贏得這個獎項 8 次，除了 1985 年曉士得獎的一屆，其餘 7 次都是在費格遜執教下贏得的，當中 4 次更是由曼聯自家青訓球員奪得此殊榮，其餘 3 次則由朗尼和 C 朗拿度贏得。

最後，在費格遜任內 26 年半期間，給予了 87 名年輕球員首次代表曼聯出賽的機會，這 87 名球員總共為曼聯出賽 5429 場，射入 573 球。從生意的角度，青訓產品也為曼聯提供了一個收入來源。在這 26 年半的時間，曼聯通過出售青訓球員收回了 1 億英鎊的轉會費。費格遜的青訓工作，總算讓曼聯名利雙收。

管理心法

「青訓」對一間公司同樣重要，較容易讓員工抱持同一種工作文化，更願意為公司着想。

Z for

Zero

零

Zero 就是零。總結費格遜 39 年的領隊生涯，什麼都接觸過，也好像什麼錦標都贏過。費格遜的獎盃櫃裏「應該有已盡有」：英格蘭的、蘇格蘭的、歐洲的、世界性的、聯賽的、盃賽的。那終其 39 年的領隊生涯，費格遜帶隊參加那一項主要比賽的成績表是「零雞蛋」呢？答案是歐洲足協盃（現改制為歐霸盃）。

翻查紀錄，費格遜曾帶隊參加過 5 次歐洲足協盃，其中鴨巴甸 2 次、曼聯 3 次。不過，成績最好也只是 2012 年 16 強止步。

費格遜首次參與歐洲足協盃，是在 1979/80 球季帶領鴨巴甸，主場對當時西德的法蘭克福，結果賽和 1：1；次回合鴨巴甸輸了 0：1，只能首圈止步。不過，這次總算為費格遜取得領隊生涯第一次參加歐洲賽事的經驗。

第二次參賽，是在相隔一年的 1981/82 球季。這次費格遜的球隊有進步了，帶領鴨巴甸躋身第三圈賽事。這屆鴨巴甸共參加了 6 場比賽，錄得 3 勝 2 和 1 負的成績。這次鴨巴甸也是敗給西德球隊——漢堡，首回合主場雖以 3：2 取勝，但作客以 1：3 見負而遭淘汰。

第三次參賽，已經是時隔了 11 年的 1992/93 球季，也就是費格遜帶領曼聯首奪英超聯賽冠軍的球季。可能費格遜真的與歐洲足協盃無緣，這次跟首次帶領鴨巴甸一樣首圈出局，當時曼聯兩回合都跟對手莫斯科魚雷（FC Torpedo Moscow）打成 0：0 平手，最後 12 碼以 3：4 落敗，射失 12 碼的是中堅巴里斯達。這屆歐洲足協盃唯一值得提及的是，在主場的第二回合，加利尼維利首次代表曼聯出場。

錯失了 1994/95 球季的英超冠軍，曼聯只能以聯賽亞軍身份參加翌季的歐洲足協盃，但同樣首圈止步，同樣被俄羅斯球隊淘汰。首回合在俄羅斯和伏爾加格勒（Rotor Volgograd）打和 0：0 後，次回合的主場賽事曼聯只能以 2：2 逼和對手，因作客入球不及對手被淘汰出局。值得一提的是，曼聯在主場追平的一球正是由門將舒米高以頭槌建功的。

費格遜最後一次參加歐洲足協盃要到 2011/12 球季，這時賽事也改制為歐霸盃。當屆曼聯只能以第三名完成歐聯分組賽，未能晉級 16 強而只能轉戰歐霸盃。曼聯在 32 強淘汰荷蘭阿積士之後遇上西班牙的畢爾包，結果曼聯兩回合都輸給對手，總比數 3：5 出局，只能 16 強止步，不過這已經是費格遜在歐洲足協盃最好的成績了。這為費格遜執教生涯留下一個未能達成全滿貫的遺憾，也是唯一的一個 Zero。

費格遜帶領鴨巴甸和曼聯出戰共 16 場歐洲足協盃／歐霸盃的賽事，錄得 4 勝 7 和 5 負的成績。相比起他整個領隊生涯的輝煌成績，費格遜在這項盃賽的表現確實失色。

後　　記

花了一年的時間，讀林林總總關於費格遜的書籍和文章，發掘了許多費格遜早期的事跡和小故事，得以更立體地認識到這位曼聯的傳奇人物，希望透過這本書和同道中人分享。

回顧了費格遜一生的各方面，除了見識到他偉大的一面之外，也認識到他的陰暗面，其實更體認到他絕對不是一個聖人，他會犯錯；例如他親自承認，出售史譚和沒有在 1999 年簽下雲達沙代替舒米高就是錯誤；他會像暴君一樣，這些行為我們都在書中看到。這本書無意將費格遜神聖化，相反，通過不同角度去認識費格遜，會發現他跟我們平常人更接近。

藉着準備這本書的過程，從看過他自己和不同人對他的看法，我嘗試將費格遜的成功要素歸納為以下四點：

一、全心傾注

從費格遜身上看到，要成為一個傑出的領導人，真的要全心專注在自己的事業上，無時無刻都想着自己的足球事業。早上 7 點鐘就到卡靈頓訓練場，食過早餐和做過運動後就開始工作，如果沒有比賽，他幾乎一天花 12 個小時在辦公室和訓練場上，晚上還要出席聚會或觀看青年隊比賽，更不用説帶隊南征北討參與作客賽事。費格遜為了球隊，犧牲了和家人相處的時間。

由於英國足球都要在聖誕節比賽，因此費格遜錯過了大部分與太太和

兒子歡度聖誕節的機會，所以費格遜也承認，自己虧欠了家庭太多了。

二、訂立高標準

當聖美倫只是第二組別的中游球隊時，費格遜就為球隊定下要成為些路迪和格拉斯哥流浪之後的第三支強隊的目標；當鴨巴甸只是中上游球隊，他就要目標成為蘇超冠軍；當他成為蘇格蘭聯賽冠軍，他就考慮歐洲賽事冠軍；當費格遜成為曼聯領隊，他就以當時的班霸利物浦為假想敵；當曼聯成為英超冠軍，他就要挑戰歐聯冠軍。當成為歐洲霸主之後，他就要曼聯超越利物浦成為贏得英格蘭聯賽最多的球會。

費格遜時時刻刻，都為自己和球隊訂立一個更高的標準，從來不滿足於眼前的成就，永遠為球隊帶來新動力。

三、無畏無懼

從費格遜的自傳，到其他不同講述費格遜的書籍和文章，我看不到費格遜有害怕的時候。孩童時代如果遇到不公平，他會出手炮製對方；到離開校園到工廠工作時，他是工會代表為工友爭取權益；到球員時代他敢於向領隊抗爭，就算被貶到青年隊也不會妥協；到做領隊時，更有向對手、球證、記者等開火，甚至跟前球會和球會的股東對簿公堂，為的是維護球隊和自己的利益。

費格遜一生有許多起起跌跌，他也有失敗的時候，但每次他都會勇敢地站起來，而每次都會站得更高，這正是由於他無所畏懼的緣故。

四、堅持信念

由執教東史特靈郡開始，到 39 年後在曼聯退休，費格遜的執教生涯都

秉承着幾個信念：進攻足球、重視青訓、嚴守紀律和不能讓球員大過球會。這些信念貫徹了他 39 年的領隊生涯，不論自己是兼職或全職領隊；不論是在蘇格蘭或英格蘭執教；不論是乙組的榜末球隊或歐聯冠軍，32 歲到 71 歲的費格遜，都一直履行這些信念。

以上的性格特點，費格遜從小就展現出來，所以可以説，是費格遜自己塑造了他的成功，而不是成功塑造了費格遜。

全文完

參考書目

6 Years at United	Alex Ferguson & David Meek
A Light In the North, Seven Years with Aberdeen	Alex Ferguson
A Will to Win – The Manager's Diary	Alex Ferguson & David Meek
A Year in the Life – The Manager's Diary	Alex Ferguson
Between the Lines	Michael Carrick
Big Sam - My Autobiography	Sam Allardyce
Born to Score	Dwight Yorke
Class of 92 - Out of Our League	
David Beckham	Ken Pendleton
Edge - Leadership Secrets from Football Top Thinkers	Ben Lyttleton
Everyone Communicate, Few Connects	John Maxwell
Fergie Time: After the Clock Hits 90 Minutes	Sean McGuire
Fergie Time: The Funniest Sir Alex Ferguson Quotes Ever	Gordon Law
Football - Bloody Hell - The Biography of Alex Ferguson	Patrick Barclay
Football Management	Sue Bridgewater
HBR's 10 Must Reads on Leadership Lessons from Sports (featuring interviews with Sir Alex Ferguson, Kareem Abdul-Jabbar, Andre Agassi)	
How not to be a Football Millionaire	Keith Gillespie
How to Think Like Sir Alex Ferguson: *The Business of Winning and Managing Success*	Damian Hughes
Keane - The Autobiography	Roy Keane
Leading	Alex Ferguson, Michael Moritz

Life with Sir Alex - A Fan's Story of Ferguson's 25 Years at Manchester United	Will Tidey
Managing My Life - My Autobiography	Alex Ferguson
My Decade In The Premier League	Wayne Rooney
My Story	Steven Gerrard
My Story	Sven Goran Eriksson
Old Trafford: The Official Story of The Home of Manchester United	Ian Marshall
Red - My Autobiography	Gary Neville
Red Glory	Martin Edwards
Scholes: My Story	Paul Scholes
Seeing Red	Graham Poll
Sir Alex Ferguson – The Official Manchester United Story of 25 Years at The Top	David Meek and Tom Tyrrell
Soccer Men	Simon Kuper
Tackled	Ben Thornley
Ta Ra Fergie: Full Time From the Man Who Held Up the Banner	Pete Molyneux
The Anatomy of Manchester United - A History in The Matches	Jonathan Wilson
The Boss: The Many Sides of Alex Ferguson	Michael Crick
The Man in the Middle	Howard Webb
The Manager - Inside the Minds of Football's Leaders	Mike Carson
The Numbers Game	Chris Anderson, David Sally
The Official Illustrated History of Manchester United 1878 - 2012	
The Second Half	Roy Keane
《足球帝國》	David Goldblatt
《足球根本不是圓的》	黃健翔
《朴智星自傳──為夢想奔跑》	朴智星

神級領隊管理哲學

費格遜時間
Fergie Time

作　　者	于嘉嵐
編　　輯	胡　蘇
設　　計	馬　高
出版經理	李海潮、關詠賢
圖　　片	Getty Images、Shutterstock、作者提供

出　　版	信報出版社有限公司　HKEJ Publishing Limited
	香港九龍觀塘勵業街 11 號聯僑廣場地下
	電話 (852)2856 7567　　傳真 (852)2579 1912
	電郵 books@hkej.com

發　　行	春華發行代理有限公司　Spring Sino Limited
	香港九龍觀塘海濱道 171 號申新証券大廈 8 樓
	電話 (852)2775 0388　　傳真 (852)2690 3898
	電郵 admin@springsino.com.hk

　　　　　台灣地區總經銷商
　　　　　永盈出版行銷有限公司
　　　　　台灣新北市新店區中正路 499 號 4 樓
　　　　　電話 (886)2 2218 0701　傳真 (886)2 2218 0704

承　　印	美雅印刷製本有限公司
	九龍觀塘榮業街 6 號海濱工業大廈 4 字樓 A 室
出版日期	2021 年 5 月初版
	2021 年 7 月第三版
國際書號	978-988-75277-2-5
定　　價	港幣 158　新台幣 790
圖書分類	工商管理、人物傳記